CHAROPHYCEAE DO BRASIL

NORMA C. BUENO
CARLOS E. DE M. BICUDO

RiMa

2021

	Bueno, Norma Catarina
B928c	Charophyceae do Brasil / Norma Catarina Bueno e Carlos Eduardo de Mattos Bicudo – São Carlos: RiMa Editora, 2021.
	190 p. il.
	ISBN: 978-65-88549-22-3
	1. Flora: Brasil. 2. Botânica: Algas: Taxonomia. I. Bueno, Norma C. II. Bicudo, Carlos E. de M.

COMISSÃO EDITORIAL
Dirlene Ribeiro Martins
Paulo de Tarso Martins
Evaldo L. G. Espíndola (USP - SP)
João Batista Martins (UEL - PR)
Michèle Sato (UFMT - MT)

RiMa

Rua Virgílio Pozzi, 81 – Santa Paula
13564-040 – São Carlos, SP
Fone/Fax: (16) 988064652

HOMENAGEM

Dedicamos esta monografia à memória da Drª Rosa Maria Teixeira Bicudo (1939-1980), a primeira estudiosa brasileira a dedicar-se integralmente ao estudo das Charophyceae do Brasil. Teve uma vida científica bastante curta, porém extremamente profícua, publicando os trabalhos pioneiros dedicados ao conhecimento das Charophyceae brasileiras e formando os primeiros estudantes nativos nesse grupo de algas.

AGRADECIMENTOS

Nosso sincero e mais profundo agradecimento aos colegas Jorge Waechter, Sidney Magela Thomaz, Thomaz Aurélio Pagioro, Daniel Moreira Vital e Vali Joana Pott, os maiores coletores de material de caráceas e, por consequência, os construtores dos alicerces desta flora; ao CNPq, Conselho Nacional de Desenvolvimento Científico e Tecnológico por Bolsa de Pesquisador Sênior (CEMB, Proc. Nº 305031/2016-3); ao Programa Flora do Brasil, berço desta revisão e que nos possibilitou juntar a informação-base deste trabalho; a todos os nossos estudantes que coletaram material, prepararam exsicatas para inclusão em herbário e colaboraram anonimamente para o estudo das carofíceas regionais e nos impulsionaram a continuar pesquisando as algas.

CEMB é profundamente grato a Yukio Hayashi da Silva, pelo primoroso e extremamente competente serviço de digitalização das pranchas e colocação de números e escalas nas figuras.

SUMÁRIO

APRESENTAÇÃO

Tudo começou em uma reunião da "Flora do Brasil". Comentava-se a situação dos vários grupos de algas, fungos e plantas quanto à quantidade de informação então disponível e às publicações resultantes. Conclusão: havia grupos bem atualizados, outros em fase de atualização e alguns completamente estagnados, sem qualquer projeto de atualização. Foram mencionados os grupos que já haviam publicado algo, outros com intenção manifesta de publicar e ainda outros sem qualquer movimento aparente de divulgação. As algas encaixavam-se nas duas condições: atualização parada há algum tempo ou demasiado vagarosa e nenhuma perspectiva de publicação. Preocupado com a situação, selecionei as Charophyceae por saber que estavam bem representadas na "Flora do Brasil" e abrangiam uma quantidade bastante representativa de material de várias partes do País, ainda que demandassem atualização para, então, poderem ser publicadas.

A ideia foi convidar a colega Norma Catarina Bueno, especialista de extraordinário destaque no estudo das carofíceas do Brasil e a melhor contribuinte ao inventário dessas algas para a "Flora do Brasil". Norma publicou muito desde a primeira inclusão de representantes de Charophyceae na "Flora..." e já vem se movimentando ativamente no sentido de deixar descendência científica. Surge daí, por conseguinte, ***Charophyceae do Brasil***, um inventário dessas algas criteriosamente revisto para o Brasil. Norma demonstrou uma capacidade invejável de liderança e trabalho invulgar durante todo o desenvolver desta pesquisa, pelo que lhe sou eternamente grato.

Por fim, um conselho: a melhor forma de identificar um material de qualquer grupo biológico é começar pela chave até chegar a um nome. Em seguida, ler cuidadosamente a descrição e os comentários relativos ao organismo a cujo nome chegamos ao percorrer a chave. Os comentários são fundamentais e não devem ser esquecidos, porque neles sempre são apresentadas as espécies, variedades ou formas taxonômicas que mais se aproximam morfologicamente do material cujo nome alcançamos percorrendo a chave. Para então, enfim, comparar as ilustrações do material que temos em mãos com aquelas das pranchas de ilustração ao final do trabalho. Ilustrações são como um cheque-mate, jamais o início.

NCB e CEMB

1. INTRODUÇÃO

1.1 Quem são as Charophyceae

As Charophyceae constituem uma classe única de algas graças ao seu porte macroscópico e à grande complexidade morfológica observada tanto na organização do talo quanto na estrutura dos gametângios. A classe inclui apenas uma família de representantes recentes, Characeae, que abrange seis gêneros: *Chara*, *Lamprothamnium*, *Lychnothamus*, *Nitella*, *Nitellopsis* e *Tolypella*. No Brasil foi registrada a ocorrência, até o momento, só de *Chara* e *Nitella*.

Na América do Sul, atualmente, em apenas três países a flora carofítica é melhor conhecida: Argentina (Tell 1985, Cáceres 1978, 1979), Brasil (Bicudo 1969, 1972, 1979, Astorino 1983, Bueno *et al.* 1996, 2009, 2011a, 2011b, 2016, 2018, Bueno & Bicudo 1997, Prado 2003, Vieira Jr. *et al.* 2003, Picelli-Vicentim *et al.* 2004, Borges & Necchi Jr. 2017, 2018, Ribeiro *et al.* 2018) e Chile (Parra & González 1977, Pereira *et al.* 2000, Schubert *et al.* 2014, Blindow *et al.* 2017, 2018).

A taxonomia das Charophyceae está baseada nas semelhanças de caracteres morfológicos (Nowark *et al.* 2016) que possibilitaram a existência de dois sistemas para identificar as espécies e categorias infraespecíficas da família Characeae, a saber: (*1*) o sistema de microespécies (Krause 1997), que conta com cerca de 180 espécies, e (*2*) o sistema de macroespécies de Wood & Imahori (1965), que soma por volta de 50 espécies. As macroespécies surgiram no trabalho de Wood & Imahori (1965), quando realizaram uma revisão taxonômica das Characeae em nível mundial e reuniram espécies (microespécies) para constituírem as macroespécies.

Estudos baseados em dados moleculares realizados atualmente mostram, por exemplo, que caracteres morfológicos como corticação e monoicia e dioicia não refletem a filogenia dos grupos. No Brasil, Borges & Necchi Jr. (2017, 2018) foram os precursores nessa linha de investigação ao associarem a morfologia da parede do oósporo ao microscópio eletrônico de varredura a dados moleculares para delimitar espécies de Characeae. Ribeiro *et al.* (2018) utilizaram a microscopia eletrônica de varredura da parede do oósporo para colaborar na taxonomia de espécies de *Chara* da Bahia. Como exemplo deste último ensaio pode ser citada *Chara martiana*, que apresentou ornamentação finamente granulada ao microscópio óptico, como relatado na literatura, mas que mostrou ao microscópio eletrônico de varredura ornamentação esponjosa, constituída por fibrilas espessas anastomosadas. Pode-se concluir, então, que a base taxonômica, a distribuição geográfica e os dados moleculares constituem um caminho importante e seguro para entender a diversidade das características morfológicas e do oósporo das Charophyta.

1.2 Breve histórico dos estudos sobre Charophyceae no Brasil

O primeiro documento sobre a existência de Charophyceae no Brasil está na primeira parte do primeiro volume da "Flora brasiliensis" (Martius *et al.* 1833). Duas carofíceas são aí citadas: *Chara domingensis* Turpin e *Nitella capitata* (Nees ab Esenbeck) C. Agardh. Tais citações são, entretanto, um tanto confusas, porque há, inexplicavelmente, exemplares desse volume publicados com páginas 11-12 com textos totalmente diferentes. Enquanto em alguns exemplares, como, por exemplo, o depositado na biblioteca do Jardim Botânico de Nova York, EUA, incluem nessas duas páginas as carofíceas antes mencionadas, *C. domingensis* e *N. capitata*, há outros, entretanto, como os pertencentes aos acervos das bibliotecas do Herbário Farlow, EUA, e do Instituto de Botânica, Brasil, em que as algas constantes são *Bryopsis rosae* C. Agardh, *Bryopsis plumosa* (Hudson) C. Agardh, *Vaucheria terrestris* (Vaucher) DeCandolle e *Vaucheria dichotoma* (Linnaeus) Martius. No exemplar depositado na biblioteca do Herbário Farlow há, inclusive, uma anotação, ao que tudo indica, do próprio punho do Prof. William G. Farlow que diz "correct sheet" (página correta), nas quais constam as duas espécies de *Bryopsis* e as duas de *Vaucheria*. Não bastasse esse problema, há também o fato de esse volume da "Flora brasiliensis" ter sido publicado em 1833, em tamanho "A5" (14,8 x 21 cm), e ser a primeira parte do volume 1 da obra em que foram divulgados algas, líquenes e hepáticas coletados durante a expedição. Em 1840 foi publicado, por determinação expressa do Imperador Maximiliano José I, o patrocinador da flora, um novo volume 1 da "Flora brasiliensis", porém, desta vez, em tamanho "folio" (216 x 330 cm) e, inexplicavelmente, com conteúdo completamente diferente.

Seguiram à "Flora brasiliensis" quatro trabalhos publicados por Braun (1839, 1845, 1859, 1883). No último deles, o autor fez a primeira referência à ocorrência de Charophyceae no Estado de São Paulo, ou seja, incluiu duas espécies de *Nitella*: *N. acuminata* A. Braun var. *subglomerata* A. Braun e *N. microcarpa* A. Braun subsp. *glaziovii* (Zeller) Nordstedt f.

santosa Nordstedt (hoje *N. furcata* (Roxburg *ex* Bruzelius) C. Agardh emend. R.D. Wood var. *sieberi* (A. Braun) R.D. Wood f. *glaziovii* (Zeller *in* Warming) R.D. Wood) (Braun 1883). Os materiais que estudou foram coletados, respectivamente, em Pirassununga e em Ribeirão Pimenta e Santos.

Edwall (1896) é uma relação das espécies de algas depositadas no herbário da Comissão Geográfica e Geológica de São Paulo, hoje incorporado ao Herbário Científico do Estado "Maria Eneyda P. Kauffmann Fidalgo" (SP) do Instituto de Botânica da Secretaria de Infraestrutura e Meio Ambiente do Estado de São Paulo. A Comissão Geográfica e Geológica foi criada em 1886 pelo Governo de São Paulo, para desenvolver o conhecimento sobre o território paulista. Neste afã, a Comissão realizou várias expedições ao interior do Estado que envolveram a coleta de material botânico e permitiram a produção de uma lista que abrangeu os representantes de vários grupos de algas e, entre tantas, quatro de *Nitella*: *N. gracilis* (Smith) C. Agardh emend. R.D. Wood, *N. mucronata* (A. Braun) R.D. Wood, *N. plumosa* A. Braun e *N. subglomerata* A. Braun.

Após lapso de pouco mais de 50 anos, vem a lume o trabalho de Horn-af-Rantzien (1949) sobre as Charophyceae latino-americanas baseado, inteiramente, em material herborizado e pesquisa bibliográfica. O autor relacionou 82 materiais, dos quais 15 são do Brasil. Horn-af-Rantzien (1949) apresentou ótima chave para identificação dos materiais estudados, porém não incluiu descrição nem ilustração dos materiais.

Rennó (1958) foram as duas contribuições pioneiras de autor brasileiro ao conhecimento das carofíceas do Brasil. A partir de material coletado na Represa da Pampulha, em Belo Horizonte, Minas Gerais, o autor documentou a presença dessas algas na represa visando à aplicação das mesmas no combate à esquistossomíase. Segue-os a notícia sobre a ocorrência de duas espécies de Charophyceae na região amazônica (Rodrigues 1964).

A informação acima permite verificar a existência de duas fases bastante distintas na história dos estudos sobre as Charophyceae no Brasil. A primeira perdurou 125 anos, entre 1833 e 1958, e foi totalmente dominada pelo trabalho de especialistas estrangeiros, que jamais estiveram no Brasil, mas que receberam material para estudo em seus países de origem. Pode-se, portanto, denominá-la de a Fase Alienígena dos estudos carológicos no Brasil. A segunda fase começou em 1958 com os estudos acima mencionados de Lair Remusat Rennó, professor na Faculdade de Farmácia da Universidade Federal de Minas Gerais, que buscavam a aplicação dessas algas no combate à esquistossomíase. Esta fase perdura até os dias atuais e pode ser chamada, em oposição, de Fase Indígena dos estudos sobre as Charophyceae brasileiras.

Excetuadas as monografias de Braun (1883), Robinson (1906) e Wood & Imahori (1965), todos os demais trabalhos publicados sobre a flora de Charophyceae do Brasil carecem de descrições que possibilitem a identificação acurada do material em estudo. Tais trabalhos contêm, às vezes, descrições muito suscintas baseadas em coleções que abrangeram áreas relativamente amplas e o material então disponível em herbários dos Estados Unidos da América e europeus e os espécimes coletados no Brasil depositados nessas coleções. É extremamente variado o aprofundamento de cada trabalho publicado durante a Fase Alienígena, e uma característica primordial neles é a ausência de descrições pormenorizadas (e até de descrições) e ilustrações.

É fundamental destacar, na Fase Indígena, a contribuição de Rosa Maria Teixeira Bicudo, pesquisadora científica no Instituto de Botânica em São Paulo e quem, efetivamente, iniciou o estudo florístico das Charophyceae no Brasil. Bicudo (1969) foi o primeiro estudo de material exclusivamente brasileiro, realizado a partir do acervo do Herbário Científico do Estado "Maria Eneyda P. Kauffmann Fidalgo" (SP) do Instituto de Botânica, em São Paulo, e reuniu descrições minuciosas das carofíceas do Brasil. Seus trabalhos incluíram sempre chaves artificiais para a identificação taxonômica de todo o material, descrições detalhadas e ilustrações. Durante 18 anos, entre 1962 e 1980, a Drª Bicudo trabalhou na identificação dessas algas em nível do Brasil. Excetuados seus catálogos das Charophyceae citadas para o Brasil na literatura mundial (Bicudo 1968a, 1968b), toda a demais produção (Bicudo 1969, 1972, 1974, 1977, 1979, Bicudo & Yamaoka 1978) abordou, com a máxima profundidade científica, o estudo das Charophyceae no Brasil, incluindo detalhes de sua morfologia, taxonomia e nomenclatura. Esses trabalhos constam, sem a menor sombra de dúvida, entre os de maior peso para a identificação das Charophyceae recentes do Brasil.

Na mesma escala de importância estão as contribuições de Maria Marcina Picelli Vicentim (Picelli-Vicentim 1990, 1994). A primeira foi sua tese de doutorado submetida à Universidade Estadual Paulista, 'campus' de Rio Claro, para obtenção do título de Doutor em Ciências. Dessa tese foram publicados três trabalhos, Picelli-Vicentim (1992), Picelli-Vicentim & Bicudo (1993) e Picelli-Vicentim *et al.* (1994), dos quais o primeiro foi a descrição original e proposição da espécie *Nitella tolypelloides*; o segundo a flora das Charophyceae do Parque Estadual das

Fontes do Ipiranga, na cidade de São Paulo; e o último o inventário florístico das Charophyceae do Estado de São Paulo. Picelli-Vicentim teve, infelizmente, curta vida científica por ter assumido cargo na Secretaria do Verde e do Meio Ambiente da Prefeitura de São Paulo.

Destaca-se sobremaneira e de modo exponencial, a partir do ano 2000, Norma Catarina Bueno, também doutorada pela Universidade Estadual Paulista, 'campus' de Rio Claro, e hoje professora na UNIOESTE, Universidade Estadual do Oeste do Paraná, em Cascavel, no Paraná. A mencionada autora publicou, desde então, 65 trabahos e seis livros. A Drª Bueno orientou, nesse ínterim, dois mestrados e co-orientou dois doutorados em botânica e vem publicando intensamente para o conhecimento florístico das Charophycee do Paraná, no Sul, de Mato Grosso e Mato Grosso do Sul, no Centro-Oeste do Brasil, e da Bahia e do Rio Grande do Norte, no Nordeste brasileiro.

No que tange às Charophyceae fósseis, devem ser mencionados os trabalhos de Roxo (1924), Barbosa (1955), Petri (1955) e Mezzalira (1959, 1966). Roxo (1924) foi o trabalho pioneiro de autor nacional sobre material pretérito brasileiro de Charophyceae coletado de sedimentos do Terciário do Alto Amazonas. No seguinte, de Barbosa (1955), o autor abordou a situação geológica das carofíceas da Formação Bauru, em Machado de Melo, no Estado de São Paulo. Petri (1955) descreveu uma nova espécie de *Chara*, *C. barbosai* Petri, a partir de algumas centenas de girogonitos (oósporos fossilizados) coletados em sedimentos da Formação Bauru. Finalmente, Mezzalira (1959) divulgou as descobertas paleontológicas realizadas no Estado de São Paulo durante o período 1958-1959; e Mezzalira (1966) listou todo o material fóssil então conhecido para o Estado de São Paulo e citou quatro localidades onde ocorreram carofíceas fósseis, a saber: Machado de Melo, Mirandópolis, Pirapozinho e Atibaia.

2. PARTE TAXONÔMICA

2.1 Chave para identificação dos gêneros estudados

1. Células espiniformes presentes na base de cada râmulo verticilado; núculas acima dos glóbulos, corônula 5-celulada .... *Chara*
1. Células espiniformes ausentes na base de cada râmulo verticilado; núculas abaixo ou lateral aos glóbulos; corônula 10-celulada .... *Nitella*

2.2 *Chara* Linnaeus emend. C. Agardh emend. R. Braun, Hooker's Journal of Botany 1: 195, 292. 1849.

Plantas macroscópicas que medem desde 5 até 45-50 cm de altura, porém que podem, bem mais raro, atingir até 1 ou 2 m. Possuem hábito erecto e séssil e o eixo principal, ramos e râmulos verticilados são diferenciados em nós (pluricelulados) e entrenós (unicelulados). Exceto *Chara braunii*, *Chara coralina* e *Chara socotrensis*, cujos eixos principais, ramos e râmulos são totalmente nus, isto é, destituídos de córtex, todas as demais espécies do gênero possuem, pelo menos, o eixo principal e os ramos revestidos por um córtex monostromático. Além do córtex, é comum ocorrer incrustação calcárea nestas algas, o que vai lhes conferir, por um lado, um aspecto áspero ao tacto e, por outro, maior resistência física para a planta. Os ramos têm origem da axila dos râmulos verticilados e ocorrem comumente isolados em cada nó. Os râmulos verticilados (impropriamente chamados "folhas" ou "filoides" por alguns autores) variam entre seis e 16 por nó e possuem uma ou duas células espiniformes na base de cada râmulo. Os râmulos são, além disso, estruturas simples, ou seja, não ramificadas, com cinco a 15 nós e um verticilo de células espiniformes em cada nó. As plantas de *Chara* podem ser monoicas ou dioicas e a estrutura feminina (núcula) sempre ocupa posição superior em relação à masculina (glóbulo) e tem a corônula constituída por cinco células.

O gênero é cosmopolita, ocorrendo nos cinco continentes. Está formado por ao redor de 20 espécies, vulgarmente chamadas de macroespécies. Contudo, cada uma dessas macroespécies está constituída por um número de variedades e formas taxonômicas. Estima-se, por outro lado, que entre 170 e 180 táxons de *Chara* entre espécies (chamadas microespécies), variedades e formas taxonômicas já tenham sido descritas. Em uma outra aproximação, trabalhando molecularmente espécies de *Chara*, Schneider *et al.* (2015) verificaram que o código de barras identificou menos espécies do que mostra a aproximação morfológica clássica. A identificação clássica do gênero é relativamente fácil e pode ser feita até à mão desarmada ou com uma lupa manual de 10 aumentos, mas a identificação de espécies e categorias infraespecíficas é um processo bastante complicado e trabalhoso, pois depende, obrigatoriamente, de se dispor de material fértil e maduro para a análise. Além do mais, o estudante precisa dominar a farta nomenclatura que denomina suas partes estruturais das vidas vegetativa e reprodutiva. Representantes de *Chara* ocorrem, de preferência, em águas mais alcalinas, embora não sejam restritos nem mesmo característicos desse tipo de ambiente. Esta afirmação vai contra aqueles que consideram *Chara* um bom indicador ecológico de ambientes alcalinos.

Espécie-tipo do gênero: *Chara tomentosa* Linnaeus, Species plantarum. Vol. 2. p. 1156. 1753. (holótipo).

Chave para identificar as espécies, variedades e formas taxonômicas inventariadas:

1. Plantas totalmente ou parcialmente ecorticadas.
  2. Râmulos totalmente ecorticados.
    3. Plantas monoicas .... *C. vitalii*
    3. Plantas dioicas .... *C. bulbilifera*
  2. Râmulos não totalmente ecorticados.
    4. Râmulos com coroa terminal de brácteas em
      forma de mucro .... *C. socotrensis*
    4. Râmulos com coroa terminal de brácteas reduzidas.
      5. Oósporos 368-750 x 240-400 μm .... *C. braunii* var. *braunii*
      5. Oósporos 827-950 x 435-667 μm .... *C. braunii* var. *brasiliensis*
1. Plantas irregular ou inteiramente corticadas.
  6. Estipulodios haplostéfanos.
    7. Plantas dioicas .... *C. hornemanii*
    7. Plantas monoicas.
      8. Râmulos verticilados completamente ecorticados .... *C. fibrosa*
      8. Râmulos verticilados apenas com o segmento
        basal ecorticado ....*C. hydropitys*
  6. Estipulodios diplostéfanos.
    9. Plantas irregularmente corticadas.
      10. Córtex 2-corticado . ... *C. hispida*
      10. Córtex 3-corticado.
        11. Gametângios a partir do 1º nó .... *C. vulgaris* var. *vulgaris*
        11. Gametângios a partir do 2º nó .... *C. pseudohydropitys*
    9. Plantas regularmente corticadas.
      12. Plantas dioicas.

13. Brácteas 4 ....*C. globularis*
13. Brácteas 5-8.
    14. Bracteolas 1600-2300 μm compr. .... *C. kenoyeri*
    14. Bracteolas ≤ 1420 μm compr.
        15. Incrustação calcárea ausente . ... *C. linharensis*
        15. Incrustação calcárea presente . ... *C. rushyana*
12. Plantas monoicas.
    16. Gametângios sejuntos.
        17.Corônula com ápices convergentes .... *C. martiana*
        17. Corônula com ápices divergentes.
            18. Convoluções 16-17 ....*C. formosa*
            18. Convoluções 10-14.
                19. Escudos 4, losangulares.
                    20. Oósporo 625-675 x
                        315-475 μm.............................. *C. zeylanica*
                    20. Oósporo 405-435 x 280-285 μm ...*C. drouetii*
                19. Escudos 8, triangulares.
                    21. Fossa do oósporo ca.
                      36 μm larg. . ... *C. guairensis*
                    21. Fossa do oósporo ca. 50 μm larg.
                        22. Segmentos intercalares corticados dos
                        rámulos verticilados 5-6 .....*C. diaphana*
                      22. Segmentos intercalares corticados dos
                        rámulos verticelados 2-4 .... *C. virgata*
    16. Gametângios conjuntos.
        23. Cauloide ca. 90 μm larg. ....*C. foliolosa*
        23. Cauloide 555-1400 μm larg.
            24. Células espiniformes solitárias .... *C. angolensis*
            24. Células espiniformes numerosas, restritas aos
            internós superiores da planta.
                25. Estipuloides todos do mesmo
                tamanho ....*C. haitensis*
                25. Estipuloides superiores maiores
                que os inferiores ....*C. indica*

Chara angolensis A. Braun, tipo comum zu Berlin 1867: 943, pl. 1. 1867. **Tipo**: Barra de Benzo, Rio Benge, Angola (herbário?). (Figuras 1-15)

Plantas monoicas, cauloide 555-833 µm larg., córtex 3-corticado (triplóstico), isóstico, células espiniformes solitárias, 93-675 µm compr., 51-59 µm larg., estipuloides diplostéfanos, bem desenvolvidos, 2 por rámulo verticilado, superiores 541-1225 μm compr., 99-133 μm larg., inferiores 166-466 μm compr., 58-83 μm larg., rámulos verticilados 8-12 por verticilo, 337-450 µm compr., 10-20 µm larg., segmento basal ecorticado, 1,2-3,9 mm compr., 230-480 μm larg., não recoberto pelos estipuloides, segmentos intercalares (2-)3-4, corticados, segmento apical ecorticado, circundado por brácteas, brácteas 4-7, verticiladas, 450-1425 μm compr., 83-208 μm larg., bracteolas 2, 1,3-1,7 mm compr., 104-146 μm larg. Gametângios conjuntos; núcula 662-975 μm compr., 300-517 μm larg., convoluções 12, corônula 108-200 μm alt., 183-241 μm larg., ápices divergentes; oósporo 607-1030 μm compr., 332-587 μm larg., estrias 13-14, fossa 45-55 μm larg.; glóbulo 277-350 μm diâm., escudos 4, losangulares.

Distribuição no Brasil: Paraná (Bueno *et al.* 2011a), Rio de Janeiro (Dias & Araújo 2001), São Paulo (Bicudo 1969, 1972, Picelli-Vicentim 2004).

Material examinado: Ceará: Fortaleza, Lago Papicu, 16-VI-1967, *C.E.M. Bicudo* (SP96728). Paraná: Pontal do Paraná, 02-VII-1996, *M.D. Bonfante & M.T. Shirata 3028* (SP371077); Guaíra, Parque Estadual de Sete Quedas, 06-X-1978, *R.M.T. Bicudo & M.T.P. Azevedo* (SP152548). Rio Grande do Norte: Município de Ipanguaçu, fazenda Picada, lagoa, *A. Lima*, 04-IX-1959 (IPA12053). Santa Catarina: Cabo Santa Marta Grande, 22-IX-1978, *E.C. Oliveira Filho & Y. Ugadin* (SP155078). São Paulo: Santa Clara d'Oeste, VII-1971, *O. Yano & D.M. Vital* (SP113446).

Comentários

As coleções presentemente examinadas foram, de modo geral, pobres em número de espécimes e apenas alguns apresentaram-se férteis, contudo com os glóbulos ainda imaturos.

Os representantes de *C. angolensis* A. Braun lembram, quanto a sua morfologia, os de *C. zeylanica* Klein *ex* Willdenow, mas diferem porque (1) os estipuloides não recobrem o segmento basal dos râmulos verticilados, (2) o segmento basal dos râmulos verticilados é aproximadamente sete vezes mais longo do que largo e (3) os gametângios estão presentes do primeiro ao terceiro nó dos râmulos verticilados. Dessas três características, principalmente, o fato de o segmento basal dos râmulos verticilados ser ecorticado e até sete vezes mais longo que os demais foi considerado diagnóstico por Braun (1867), ou seja, nos dizeres do próprio autor traduzidos para o português, uma "forte discrepância" na identificação da espécie.

A espécie ocorre na África (Braun 1868) e América do Sul (Dias & Araújo 2001, Picelli-Vicentim *et al.* 2004, Araújo *et al.* 2010, Bueno *et al.* 2011a).

Chara braunii Gmelin var. ***braunii***, Flora Badensis Alsatica 4 (supl.): 646. 1826. **Tipo**: próximo de Oldenico, local não especificado, Itália, verão de 1856 (neótipo NY). (Figuras 16-32)

Plantas monoicas, 12-18 cm alt., incrustação calcárea ausente, cauloide moderadamente delgado, não totalmente ecorticado, 396,6-672,4 μm larg., entrenós 1,2-2,6 cm compr., menores que os râmulos verticilados, reduzidos na região apical, córtex ausente, células espiniformes ausentes, estipuloides haplostéfanos, 1 por râmulo verticilado, alternos aos râmulos, 348,4-534,4 µm compr., 82-104 µm larg., râmulos verticilados monomorfos, 7-9 cm compr., segmentos 4-6, segmento apical reduzido, circundado por 1 coroa de brácteas, 180-305 μm compr., 66-83 μm larg., brácteas 2-4, 163,8-293 µm compr., 54,6-100 µm larg., bracteolas 2, menores ou do mesmo tamanho da núcula, 300-1100 μm compr., 83-104 μm larg. Gametângios conjuntos, situados nos 1°-2° nós dos râmulos verticilados, nó basal fértil; núcula 560,3-1246 µm compr., 344,8-706,8 µm larg., convoluções 8-9, corônula 130-179,3 µm alt., 201,5-310 µm larg., ápices divergentes; oósporo 368-750 µm compr., 224-400 µm larg., estrias 7-8, fossa 78-90 μm larg., parede finamente granulada; glóbulo 260-308,7 µm diâm., escudos 8, triangulares.

Distribuição no Brasil: PARANÁ (Bueno *et al.* 2011a), RIO GRANDE DO SUL (Prado 2003), SÃO PAULO (Bicudo 1979, Picelli-Vicentim 1990, Necchi Jr. *et al.* 1995a, 1997, 2000, Vieira Jr. *et al.* 2003).

Material examinado: PARANÁ: rio Taquaruçu, 11-XII-2001, *S.M. Thomaz & T.A. Pagioro* (SP371072, SP371374); Reservatório de Itaipu, rio Passo Cuê, 08-VIII-2002, *S.M. Thomaz & T.A. Pagioro* (SP371070, SP371071); rio São Francisco Falso, 16-VIII-2002, *S.M. Thomaz & T.A. Pagioro* (SP371071). RIO GRANDE DO SUL: Município de Mostarda, Lagoa da Figueira, 30-XII-1978, *J. Waechter* (SP). SÃO PAULO: São Paulo, 15-VII-1969, *V. Alin* (SP104965); São Pedro, VIII-1970, *K. Arens* (SP11484).

Comentários

Segundo Wood & Imahori (1965), *C. braunii* (Seção *Charopsis*) e *C. hydropitys* (Seção *Agardhia*) pertencem ao subgênero *Charopsis* caracterizado pelo fato de os estipuloides estarem organizados em uma única fileira e as plantas serem inteiramente ecorticadas ou terem apenas o eixo principal corticado. Os espécimes brasileiros pertencentes à Seção *Charopsis* são monoicos.

O subgênero é considerado polifilético (Meiers *et al.* 1999, McCourt *et al.* 1999, Sakayama *et al.* 2009), fato confirmado por Borges & Necchi Jr. (2017) através da análise dos marcadores *rbc*L e *mat*K.

Chara braunii apresenta as células da corônula divergentes para o ápice, râmulos formados por quatro segmentos que terminam em uma coroa de brácteas reduzidas, estipuloides conspícuos e o cauloide apresenta incrustação calcárea em aneis. *Chara braunii* var. *braunii* difere de *C. braunii* var. *brasiliensis* porque a primeira apresenta oósporos que medem 368-750 × 224-400 µm e a segunda 800-830 × 430-480 µm (Picelli-Vicentim *et al.* 2004).

Esta espécie pode ser morfologicamente confundida com *C. socotrensis* Nordstedt. A diferença está em que *C. braunii* var. *braunii* apresenta râmulos com quatro segmentos que terminam em uma coroa de brácteas reduzidas, estipuloides bastante conspícuos e cauloide que pode apresentar incrustação calcárea anelar.

Proctor (1970) cogitou que *C. braunii* constitua um complexo de raças geográficas ou, até mesmo, de espécies incipientes que, apesar de serem morfologicamente semelhantes entre si, são isoladas reprodutivamente em diferentes graus. O referido autor não realizou, entretanto, cruzamentos entre materiais de localidades diferentes para chegar a essa conclusão, não podendo, portanto, definir se os diferentes materiais representariam raças ou espécies. A hipótese permanece, consequentemente, no campo das conjecturas.

A espécie é cosmopolita, ocorrendo na Ásia, Austrália, Europa, Nova Zelândia (Krause 1997, Urbaniak 2007, Caisová & Gabka 2009) e América do Norte (Guiry & Guiry 2020). Braun (1883) registrou a presença de *C. braunii* no México. Registros de *C. braunii* para a América do Sul são escassos (Wood & Imahori 1965) e restringem-se à ocorrência da espécie no Brasil (Vieira Jr. *et al.* 2003, Araújo *et al.* 2010, Bueno *et al.* 2011a, Borges & Necchi Jr. 2017), na Argentina (Carl 1938) e no Chile (Blindow *et al.* 2018).

Chara braunii Gmelin var. **brasiliensis** R. Bicudo, Rickia 8: 20. 1979. **Tipo**: Rio Claro, São Paulo, Brasil, 12-IX-1970, *D.M. Vital* (holótipo SP). (Figuras 33-44)

Plantas monoicas, até 19 cm alt., cauloide 620,6-796,5 µm larg., córtex ausente, células espiniformes ausentes, estipuloides haplostéfanos, 234-495 µm compr., 62-108 µm larg., râmulos 8-10 por verticilo, 1,8-3 cm compr., 401-675 µm larg., segmentos 5-7, ecorticados, brácteas 2-4, verticiladas, 163,8-293 µm compr., 54,6-100 µm larg., bracteletas 2,

455-896 µm compr., 58-143 µm larg. Gametângios conjuntos; núcula 706-1093 µm compr., 293-612 µm larg., convoluções 10-11, corônula 136-177,5 µm alt., 110,5-279,5 µm larg., ápices divergentes; oósporo 827-950 µm compr., 435-667 µm larg., estrias 9-11, fossa 67-94,8 µm larg.; glóbulo 310-405 µm diâm., escudos 8, triangulares.

Distribuição no Brasil: Espírito Santo (Bicudo 1972, 1974), Rio Grande do Sul (Prado 2003), São Paulo (Bicudo 1972: como *C. socotrensis* f. *fulgens*, Bicudo 1979, Picelli-Vicentim 1990, Necchi Jr. *et al.* 1994, 1997, 2000, Picelli-Vicentim *et al.* 2004).

Material examinado: São Paulo: Rio Claro, VIII-1970, *D.M. Vital* (SP104878); Sorocaba, V-1977, *O. Yano et al.* (SP131597).

Comentários

A var. *brasiliensis* R. Bicudo difere da típica da espécie unicamente por apresentar oósporos nitidamente maiores, que medem 800-830 *µm* compr. e 430-480 *µm* larg. Os individuos representantes da var. *brasiliensis* lembram, até certo ponto, os de *C. socotrensis* Nordstedt, dos quais diferem por possuir os râmulos verticilados terminados em uma coroa de brácteas. Alguns espécimes da var. *brasiliensis* apresentaram, entretanto, o segmento terminal dos râmulos 2-celulado e a célula terminal pequena e cônica. Neste caso, a diferença residirá unicamente no fato de as plantas de *C. socotrensis* serem dioicas.

Para Bicudo (1972, 1979) e Picelli-Vicentim *et al.* (2004), *C. braunii* var. *brasiliensis* são plantas monoicas, cujos râmulos verticilados possuem o segmento terminal curto, unicelular e rodeado por brácteas que formam uma pequena coroa de células; ou cujo segmento terminal é 2-3-celulado e a célula terminal é pequena e cônica. Segundo John *et al.* (1990), a parede do oósporo é granulosa.

Chara bulbilifera (Donterberg) A. García, Candollea 45: 646-649, fig. 1. 1990. **Basiônimo**: *Nitellopsis bulbilifera* Donterberg, Comunicaciones del Museo Argentino de Ciencias Naturales 1(7): 6, pl. 1, fig. 1-9. 1960. **Tipo**: material herborizado de cultivo, Museu Argentino de Ciências Naturais, Argentina, 17-IV-1959 (holótipo herbário R.D. Wood). (Figuras 45-67)

Plantas dioicas, 8-12 cm alt., cauloide 450-620 µm larg., entrenós 0,4-2,5 cm compr., córtex ausente, incrustação calcárea em aneis, células espiniformes e estipuloides ausentes, 3 células poligonais presentes na base de cada râmulo verticilado, râmulos verticilados 6-8, ≤ 1,8 cm compr., segmentos 5, segmento apical (1-)2-celulado, célula terminal mucronada, brácteas 1-2(-3), quando 3 verticiladas, rudimentares ou ausentes, 400-3000 μm compr., 150-400 μm larg., bractéola 1, ca. 400 μm compr. Gametângios em plantas separadas; núcula 1-2(-3) por nó, 1,1-1,3 mm compr., 620-650 μm larg., convoluções 14-16, corônula 120-200 μm alt., 220-300 μm diâm.; glóbulo e oósporo não observados.

Distribuição no Brasil: RIO GRANDE DO SUL (Prado & Baptista 2005, Araújo *et al.* 2010).

Material examinado: RIO GRANDE DO SUL: Lagoa das Custódias, Tramandaí, ca. 50°12'W e 30°00'S, 31-I-2000, *J.F. Prado* (ICN91532).

Comentários

O holótipo de *Nitellopsis bulbilifera* (basiônimo de *C. bulbilifera*) é um material herborizado derivado do mantido em cultivo. Há um isótipo (BA10476) que C. Carl de Donterberg referiu como tendo sido coletado na Lagoa La Brava, Balcarce, Província de Buenos Aires, Argentina, e que está depositado no Museu Argentino de Ciências Naturais.

Dontergerg (1960) observou somente espécimes herborizados e, ao que parece, imaturos. Wood (1962) considerou *N. bulbilifera* uma variedade taxonômica de *Chara socotrensis* Nordstedt: *C. socotrensis* var. *bulbilifera* (Donterberg) R.D. Wood, e García (1990) manteve a variedade no gênero *Chara*, porém como uma espécie: *C. bulbilifera* (Donterberg) García. Segundo Wood & Imahori (1965), entretanto, o exame do material disponível em Donterberg (1990), representado pela descrição e ilustrações nas formas de desenhos a traço e fotografias, comprovou tratar-se de *Nitellopsis* sem a menor sombra de dúvida.

Donterberg (1990) examinou apenas material feminino da espécie e considerou, por isso, a possibilidade de a espécie ser dioica sem, entretanto, poder confirmar.

Prado & Baptista (2005) registraram a ocorrência de *C. bulbilifera* no Rio Grande do Sul e a classificaram na Seção *Charopsis*, que inclui plantas dioicas, ecorticadas, destituídas de estipuloides, cujos râmulos são constituídos por pequeno número de segmentos. *Chara bulbilifera* lembra *C. halina* García (García 1993); a única diferença entre ambas está nas núculas maiores e com maior número de convoluções em *C. bulbilifera*.

Chara bulbilifera ocorre na Argentina (Tell 1985: como *Nitellopsis bulbilifera* Donterberg) e no Brasil (Prado & Baptista 2005, Araújo *et al.* 2010).

Chara diaphana (Meyen) R.D. Wood *in* Wood & Imahori, Monograph of the Characeae 1: 768. 1965. **Basiônimo**: *Chara armata* Meyen *ex* Kützing var. *diaphana* Meyen, Reise um die Erde 2: 131. 1835. **Tipo**: Oahu, Havaí, V-1831, *Meyen* (lectótipo B, destruído). (Figuras 68-88)

Plantas monoicas, cauloide 460-1100 µm larg., córtex 3-corticado (triplóstico), células espiniformes solitárias, acuminadas, 750-2000 µm compr., 64-150 µm larg., estipuloides diplostéfanos, 2 por râmulo verticilado, superiores 395-1240 µm compr., 83-150 µm larg., inferiores 490-750 µm compr., 90-140 µm larg., râmulos verticilados monomorfos, 11-12 por verticilo, 330-450 µm compr., 10-20 µm larg., segmentos intercalares 2-4, corticados, segmentos basais ecorticados, segmentos apicais ecorticados, 1-celulados, rodeados por 3-6 brácteas, brácteas 5-9, verticiladas, (1,2-)3-3,7 mm compr., 108-150 µm larg. Gametângios conjuntos ou sejuntos; núcula 630-900 µm compr., 360-550 µm larg., convoluções 12-14, corônula 80-167 µm alt., 140-250 µm larg., ápices divergentes; oósporo 530-630 µm compr., 250-340 µm larg., estrias 12-13, fossa ca. 50 µm larg.; glóbulo 330-400 µm diâm., escudos 8, triangulares.

Distribuição no Brasil: Bahia (Ribeiro *et al.* 2018), Espírito Santo (Bicudo 1972, 1974), Pará (Rodrigues 1964), Paraná (Bueno *et al.* 2011a), Pernambuco (Wood & Imahori 1965), Rio Grande do Sul (Schwarzbold 1982, Astorino 1983, Prado 2003).

Material examinado: Ceará: Fortaleza, 26-I-1968, *R.M.T. Bicudo* (SP96777, SP96779); Lagoa de Genipabu, 26-I-1968, *R.M.T. Bicudo* (SP96771). Pará: Capanema, Quatipuru, Campo do Bentevi, 07-X-1964, *W. Rodrigues & A. Santos* (SP96228, SP104903); Igarapé do Canavial, 02-IV-1963, *W. Rodrigues* (SP104905); 09-IV-1963, *W. Rodrigues* (INPA, SP104904); 08-IV-1963, *Fittkau* (SP96695). Pernambuco: Sertânia, 20-I-1977, *J. Waechter* (SP154995). Rio de Janeiro: Recreio dos Bandeirantes, Lagoa do Marapendi, 22-II-1976, *A.G. Pedrini et al.* (SP131500); Jacarepaguá, Lagoa do Marapendi, 15-V-1976, *R.M.T. Bicudo* (SP127698); Lagoa de Saquarema, 28-VIII-1979, *A.G. Pedrini et al.* (SP155002). Rio Grande do Sul: Rio Grande, 13-IV-1983, *M.P. Silva* (FURG).

Comentários

Os espécimes brasileiros coincidiram com a circuncrição de *C. diaphana* (Meyen) R.D. Wood por possuírem (*1*) apenas três segmentos corticados nos râmulos verticilados, sendo os demais ecorticados, e (*2*) os entrenós basais dos râmulos verticilados comumente férteis.

A combinação *C. diaphana* proposta por Bicudo (1972) não foi efetivamente publicada por ter sido em uma tese de doutorado após 1º de janeiro de 1953 (CIN Art. 30.9) e, também, por *C. diaphana* (Meyen) R. Bicudo ser um homônimo posterior de *C. diaphana* (Meyen) R.D. Wood.

A espécie ocorre no Brasil (Araújo *et al.* 2010, Bueno *et al.* 2015, Ribeiro *et al.* 2018), África (Guiry & Guiry 2020), Sudeste da Ásia (Wood & Imahori 1965) e nas Ilhas do Pacífico (Wood & Imahori 1965).

Chara drouetii (R.D. Wood) R.D. Wood *in* Wood & Imahori, Monograph of the Characeae 1: 768. 1965. **Basiônimo**: *Chara zeylanica* Klein *ex* Willdenow var. *sejuncta* (A. Braun) R.D. Wood emend. R.D. Wood f. *drouetii* R.D. Wood, Taxon 11(1): 12. 1962. **Tipo**: Dunas do Urubu, Fortaleza, Ceará, Brasil, 01-VIII-1935, *F.E. Drouet 1351* (holótipo NY). (Figuras 89-99)

Plantas monoicas, cauloide ca. 90 μm larg., córtex 3-corticado (triplóstico), incrustração calcárea intensa, células espiniformes rudimentares, globulares, presentes apenas nos entrenós apicais, 25-30 μm larg., estipuloides diplostéfanos, 2 por râmulo verticilado, superiores acuminados ou agudos, 400-600 μm compr., 65-75 μm larg., inferiores acuminados, 390-450 μm compr., 60-90 μm larg., râmulos verticilados 8-12, 6-8 mm compr., segmentos 7-8, segmentos intercalares 5-6, triplósticos, segmento basal ecorticado, 300-390 μm compr., 120-200 μm larg., segmentos apicais 1-2, ecorticados, brácteas 5-7, unilaterais, acuminadas, posteriores rudimentares, cônicas a globulares, anteriores 105-420 μm compr., 45-50 μm larg., bracteolas 2 vezes mais longas que as brácteas, brácteas anteriores acuminadas, 600-900 μm compr., 55-60 μm larg., brácteas posteriores rudimentares, cônicas a globulares, bracteletas semelhantes às bracteolas, relativamente mais robustas, 650-900 μm compr., 65-75 μm larg. Gametângios sejuntos, nos 2º-6º nós basais; núcula nos 2º-4º nós dos râmulos verticilados, convoluções 12-14, 525-560 μm compr. (excl. corônula), 365-400 μm larg., corônula com células apicais divergentes, 120-150 μm alt., 150-195 μm larg.; oósporo 405-435 μm compr., 280-285 μm larg., estrias 11-12, fossa 40-45 μm larg., parede quase lisa, pontuação formando grupos; glóbulo nos 3º-6º nós dos râmulos verticilados, ca. 300 μm diâm., escudos 4, losangulares.

Distribuição no Brasil: CEARÁ (Wood 1962, Wood & Imahori 1965, Bicudo 1972, 1974).

Material examinado: CEARÁ: Dunas do Urubu, Fortaleza, 01-VIII-1935, *F.E. Drouet 1351* (SP96227); 01-VIII-1935, *F.E. Drouet* (NY, SP114667,

SP1146669). **Paraíba**: local?, 24-I-1972, col.? (SP116254). **Sergipe**: Aracaju, Lagoa Bonita, 18-V-2012, *M.A.O. Bezerra* (UNOPA4086).

Comentários

As plantas coletadas no Brasil foram identificadas por Wood (1962) como representantes de *C. zeylanica* Klein *ex* Willdenow var. *sejuncta* (A. Braun) R.D. Wood emend. R.D. Wood por serem pequenas, delgadas e possuírem gametângios conjuntos, contudo como uma forma taxonômica nova, f. *drouetii*, pelo fato de os entrenós excederem bastante o comprimento dos râmulos verticilados e as estípulas serem muito reduzidas.

A combinação *C. drouetii* (R.D. Wood) R. Bicudo não foi efetivamente publicada por ter sido incluída em uma tese de doutorado após 1º de janeiro de 1953 (CIN Art. 30.9). Além disso, por ter sido um homônimo posterior de *C. drouetii* (R.D. Wood) R.D. Wood (CIN Art. 53.1).

O nome do local da coleta original desta espécie apareceu grafado erroneamente em Wood & Imahori (1965): Urubri. A grafia correta é Urubu, Dunas do Urubu.

Alix & Scribailo (2011) contestaram a presença de glóbulos 4-escudados em *C. drouetti* após verificarem uma anotação pessoal de Proctor (1991) no holótipo da espécie, indicando que o espécime possuia glóbulo com oito escudos.

A presença de glóbulos 8-escudados em *C. drouetti* confirma a teoria de que glóbulos 4-escudados não são encontrados em espécies com gametângios sejuntos da Subseção *Wildenowia* (Proctor & Wyman 1971). Portanto, tais espécies devem ser taxonomicamente reconhecidas como distintas das que têm gametângios conjugados e glóbulos com quatro escudos. Alix & Scribailo (2011) não concordaram com a inclusão de *C. drouetti* no complexo *C. zeylanica* Klein *ex* Willdenow, porque a espécie possui gametângios tanto sejuntos quanto conjuntos e glóbulos com quatro escudos.

A presença da espécie no Brasil foi registrada originalmente por Wood (1962) e, em seguida, por Araújo *et al.* (2010). Alix & Scribailo (2011) referiram pioneiramente a existência da espécie no México.

Chara fibrosa C. Agardh *ex* Bruzelius emend. R.D. Wood, Taxon 11(1): 13. 1962. **Tipo**: Ilhas Marianas, Guam, Micronésia (lectótipo LD). (Figuras 100-115)

Plantas monoicas ou dioicas, cauloide 450-570 μm larg., córtex 2(-3)-corticado (diplóstico, raro triplóstico), levemente tilacantado, incrustração calcárea fraca, células espiniformes solitárias, variáveis, curtas, estipuloides haplostéfanos, 1-2 por râmulo verticilado, menores que o segmento basal dos râmulos verticilados, 384-768 μm compr., 89-134 μm larg., ápice apiculado, râmulos verticilados monomorfos, ecorticados, 7-8 por verticilo, 10-12 mm compr., 180-200 μm larg., segmentos 5, segmento apical 1(-2)-celulado, maior que as brácteas circundantes, rodeado por 2-4 brácteas, brácteas 4-6, verticiladas, 480-960 μm compr., 96-156 μm larg., bracteolas 2, menores que as brácteas, ápice apiculado. Gametângios conjuntos ou sejuntos, nos 1º e 2º nós basais dos râmulos verticilados ou em plantas separadas; núcula 610-640 μm compr., 480-515 μm larg., convoluções 10-11, corônula às vezes decídua, 89-108 μm alt., 180-220 μm larg., ápices em geral divergentes; oósporo 470-513 μm compr., 320-370 μm larg., estrias 7, fossa 59-75 μm larg., parede lisa ou fina e irregularmente granulada; glóbulo 281-307 μm diâm., escudos 8, triangulares.

Distribuição no Brasil: Goiás (Bicudo 1972).

Material examinado: Goiás: próximo da cidade de Goiás, 1896, *A. Glaziou* (SP114711).

Comentários

A espécie apresenta células espiniformes solitárias, râmulos verticilados ecorticados e estipuloides longos, em geral 10 vezes mais longos que o próprio diâmetro. Wood & Imahori (1965) mencionaram que os estipuloides podem atingir 2 mm compr., mas no material ora examinado atingiram no máximo 800 μm.

Chara fibrosa ocorre nas regiões tropical e subtropical do globo (Zaneveld 1940, Abdelahad & Piccoli 2017), América do Norte (Ahmadi *et al.* 2012, Schneider *et al.* 2015), América do Sul (Bicudo 1972, Dias & Araújo 2001, Araújo *et al.* 2010, Ahmadi *et al.* 2012), Europa (Zaneveld 1940, Langangen 2000), Oriente Médio (Ahmadi *et al.* 2012), Ásia, Austrália, Índia e Nova Zelândia (Ahmadi *et al.* 2012, Guiry & Guiry 2020).

Chara foliolosa Mühlenberg *in* Willdenow, Mémoires de l'Académie Royale des Sciences et Belles-Lettres depuis l'avénement de Fréderic Guillaume III au Trône 1803: 86, pl. 1, fig. 2. 1805. **Tipo**: fosso de águas paradas, Pensilvânia, U.S.A. (lectótipo "em parte" B).

Plantas monoicas, cauloide ca. 90 μm larg., córtex 3-corticado (triplóstico), células espiniformes 330-400 μm compr., 10-20 μm larg., estipuloides diplostéfanos, 2 por râmulo verticilado, tão longos quanto o segmento basal dos râmulos verticilados, 0,5-1 vez mais longos que o próprio diâmetro, râmulos 12 por verticilo, 330-400 µm compr., 10-20 µm larg., segmentos 6-7, brácteas 5-7, verticiladas, anteriores até tão longas quanto os râmulos verticilados, 0,5-1 vez mais longas que as posteriores, 330-400 µm compr. Gametângios conjuntos; núcula 200-300 µm compr., 100-200 µm larg., convoluções 10-12, corônula 200-300 µm alt., 100-200 µm larg.; oósporo 200-300 µm compr., 100-200 µm larg., 11-12 estrias, fossa 45-70 µm larg.; glóbulo 330-400 µm diâm.

Distribuição no Brasil: MINAS GERAIS (Braun 1883, Warming 1892, Wood & Imahori 1965).

Material examinado: RIO GRANDE DO NORTE: Açu, estrada Mossoró-Açu (BR-304), 18-VI-1967, *C.E.M. Bicudo* (SP96730).

Comentários

Chara foliolosa foi inicialmente descrita em uma carta enviada por Mühlenberg a Charles Louis Willdenow, que leu sua descrição perante a Academia Real de Ciências e Belas Letras de Berlim em 1803 e a publicou em 1805.

O material coletado por Mühlenberg e utilizado para propor *C. foliolosa* Mühlenberg *in* Willdenow é uma mistura de duas plantas, uma das quais é representante de *C. vulgaris* L. emend. R.D. Wood e a outra apenas a porção apical de um espécime de *C. foliolosa*, o qual foi selecionado por Richard D. Wood e designado lectótipo da espécie, razão pela qual seu tipo nomenclatural é referido "em parte". *Chara foliolosa* foi incluída por Wood & Imahori (1965) na sinonímia da macroespécie *C. zeylanica* Klein *ex* Willdenow var. *zeylanica* f. *zeylanica*.

De acordo com Proctor *et al.* (1971), *C. foliolosa* é uma espécie reprodutivamente isolada e, portanto, diferente de *C. zeylanica*. Segundo John *et al.* (1990), a parede do oósporo de *C. foliolosa* pode ser lisa, granulosa ou tuberculada ao microscópio de luz e ondulada com poros ao microscópio eletrônico de varredura.

Chara foliolosa ocorre nas Américas do Norte (Hall *et al.* 2010), Central (Ilhas Caribenhas) (Wood & Imahori 1965) e do Sul (Wood & Imahori 1965, Bicudo 1972, Araújo *et al.* 2010, Bueno *et al.* 2015, Borges & Necchi Jr. 2017).

Chara formosa Robinson, Bulletin of the New York Botanical Garden 4: 296. 1906. **Tipo**: lagoa Panther, New Jersey, E.U.A., 01-VIII-1880, *T.F. Allen* (holótipo NY). (Figuras 116-132)

Plantas monoicas, cauloide 750-1000 µm larg., córtex 3-corticado (triplóstico), isóstico, levemente tilacantado, estipuloides diplostéfanos, 2 por râmulo verticilado, os da fileira superior mais longos que o segmento basal, 600-920 µm compr., 85-95 µm larg., estipuloides inferiores 230-530 µm compr., 65-75 µm larg., râmulos monomorfos, 9-13 por verticilo, 3-4 cm compr., segmentos 11-13, segmentos basal e apical ecorticados, apical acuminado, células espiniformes em geral rudimentares, visíveis apenas nos entrenós jovens, 100-200(-500) µm compr., 85-95 µm larg., brácteas 5-6, acuminadas, reduzidas no nó basal, bastante desenvolvidas nos demais nós, 2,5-5 mm compr., 70-95 µm larg., bracteolas 4, mais longas que as núculas, 1-2,5 mm compr., 60-80 µm larg., bracteletas mais longas que as bracteolas, 790-1200 µm compr., 75-90 µm larg. Gametângios sejuntos na maioria dos nós dos râmulos, ausentes no nó basal; núcula 800-1100 µm compr., 520-560 µm larg., convoluções 16-17, corônula com ápices divergentes, 100-120(-140) µm alt., 120-200 µm larg.; oósporo 750-820 µm compr., 370-440 µm larg., estrias 14-16, finas, altas, fossa 50-54 µm larg., parede finamente granulosa; glóbulo 280-380 µm diâm., escudos 8, triangulares.

Distribuição no Brasil: BAHIA, MINAS GERAIS, SÃO PAULO (Bicudo 1972).

Material examinado: BAHIA: Cristópolis, Buritizinho, local?, 25-VII-1963, *A.L. Costa* (RB118333, SP104552). CEARÁ: Fortaleza, 22-I-1968, col.? (SP104859). GOIÁS: local?, 22-X-1967, *D.M. Vital* (SP114789). MINAS GERAIS: Sangradouro da Lapinha, represa, Lagoa Santa, 14-III-1967, *D.M. Vital* (SP63841). PARAÍBA, Campina Grande, 18-II-1975, *D.M. Vital* (SP116476); Unaí, Rio Preto, 23-IX-1997, *D. Alvarenga et al.* (SP317556). SÃO PAULO: estrada Altair-Icém, represa, 20-VII-1971, *O. Yano* (SP113466); Represa de Rio Preto, Rio Preto, 26-V-1966, *O. Yano* (SP63844). SERGIPE: Cedro de São João, 30-I-1974, col.? (SP116434).

Comentários

Chara formosa Robinson não foi tratada em Proctor *et al.* (1971), mas optamos atualmente por considerá-la no nível de espécie.

A espécie ocorre nas Américas do Norte (Prescott 1962, Wood & Imahori 1965) e do Sul (Bicudo 1972, Araújo *et al.* 2010, Bueno *et al.* 2015) e no Oriente Médio (Maulood *et al.* 2013).

Chara globularis Thuiller, Flore des environs de Paris. 472. 1799. **Tipo**: local?, *Thuiller* (lectótipo L). (Figuras 133-147)

Plantas monoicas ou dioicas, cauloide 583-790 μm larg., incrustação calcárea leve, córtex 3-corticado (triplóstico), isóstico, células espiniformes rudimentares, globosas, até 50 μm larg., estipuloides diplostéfanos, 2 por râmulo verticilado, muito pequenos, em geral obscuros ou ausentes, acuminados ou arredondados, estipuloides superiores 93-133 μm compr., 103-133 μm larg., estipuloides inferiores 108-237 μm compr., 72-117 μm larg., râmulos verticilados monomorfos, 7-9 por verticilo, 1,7-2,2 cm compr., segmentos intercalares 2-3-corticados, segmentos basais fleópodos, não recobertos pelos estipuloides superiores, segmentos apicais ecorticados, 1-3-celulados, brácteas 4, unilaterais a verticiladas, (33-)187-580 μm compr., 41-83 μm larg., bracteolas 2, 833-1980 μm compr., 80-104 μm larg., bracteletas presentes apenas nos exemplares dioicos, semelhantes às bracteolas. Gametângios conjuntos (raro sejuntos), nos 1º-4º nós dos râmulos verticilados; núcula 670-990 μm compr., 341-458 μm larg., corônula 206-312 μm alt., 144-271 μm larg., convoluções 12; oósporo não observado; glóbulo 250-354 μm diâm., escudos 8, triangulares.

Distribuição no Brasil: Espírito Santo (Bicudo 1972), Rio Grande do Sul (Prado 2003).

Material examinado: Espírito Santo: local?, data?, *D.M. Vital* (SP114463). Pernambuco: local?, data?, *A.P. Fontana* (HVASF8922). Rio Grande do Sul: Município de Rio Grande, Taim, 06-IX-1976, *J. Waechter* (SP154993); Rio Grande, próximo à Estação Ecológica do Taim, data?, *J. Waechter* (SP131507); *J.F. Prado* (ICN91514).

Comentários

Os representantes da forma típica da espécie (f. *globularis*) são típicos por apresentarem estipuloides, brácteas e células espiniformes obscuras e córtex triplóstico e isóstico.

O tipo nomenclatural desta espécie é, ao que tudo indica, um lectótipo selecionado por J.S. Zaneveld, em 15-XII-1939 (Zaneveld 1940). O espécime foi aparentemente coletado por Thuiller e encontra-se depositado em L.

Segundo John *et al.* (1990), a parede do oósporo é granulosa.

Chara globularis é uma espécie cosmopolita (Romanov *et al.* 2014, Guiry & Guiry 2020), com registros para a Europa (Krause 1997,

Caisová & Gabka 2009, Guiry & Guiry 2020), América do Norte (Krause 1997, Guiry & Guiry 2020), América do Sul (Bicudo 1972, 1974, Prado 2003, Araújo *et al.* 2010, Siqueira-Filho & Bueno 2012, Schubert *et al.* 2014), África (Krause 1997, Guiry & Guiry 2020), Ásia (Krause 1997, Guiry & Guiry 2020), Austrália e Nova Zelândia (Krause 1997, Guiry & Guiry 2020).

Chara guairensis R. Bicudo, Rickia 6: 145, pl. 4, fig. 1-11. 1974. **Tipo**: lagoa em ilha na região da Cachoeira de Sete Quedas, Parque Nacional de Guaíra, Guaíra, Paraná, Brasil, 09-IV-1971, *D.M. Vital* (holótipo SP). (Figuras 148-158)

Plantas monoicas, cauloide (273-)724-963(-1305) μm larg., córtex 3-corticado (triplóstico), células espiniformes (205-)291,6-545(-770) μm compr., 50-84,2 μm larg., estipuloides diplostéfanos, 2 por râmulo verticilado, em geral opostos a eles, recobrem o segmento basal dos râmulos verticilados, ápice acuminado, estipuloides superiores 880-1200 μm compr., 100-110 μm larg., estipuloides inferiores 400-480 μm compr., 90-100 μm larg., râmulos 9-13 por verticilo, 467,9-1052,5 μm compr., 191,4-547,3 μm larg., segmentos 6-12, segmento basal ecorticado, cilíndrico, curto, segmentos intermediários 9-10, corticados, segmento apical ecorticado, brácteas 5-8, verticiladas, 2-4,8 mm compr., 62,4-547,3 μm larg., bracteolas 4, acuminadas, 1,5-2,4 mm compr., 130-140 μm larg., bracteletas substituem os glóbulos, acuminadas, 0,9-1,6 mm compr. Gametângios sejuntos, em nós diferentes da mesma planta ou de um mesmo râmulo verticilado, situados no 1°-6° nós dos râmulos verticilados; núcula 930-1015 μm compr., 670-775 μm larg., convoluções 10-13, corônula com ápices divergentes, 106-421 μm alt., 135-349 μm larg.; oósporo (320-)584-770 μm compr., 410-555 μm larg., estrias 9-12, fossa ca. 36 μm larg.; glóbulo 249-608 μm diâm., escudos 8, triangulares.

Distribuição no Brasil: Mato Grosso (Bueno *et al.* 2009), Mato Grosso do Sul (Bueno *et al.* 1996), Paraná (Bicudo 1972, 1974), Rio Grande do Sul (Prado 2003), São Paulo (Picelli-Vicentim 1990, Vieira Jr. *et al.* 2003).

Material examinado: Mato Grosso: Cuiabá, VII-1969, *D.M. Vital* (SP104148); VIII-1969, *D.M. Vital* (SP104155); VIII-1992, *N.C. Bueno 383* (CPAP9344); Poconé, VIII-1996, *N.C. Bueno 552* (CPAP10316); Várzea Grande, VIII-1992, *N.C. Bueno 390* (CPAP9351). Mato Grosso do Sul: Bodoquena, XII-1969, *A.B. Joly* (SP104852); IX-2005, *V.J. Pott 8084* (HMS10876); Campo Grande, IX-2005, *V.J. Pott 7400*

(HMS8270); Corumbá, IX-1991, *N.C. Bueno 247* (CPAP8313); V-1992, *N.C. Bueno 332* (CPAP9293); *N.C. Bueno 336* (CPAP9297); *N.C. Bueno 338* (CPAP9299); VIII-1992, *N.C. Bueno 475* (CPAP10239); IX-1992, *N.C. Bueno 408* (CPAP10172); *N.C. Bueno 476* (CPAP10240); *N.C. Bueno 478* (CPAP10242); *N.C. Bueno 479* (CPAP10243); *N.C. Bueno 481* (CPAP10245); II-1993, *N.C. Bueno 508* (CPAP10272); *N.C. Bueno 510* (CPAP10274); *V.J. Pott 2017* (CPAP10746); Inocência, XII-2004, *V.J. Pott 7400* (HMS8270); Miranda, VII-1973, *D.M. Vital* (SP116382); Porto Murtinho, XII-2005, *V.J. Pott* (HMS11621). PARANÁ: Reservatório de Itaipu, rio Ocoí, 24-I-2002, *S.M. Thomaz* (SP371373); 14-VII-2002, *S.M. Thomaz* (SP371104, SP371096, SP371103); 15-VIII-2002, *S.M. Thomaz* (SP371102); 18-II-2003, *S.M. Thomaz* (SP371091); 19-II-2003, *S.M. Thomaz* (SP371090); 25-II-2003, *S.M. Thomaz* (SP371088); rio Passo Cuê, 26-II-2003, *S.M. Thomaz* (SP371101); rio Pinto, 25-II-2003, *S.M. Thomaz* (SP371098, SP371093, SP371098); 27-II-2003, *S.M. Thomaz* (SP371092); rio São Francisco Falso, 11-II-2003, *S.M. Thomaz* (SP371307, SP371097); 17-II-2003, *S.M. Thomaz* (SP371306); rio São João, 08-VIII-2002, *S.M. Thomaz* (SP371077); 12-VIII-2002, *S.M. Thomaz* (SP371083, SP371084, SP371085, SP371310, SP371311, SP371312); 14-II-2003, *S.M. Thomaz* (SP371096); 20-II-2003, *S.M. Thomaz* (SP371086, SP371099, SP371100); 27-II-2003, *S.M. Thomaz* (SP371095); 14-III-2003, *S.M. Thomaz* (SP371094); rio São Vicente, 13-VIII-2002, *S.M. Thomaz* (SP371089); 13-II-2003, *S.M. Thomaz* (SP371087). RIO GRANDE DO SUL: Rio Grande, 28-V-1973, *G.A. Malme* (SP); São José do Norte, 27-XII-1978, *J. Waechter 1100* (SP).

Comentários

As características diagnósticas de *C. guairensis* R. Bicudo são: (*1*) brácteas muito longas (2-4,8 mm compr.); (*2*) segmento basal dos râmulos verticilados ecorticado; (*3*) gametângios sejuntos; (*4*) glóbulos 8-escudados; e (*5*) escudos triangulares.

Entre as espécies da subseção *Willdenowia*, na qual está classificada *C. guairensis*, a que morfologicamente mais se lhe aproxima é *C. martiana* Wallman devido (*1*) à posse de gametângios sejuntos, (*2*) núculas e glóbulos situados em nós alternados dos râmulos verticilados e (*3*) glóbulos 8-escudados. Essas espécies são suficientemente distintas porque *C. guairensis* apresenta (*1*) brácteas e bracteolas bastante mais longas (2-4,8 µm compr. e 1,5-2,4 mm compr., respectivamente), (*2*) nó basal dos râmulos verticilados fértil, (*3*) 4 bracteolas, (*4*) núculas maiores

(930-1105 μm compr.), (*5*) ápices das células da corônula divergentes e (*6*) glóbulos menores (250-330 μm diâm.), porém oósporos maiores (600-770 x 410-555 μm). *Chara guairensis* também pode, até certo ponto, ser confundida com *C. compacta* Robinson, mas é distinta por ter (*1*) os segmentos basais dos râmulos verticilados cilíndricos, não intumescidos, (*2*) brácteas comparativamente mais longas (2-4,8 μm compr.), (*3*) maior número de bracteolas (4 bracteolas) e (*5*) glóbulos pouco maiores (464-544 μm larg.).

Chara guairensis ocorre atualmente apenas no Brasil (Bicudo 1972, Bueno *et al.* 1996, Vieira Jr. *et al.* 2003, Picelli-Vicentim *et al.* 2004, Bicudo & Bueno 2011, Bueno *et al.* 1996, 2009, 2011a, 2015, Araújo *et al.* 2010, Meurer & Bueno 2012, Siqueira-Filho & Bueno 2012, Henry-Silva *et al.* 2013, Borges & Necchi Jr. 2017, Bueno *et al.* 2018). A espécie é, contudo, relativamente comum em algumas regiões (Vieira Jr. *et al.* 2003, Picelli-Vicentim *et al.* 2004, Bueno *et al.* 2009, 2011a, 2012). Até o presente não há, no GenBank, sequências *rbc*L, ITS2 e *mat*K desta espécie (Borges & Necchi Jr. 2017).

Chara haitensis Turpin *in* Cuvier, Dictionnaire des Sciences Naturelles. Planches Botanique 1816-1829: 164. 1826. **Tipo**: Hispaniola, São Domingos, Antilhas, *Turpin 1796* (lectótipo B).

Plantas monoicas, cauloide 900-1400 µm larg., córtex 3-corticado (triplóstico), incrustação calcárea fraca a intensa, células espiniformes poucas, restritas aos nós superiores da planta, 330-400 µm compr., 10-20 µm larg., estipuloides diplostéfanos, 2 por râmulo verticilado, em geral mais curtos que o segmento basal dos râmulos verticilados, 500-1000 µm compr., 10-20 µm larg., râmulos verticilados 11-16, 2-4 cm compr., 10-20 µm larg., segmentos 10-13, brácteas em todos os nós, bastante reduzidas, 150-300 µm compr., brácteas posteriores obscuras, bracteolas 2, mais curtas que as núculas, 500-1200 µm compr. Gametângios conjuntos ou sejuntos, nos 1º-7º nós dos râmulos verticilados, ausentes no segmento apical; núcula 900-1400 µm compr., 630-750 µm larg., convoluções 11-17, corônula 100-125 µm alt.; oósporo 600-900 µm compr., 350-560 µm larg., estrias 12-16; glóbulo 330-400 µm diâm., escudos 4, losangulares.

Distribuição no Brasil: MINAS GERAIS (Martius *et al.* 1833).

Material examinado: RIO GRANDE DO NORTE: estrada Mossoró-Açu (BR-304), 18-VI-1967, *C.E.M. Bicudo* (SP96736).

Comentários

Consta em Turpin (1826) apenas uma prancha de ilustrações cuja legenda menciona serem de *Chara haitensis*. Não há descrição, mas uma publicação anterior a 1º de janeiro de 1908 que inclua apenas ilustração com análise garante a publicação válida do nome (Art. 38.7 do Código de Shenzhen).

A primeira notícia da ocorrência de Charophyceae no Brasil está em Martius *et al.* (1833) e é de *C. domingensis* Turpin. Tal citação é, entretanto, bastante confusa porque há, inexplicavelmente, cópias desse volume, o primeiro da "Flora brasiliensis", com páginas 11-12 com textos totalmente diferentes. Enquanto em algumas cópias, como a depositada na biblioteca do Jardim Botânico de Nova York, EUA, constam nessas páginas *Chara domingensis* Turpin e *Nitella capitata* (Nees) C. Agardh, em outras, como as dos acervos das bibliotecas do Herbário Farlow, EUA, e do Instituto de Botânica, Brasil, os materiais constantes são de *Bryopsis rosae* C. Agardh, *Bryopsis plumosa* (Hudson) C. Agardh, *Vaucheria terrestris* (Vaucher) DeCandolle e *Vaucheria dichotoma* (Linnaeus) Martius. No exemplar do acervo da biblioteca do Herbário Farlow em Massachuetts há, inclusive, uma nota, ao que tudo indica do próprio punho do Prof. William G. Farlow, que diz: "correct sheet" (página correta). Não bastasse esse problema, há também o fato de esse volume ter sido publicado em 1833 em tamanho "A5" (14,8 x 21 cm) e ser a primeira parte do volume 1 da obra contendo os textos de algas, líquenes e hepáticas. Em 1840 foi publicado, por determinação do Imperador Maximiliano José I, o patrocinador da flora, um novo volume 1 da "Flora brasiliensis", desta vez em tamanho "folio" (216 x 330 cm) e com texto completamente diferente, nem algas, nem nem líquenes, nem hepáticas. Desafortunadamente, tal fato levou as bibliotecas a armazenarem os volumes "folio" totalmente separados do volume "A5", fazendo com que se pense que a "Flora brasiliensis" são os volumes "folio" e o volume "A5" fique, por conseguinte, no esquecimento total.

Chara domingensis Turpin *ex* Martius é um nome ilegítimo, conforme o Código de Shenzhen, e sinônimo de *C. haitensis*.

Chara haitensis ocorre nas Américas do Norte (Hall *et al.* 2010), do Sul (Araújo *et al.* 2010, Borges & Necchi Jr. 2017) e nas Ilhas Caribenhas (Hall *et al.* 2010).

Chara hispida L., Taxon 11(1): 9. 1962. **Tipo**: não encontrado.

Plantas monoicas, cauloide até 1 mm larg., córtex 2-corticado (diplóstico), incrustação calcárea leve ou ausente, células espiniformes solitárias, comuns na parte superior da planta, esparsas ou ausentes na parte inferior, longas, delgadas, estipuloides diplostéfanos, 2 por râmulo verticilado, 500-1000 μm compr., 10-20 μm larg., râmulos verticilados 9-11, ≤ 8 cm compr., segmentos 6-8, ca. 6 segmentos corticados, segmento basal ecorticado, 1-2 segmentos apicais ecorticados, brácteas 6, verticiladas, brácteas anteriores ca. 0,5 mm compr., mais longas que as posteriores, 450-300 μm compr., bracteolas 2, semelhantes às brácteas. Gametângios conjuntos ou sejuntos, nos 3º-4º nós; núcula 900-1400 μm compr., 630-750 μm larg., convoluções 11-17, corônula 100-125 μm alt., ápices divergentes; oósporo oblongo, subcilíndrico ou subfusiforme, estrias 12-16, 600-900 μm compr., 350-560 μm larg., fossa 50-58 μm larg., parede lisa; glóbulo 330-400 μm diâm., escudos 8, triangulares.

Distribuição no Brasil: Goiás (Haslow 1934, Wood & Imahori 1965).

Material examinado: Goiás: lagoa do Rio Verde, 18-VI-1967, *C.E.M. Bicudo* (SP96736).

Comentários

Os espécimes examinados representantes desta espécie possuem os râmulos verticilados bastante longos e delgados e as brácteas longas e verticiladas.

Segundo Bicudo (1972), a lagoa do Rio Verde, de onde provém o material estudado por Haslow (1934), não foi localizada em Minas Gerais, mas apenas o Rio Verde em Goiás. Bicudo (1972) levantou a possibilidade de o material ter sido coletado em uma lagoa daquele rio em região próxima à divisa dos dois estados. Material desta forma taxonômica foi coletado por C.E.M. Bicudo em Goiás, em uma lagoa (temporária?) vizinha do Rio Verde.

Chara hispida é relativamente comum na Europa (Caisová & Gabka 2009, Krause 1997, Barinova *et al.* 2014, Guiry & Guiry 2020), no Oriente Médio (Barinova *et al.* 2014) e na América do Sul (Araújo *et al.* 2010).

Chara hornemannii Wallman, Försök till en systematisk uppställning af växtfamiljen Characeae. 288-289. 1853. **Tipo**: local não especificado, Antilhas, Cuba (neótipo NY). (Figuras 159-171)

Plantas dioicas, cauloide 1-1,5 mm larg., córtex 3-corticado (triplóstico), anisóstico, tilacantado, incrustação calcárea fraca, células espiniformes solitárias, mais concentradas na parte superior da planta, decíduas nas partes mais velhas, ápice acuminado ou agudo, muito desenvolvidas, 3-5 mm compr., 210-290 μm larg., estipuloides haplostéfanos, 2 por râmulo verticilado, ápice acuminado ou agudo, 4-6 mm compr., 225-320 μm larg., râmulos verticilados monomorfos, 8-10, segmento basal ecorticado, mais longo que os estipuloides, 3,5-4,5 cm compr., 440-900 μm larg., ápice acuminado, segmento apical ecorticado, mais longo que as brácteas circundantes, brácteas 2-4, ápice acuminado, agudo ou apiculado, 1-2,4 mm compr., 240-390 µm larg., bracteolas 2, ápice agudo ou acuminado, tão longas quanto as núculas, 2-5 mm compr., 225-400 μm larg. Gametângios em plantas separadas; núcula isolada, nos 1°-3° nós, 865-980 µm compr., 625-725 µm larg., convoluções 9-11, corônula com ápices divergentes, 100-140 µm alt., 220-310 µm larg.; oósporo 595-660 µm compr., 400-475 µm larg., estrias 10, fossa 70-80 µm larg., parede homogênea; glóbulo 1-1,3 mm diâm., escudos 8, triangulares.

Distribuição no Brasil: Rio de Janeiro (Bicudo 1972, 1974).

Material examinado: Pernambuco: Recife, Barragem do Rio Pitanga, 22-X-1976, *S.M.P. Andrade* (SP131505). Rio de Janeiro: Cabo Frio, data?, *A.G. Pedrini* (SP162018); Maricá, Lagoa do Padre, data?, coletor? (SP155001); Niterói, lagoa Piratininga, 10-V-1970, *P. Roberto* (RB145914, SP104391); Rio de Janeiro, lagoa Rodrigo de Freitas, 18-XI-1886, *K.A.W. Schwarke* (M, SP114588); 08-I-1976, *S. Aníbal et al.* (SP131502); data?, *A.G. Pedrini et al.* (SP127690); Lagoa de Marapendi, data?, *A.G. Pedrini et al.* (SP127699); Jacarepaguá, Lagoa de Maranguape, 15-V-1976, *R.M.T. Bicudo* (SP127689, SP127699).

Comentários

Os materiais examinados provenientes dos estados de Pernambuco e Rio de Janeiro foram identificados como representantes da forma típica da espécie por apresentarem estipuloides dispostos em apenas uma fileira, râmulos verticilados ecorticados e células espiniformes, estipuloides e bracteolas extremamente longos. Segundo John *et al.* (1990), a parede do oósporo é homogênea ao microscópio de luz e apresenta pequenas elevações ao microscópio eletrônico de varredura.

Chara hornemannii ocorre no México, América do Norte, Ilhas Caribenhas, América Central (Wood & Imahori 1965) e América do Sul (Wood & Imahori 1965, Dias & Araújo 2001, Araújo *et al.* 2010).

Chara hydropitys Reichenbach *in* Dr. Johann Christopher Mössler, Handbuch der Gewächskunde ... 1600. 1829. **Tipo**: lagoa Apponaug, Rhode Island, E.U.A. (lectótipo NY). (Figuras 172-188)

Plantas monoicas, cauloide 208-524,7 μm larg., córtex 2-3-corticado (diplóstico ou triplóstico), geralmente tilacantado, incrustação calcárea rara, células espiniformes solitárias, pequenas a obscuras, 141-666 μm compr., 66-92 μm larg., estipuloides haplostéfanos, 1-2 vezes mais numerosos que os râmulos verticilados, 750-1158 μm compr., 10-20 μm larg., râmulos verticilados 7-12, 0,8-1 cm compr., 10-20 μm larg., segmentos 5-7, segmento basal ecorticado, 2-5 segmentos intermediários 2-3-corticados, 1-4 segmentos distais ecorticados, brácteas 2-4, verticiladas, ápice acuminado, 863-1557 μm compr., 84,2-105,2 μm larg., bracteolas 2, ápice acuminado, 700-1600 μm compr., 50-150 μm larg., bracteletas 780-800 μm compr., 45-149 μm larg. Gametângios conjuntos, nos 2°-3° nós dos râmulos verticilados; núcula 358-710 μm compr., 183-385 μm larg., convoluções 11-12, corônula 58-96 μm alt., 42-134 μm larg.; oósporo ca. 541,8 μm compr., ca. 397 μm larg., estrias 10, fossa 38-48 μm larg., parede do oósporo irregularmente granulosa; glóbulo 191-325 μm diâm., escudos 8, triangulares.

Distribuição no Brasil: BAHIA (Bicudo 1972, 1974: como *Chara fibrosa* var. *hydropitys* f. *hydropitys*, Braun 1883: como *Chara fibrosa* var. *genuina*, Ribeiro *et al.* 2018), MARANHÃO (Bicudo 1972, 1974: como *Chara fibrosa* var. *hydropitys* f. *hydropitys*), MATO GROSSO (Bueno *et al.* 2009), MATO GROSSO DO SUL (Bicudo 1972, 1974, Bueno *et al.* 1996, Bueno *et al.* 2011, Borges & Necchi Jr. 2017), PARANÁ (Bueno *et al.* 2011a), PERNAMBUCO (Siqueira-Filho & Bueno 2012), RIO DE JANEIRO (Dias & Araújo 2001), RIO GRANDE DO SUL (Astorino 1983, Torgan *et al.* 2001, Prado 2003, Bueno *et al.* 2011: como *C. hydropitys*).

Material examinado: BAHIA, data?, *Blanchet* (SP114731); Entre Rios, 28-I-1974, *D.M. Vital* (SP116430); água estagnada, 1830, *M. Salzmann* (SP104581); 1832, col.? (SP114712); local?, 1840, *M. Salzmann* (SP114735). **CEARÁ**: Alto Santo, 24-I-1972, *D.M. Vital* (SP116261); Fortaleza 26-I-1975, *R.M.T. Bicudo* (SP96773). **MARANHÃO**: Caxias, 15-IV-1970, *A.B. Joly* (SP104859); Loreto, 22-V-1962, *G. Eiten & L.T. Eiten* (SP104875); São Luís, rio Iguará, 24-I-1976, *R.M.T. Bicudo* (SP127687); Peritoró (BR-136), 14-VI-1967, *C.E.M. Bicudo* (SP96721). **MATO GROSSO**: Porto Estrela, 13-V-1995, *V.J. Pott 2705* (CPAP13989); Rio Areões, 17-VII-1969, *D.M. Vital* (SP104150); Bela Vista, 19-IV-

2005, *V.J. Pott 7714* (HMS9257); Poconé, 27-II-1996, *N.C. Bueno 556* (CPAP10318, CPAP10320). **Mato Grosso do Sul**: Bonito, 09-XII-2005, *V.J. Pott 8909* (HMS12939); Porto Murtinho, 09-XII-2005, *V.J. Pott 8909* (HMS12939); 12-XII-2005, *V.J. Pott 8573* (HMS11603); 13-XII-2005, *V.J. Pott 8590* (HMS11620). **Minas Gerais**: Timóteo, Parque Florestal do Rio Doce, lago Dom Helvécio, 22-IX-1975, *R.M.T. Bicudo* (SP127677). **Paraná**: Reservatório de Itaipu, rio São João, 30-I-2002, *S.M. Thomaz* (SP371073); 31-I-2002, *S.M. Thomaz* (SP371376); rio São Vicente, 31-I-2002, *S.M. Thomaz* (SP371074, SP371375). **Rio Grande do Sul**: Torres, 07-VII-1980, *R.M.T. Bicudo* (SP162022). **Sergipe**: Itabaiana, 28-I-1974, *D.M. Vital* (SP116432). **Tocantins**: Palma, 27-VIII-2008, *S. Lolis* (399954).

Comentários

Chara hydropitys lembra, morfologicamente, *C. fibrosa* C. Agardh *ex* Bruzelius emend. R.D. Wood, mas difere pela ausência de corticação nos râmulos verticilados. *Chara hydropitys* é monoica (Groves & Groves 1911, Zaneveld 1940) e apresenta alguns segmentos dos râmulos verticilados corticados, enquanto em *C. fibrosa* são completamente ecorticados. Meyers (1999) demonstrou, através de estudos moleculares com o marcador 18S rRNA, que *C. hydropitys* não está relacionada a *C. fibrosa* por estarem situadas em clados distintos. John *et al.* (1990) registraram parede do oósporo granulosa em *C. hydropitys* e fibrosa em *C. fibrosa*.

Chara hydropitys ocorre na América do Norte, América Central, Ilhas Caribenhas (Hall *et al.* 2010), América do Sul (Tell 1985, Siqueira-Filho & Bueno 2012, Meurer & Bueno 2012, Borges & Necchi Jr. 2017, Bueno *et al.* 2018, Ribeiro *et al.* 2018), Ásia (Guiry & Guiry 2020).

Chara indica Bertero *ex* Sprengel, Systema Vegetabilium 4(1): 346. 1827. **Tipo**: Antilhas, Guadalupe (neótipo? herbário?). (Figuras 189-206)

Plantas monoicas, cauloide 920-960 µm larg., córtex 3-corticado (triplóstico), células espiniformes 340-790 µm compr., 60-75 µm larg., estipuloides diplostéfanos, 2 por râmulo verticilado, 730-760 µm compr., 50-60 µm larg., râmulos verticilados 12, 1,4-2,6 cm compr., 10-20 µm larg., segmentos 8-10, segmento basal reduzido, segmentos distais 1-3, ecorticados, brácteas 5-7, verticiladas, muito reduzidas nos nós estéreis, 330-400 µm compr., bracteolas 2, tão longas quanto as núculas. Gametângios conjuntos, nos 3°-4° nós basais, ausentes no 1° nó basal; núcula 825-1090 µm compr., 510-600 µm larg., convoluções 10-12, corônula 110-190 µm alt., 225-265 µm larg.; oósporo 700-720 µm compr., 400-420 µm larg., estrias 11-12, fossa 45-70 µm larg.; glóbulo 330-600 µm diâm.

Distribuição no Brasil: PERNAMBUCO (Bicudo 1972, 1979; Siqueira-Filho & Bueno 2012).

Material examinado: MINAS GERAIS: Paraopeba, Fazenda do Rasgão, 03-IV-1965, *I.F.M. Valio* (SP96705); São Gonçalo do Sapucaí, Rodovia Fernão Dias, km 309, 11-IX-1966, col.? (SP96709). PERNAMBUCO: São Caetano, 05-X-1980, *O. Yano et al.* (SP163998); Cachoeira do Pinga, 07-IX-1980, *O. Yano et al.* (SP164006); Jaboatão, 29-I-1974, col.? (SP116423); Parnamirim, lagoa temporária, 11-IX-1966, col.? (SP96710). RIO GRANDE DO NORTE: São José do Campestre, 20-VI-1967, *C.E.M. Bicudo* (SP96737, UNOPA3806). SERGIPE: Cristianópolis, rio Real, 17-I-1972, *D.M. Vital* (SP116259).

Comentários

É difícil distinguir *C. indica* Bertero *ex* Sprengel de *C. zeylanica* Klein *ex* Willdenow var. *zeylanica* f. *michauxii* (A. Braun) Groves & Groves, questionando-se, por isso, a validade de *C. indica*, cuja diferença de *C. zeylanica* var. *zeylanica* f. *michauxii* reside, unicamente, nas bracteolas mais longas e no menor número de estrias do oósporo.

O tipo nomenclatural de *C. indica* não foi encontrado por Richard D. Wood quando providenciou a revisão mundial das Characeae (Wood & Imahori 1965). O referido autor elegeu, então, a prancha de ilustrações em Kützing (1857: pl. 57), um tipo provisório até que se designe um neótipo, gerando uma prática pouco usual.

Chara indica ocorre nas ilhas do Caribe (Guiry & Guiry 2020) e na América do Sul (Bicudo 1972, Bueno *et al.* 2015, Araújo *et al.* 2010, Siqueira-Filho & Bueno 2012, Henry-Silva *et al.* 2013). Henry-Silva *et al.* (2013) providenciaram o primeiro registro da presença de *C. indica* e *C. zeylanica* no Estado do Rio Grande do Norte e, consequentemente, no semiárido nordestino.

Chara kenoyeri Howe, Field Museum of Natural History, sér. bot. 4: 159, pl. 16. 1929. **Tipo**: Ilha de Barro Colorado, Zona do Canal, Panamá (holótipo NY). (Figuras 207-216)

Plantas dioicas, cauloide robusto, 578-1136,7 µm larg., córtex 3-corticado (triplóstico), isóstico, incrustação calcárea fraca, células espiniformes solitárias, ápice acuminado, 83,3-2122 µm compr., 41,6-124,8 µm larg., estipuloides diplostéfanos, 2 por râmulo verticilado, em geral opostos aos râmulos, fileira superior recobrindo o segmento basal dos râmulos verticilados, estipuloides superiores 856-1976 µm compr., (76,5-)145-208 µm larg., estipuloides inferiores 360-460 µm compr., 256-336 µm larg., râmulos verticilados 12, monomorfos, 1-1,4 mm compr., 421-484,2 µm larg., segmentos 7-14, segmento basal ecorticado, curto, coberto pelos estipuloides da fileira superior, brácteas 5-7, verticiladas, 1,5-5 mm compr., 83,3-108,6 µm larg., bracteolas 2, ápice acuminado, 1,6-2,3 mm compr., 80,2-97,9 µm larg., bracteletas 1,7-1,8 mm compr., 80-100 µm larg. Gametângios em plantas separadas; núcula 566,4-1347 µm compr., 358,4-934 µm larg., convoluções 10-13, corônula 174,9-183,2 µm alt., 241-266 µm larg.; oósporo 714-745 µm compr., 510-578 µm larg., estrias 11-12, fossa 45-75 µm larg.; glóbulo nos 4°-7° nós dos râmulos verticilados, 378,9-736,8 µm diâm., escudos 8, triangulares.

Distribuição no Brasil: BAHIA (Ribeiro *et al.* 2018), ESPÍRITO SANTO (Bicudo 1972, 1974, Proctor *et al.* 1971), GOIÁS (Wood & Imahori 1965), MATO GROSSO DO SUL (Bueno *et al.* 2009), MINAS GERAIS (Bicudo 1972, 1974), PERNAMBUCO (Siqueira-Filho & Bueno 2012).

Material examinado: ESPÍRITO SANTO: Iconha, Piúma, Lagoa da Piabanha, 04-V-1966, *A.B. Joly & E.C. Oliveira* (SP96217); VIII-1967, *E.C. Oliveira* (SP114489). MATO GROSSO DO SUL: Bonito, 24-IV-2003, *V.J. Pott 6175* (HMS5520); *V.J. Pott 6215* (HMS5559); Campo Grande, 13-VII-1992, *V.J. Pott 1671* (CPAP9796). PARANÁ: Reservatório de Itaipu, rio Passo Cuê, 08-VIII-2002, *S.M. Thomaz* (SP371075); 20-II-2003, *S.M. Thomaz* (SP371076); 08-VIII-2003, *S.M. Thomaz* (SP371077, SP371078); 12-VIII-2002, *S.M. Thomaz* (SP371079, SP371080, SP371081).

Comentários

Proctor *et al.* (1971) contaram somente com plantas masculinas desta espécie para realizar os cruzamentos das microespécies da Seção *Willdenowia* e não puderam, consequentemente, concluir sobre o isolamento reprodutivo de *C. Kenoyeri*, considerada por Wood & Imahori (1965) uma forma taxonômica de *C. zeylanica*: *C. zeylanica* Klein *ex* Willdenow var. *zeylanica* f. *kenoyeri* (Howe) R.D. Wood.

Chara kenoyeri ocorre nas Américas Central (Hall *et al.* 2010) e do Sul (Tell 1985, Bueno *et al.* 2009, Araújo *et al.* 2010, Bueno *et al.* 2011a, 2018, Siqueira-Filho & Bueno 2012, Ribeiro *et al.* 2018).

Chara linharensis R. Bicudo, Ciência e Cultura 28(11): 1314, fig. 1-10. 1975. **Tipo**: rio Doce, Linhares, Espírito Santo, Brasil (holótipo SP). (Figuras 217-226)

Plantas dioicas, planta masculina pequena, ≤ 4,5 cm alt., planta feminina não observada, incrustação calcárea ausente, cauloide 215-515 μm larg., entrenós curtos, 4-11 mm compr., segmentos próximos do bulbilho ecorticados, córtex 3-corticado (triplóstico), isóstico, células espiniformes solitárias, tamanho variável, maiores logo abaixo e imediatamente acima dos estipuloides, menores na região intermediária dos râmulos verticilados, células espiniformes situadas abaixo dos estipuloides, voltadas para o substrato, intermediárias perpendiculares à superfície do cauloide, situadas acima dos estipuloides, voltadas para o ápice dos râmulos verticilados, 190-1420 μm compr., 65-130 μm larg., estipuloides diplostéfanos, 2 fileiras nítidas, 2 para cada râmulo verticilado, opostos a eles, estipuloides superiores mais longos que os inferiores, superiores 512-1216 μm compr., 86-160 μm larg., inferiores 224-400 μm compr., 67-89 μm larg., râmulos verticilados monomorfos, 9-11, ecorticados, 6-11 mm compr., 10-20 μm larg., segmentos 4-6, segmento basal mais longo que os estipuloides, 1,9-3,4 mm compr., 134-316 μm larg., segmento apical 1-celulado, envolto por 3 brácteas mais curtas que o segmento, brácteas 6, verticiladas, presentes em todos os nós, ápice acuminado, 980-1420 μm compr., 90-100 μm larg., bracteolas 2, bem desenvolvidas, maiores que a largura dos râmulos verticilados, ápice acuminado, 750-900 μm compr., 90-100 μm larg. Gametângios representados apenas pelos glóbulos, no nó basal dos râmulos verticilados, 240-260 μm diâm., escudos 8, triangulares.

Distribuição no Brasil: Espírito Santo (Bicudo 1972, 1975).

Material examinado: Espírito Santo: rio Doce, Linhares, 10-X-1971, *D.M. Vital* (SP114463, SP114464, SP114465); coroas 5 km a montante e 8 km a jusante da ponte de Linhares sobre o rio Doce, 08-X-1971, *D.M. Vital* (SP114467, SP114468, SP114469, SP114480).

Comentários

Os espécimes de *C. linharensis* R. Bicudo lembram os de *C. globata* Migula devido às brácteas longas, mas diferem por serem plantas dioicas, possuírem estipuloides contíguos, todos os segmentos dos râmulos verticilados ecorticados e os gametângios isolados. Lembram também exemplares de *C. globularis* Thuiller emend. R.D. Wood var. *leptosperma* (A. Braun) R.D. Wood emend. R.D. Wood f. *handae* (Pal) R.D. Wood no que tange aos râmulos verticilados ecorticados, cujo segmento apical é unicelulado, mas são suficientemente distintos por serem plantas dioicas de pequeno porte, com os râmulos verticilados relativamente mais delgados, todos os nós envoltos por brácteas e os segmentos apicais unicelulados.

Chara linharensis ocorre até agora só no Brasil (Bicudo 1972).

Chara martiana Wallman, Försök till en systematisk uppställning af växfamiljen Characeae. 66. 1853 *non Chara martiana* A. Braun, Abhandlungen der Königlich Preussischen Akademie der Wissenschaften 1882(1): 186. 1883 *nec Chara martiana* A. Braun *ex* Nordstedt *nec Chara martiana* A. Braun *ex* Wallman. **Tipo**: local não especificado, Guatemala, *Kegel* (holótipo UPS). (Figuras 227-243)

Plantas monoicas, cauloide 124,9-358,2 μm larg., córtex 3-corticado (triplóstico), incrustação calcárea leve, células espiniformes solitárias, lanceoladas, ápice arredondado, 124,9-241,5 μm compr., 58,3-74,9 μm larg., estipuloides diplostéfanos, 2 por râmulo verticilado, ápice acuminado, estipuloides superiores recobrindo totalmente os segmentos basais dos râmulos verticilados, 758-591,4 μm compr., 10-20 μm larg., estipuloides inferiores 283-624 μm compr., 50-92 μm larg., râmulos verticilados 9-13(-15), monomorfos, segmentos 9-10, segmento basal ecorticado, curto, totalmente recoberto pelos estipuloides da fileira superior, 100-124,9 μm compr., 110-158,3 μm larg., segmentos intercalares 6-12, 2-corticados, segmento apical ecorticado, rodeado por brácteas, brácteas 5-7, verticiladas, ápice acuminado, 340-808 μm compr., 32-74 μm larg., bracteolas 2, ápice acuminado, 420-680 μm compr., 45-89 μm larg., bracteletas 500-650 μm compr., 60-75 μm larg. Gametângios sejuntos; núcula 1 por nó, nos 2º-5º nós basais dos râmulos verticilados, 533-1011 μm compr., 333-574,7 μm larg., convoluções 10-12, corônula 200-300 μm alt., 100-200 μm larg., ápices convergentes; oósporo 129,6-313 μm compr., 113-129,6 μm larg., estrias 11-12, fossa 45-70 μm larg.; glóbulo 199-333 μm diâm., escudos 8, triangulares.

Distribuição no Brasil: BAHIA (Ribeiro *et al.* 2018), GOIÁS (Bicudo 1972, 1974), PIAUÍ (Bicudo 1972, 1974), RIO GRANDE DO SUL (Prado 2003), SÃO PAULO (Bicudo 1972, 1974, Picelli-Vicentim *et al.* 2004, Necchi Jr. *et al.* 1995, 1997, 2000, Vieira Jr. 2003).

Material examinado: GOIÁS: fazenda Morões, lagoa, 16-VII-1972, *Y.M.B. Brito* (SP116325). MARANHÃO: Caxias, Peritoró, BR-136, 14-VI-

1967, *C.E.M. Bicudo* (SP96720, SP96719). **Mato Grosso**: Cáceres, 19-IV-1993, *V.J. Pott 2050* (CPAP11229); Poconé, 17-IV-1993, *V.J. Pott 1926* (CPAP10455). **Mato Grosso do Sul**: Corumbá, 30-XII-1979, *C.E.M. Bicudo* (SP155089); Bonito, 25-VIII-1991, *N.C. Bueno 258* (CPAP8324); Ladário, 29-I-1979, *D.M. Vital* (SP154735). **Minas Gerais**: Pedro Leopoldo, lagoa Redonda, 30-III-1967, *R. Milvard* (SP96752). **Paraná**: General Carneiro, fazenda Lageado Grande, data?, col.? (UPCB49966). **Rio de Janeiro**: Rio de Janeiro, Lagoa de Marapendi, 15-V-1976, *R.M.T. Bicudo* (SP127697). **Rio Grande do Sul**: Rio Grande, 27-III-1981, *Oberdan* (FURG623). **São Paulo**: entre Altair e Icém, 20-VII-1971, *O. Yano & D.M. Vital* (SP113447, SP113466); Paulo de Faria, 20-VII-1971, *O. Yano & D.M. Vital* (SP113462).

Comentários

A autoridade do binômio *C. martiana* é problemática. Conforme Howe (1929), o nome *C. martiana* foi primeiro utilizado por Braun (1847) aplicado a um espécime dioico sem, entretanto, acompanha-lo de descrição ou ilustração, o que o caracterizou como um *"nomen nudum"*. Wallman (1853) considerou erroneamente *C. martiana* A. Braun sinônimo de *C. martiana* Wallman, quando a primeira é uma espécie dioica e a segunda, monoica. O nome *C. martiana* A. Braun, *"nomen nudum"* foi utilizado mais tarde em duas ocasiões (Braun 1859, 1868), mas, foi Nordstedt (1883) que o publicou procurando validá-lo, após o falecimento de Alexander Braun. Entretanto, o nome *C. martiana* A. Braun *ex* Nordstedt 1883 é um homônimo posterior de *C. martiana* Wallman 1853, nome este que, consequentemente, deve prevalecer e foi usado no presente trabalho.

Chara martiana ocorre atualmente só no Brasil (Bicudo 1972, Bicudo *et al.* 1975, Dias & Araújo 2001, Vieira Jr. *et al.* 2003, Prado 2004, Picelli-Vicentim *et al.* 2004, Bicudo & Bueno 2011, Araújo *et al.* 2010, Bueno *et al.* 2009, 2015, 2018, Freitas & Loverde-Oliveira 2013, Ribeiro *et al.* 2018).

Chara pseudohydropitys Imahori, Botanical Magazine 63: 262. 1950. **Tipo**: Kobyrio, Dairinsho, Formosa, Japão (holótipo destruído). (Figuras 244-260)

Plantas monoicas, cauloide 305-405 μm larg., córtex 2-corticado (diplóstico), tilacantado, incrustração calcárea leve, às vezes em anéis, células espiniformes solitárias, em geral muito pequenas, 27-50 μm compr., 25-41 μm larg., células espiniformes situadas em 1 fileira na axila dos râmulos verticilados, relativamente longas, 1-2,5 mm compr., 64-120 μm larg., ápice acuminado, estipuloides diplostéfanos, 2 por râmulo verticilado, opostos aos râmulos, fileira superior de estipuloides bastante mais desenvolvida que a inferior, ápice acuminado a obtuso, estipuloides superiores 515-755 μm compr., 70-160 μm larg., estipuloides inferiores 175-375 μm compr., 64-76 μm larg., râmulos verticilados monomorfos, 8-9, 3-4 mm compr., segmentos 3-5, segmento basal ecorticado, longo, não recoberto pelos estipuloides da fileira superior, segmentos intercalares 3-4, 2-corticados, segmento terminal ecorticado, ápice acuminado, brácteas 4, bem desenvolvidas, presentes em todos os segmentos, ápice acuminado, 800-1500 μm compr., 70-80 μm larg., bracteolas 2, em geral mais longas que a núcula. Gametângios conjuntos, nos 1°-4° nós; núcula 1(-2), 593-625 μm compr., 320-345 μm larg., convoluções 10-12, corônula 89-105 μm alt., 190-245 μm larg., ápices divergentes; oósporo 435-475 μm compr., 245-270 μm larg., estrias 11-12, fossa 50-60 μm larg., parede com grânulos diminutos; glóbulo 150-400 μm diâm., escudos 8, triangulares.

Distribuição no Brasil: PERNAMBUCO (Bicudo 1972, Araújo *et al.* 2010).

Material examinado: CEARÁ: Fortaleza, Maranguape, 26-I-1968, *R.M.T. Bicudo* (SP96780). PARÁ: Passa e Fica, lagoa temporária, 20-VI-1967, *C.E.M. Bicudo* (SP964740). PERNAMBUCO: Igarassu, açude do rio Botafogo, 02-II-1975, *C.E.M. Bicudo* (SP116473); Recife, 22-IX-1976, *S.M.P. Andrade* (SP131505); 22-II-1975, *C.E.M. Bicudo* (SP116473); rio Formoso, sangradouro da represa da Reserva Florestal de Saltinho, 16-I-1970, *R.M.T. Bicudo* (SP104879); 18-I-1970, *R.M.T. Bicudo* (SP104870); lagoa, BR-105, km 38,5, 15-I-1970, *R.M.T. Bicudo* (SP104868).

Comentários

O material-tipo de *C. pseudohydropitys* Imahori foi destruído por ocasião da Segunda Guerra Mundial, durante o bombardeio a Hiroshima, bem como foi todo o material depositado no referido herbário. Tudo o que se conhece sobre a espécie é, consequentemente, o que se retirou de sua descrição original. Tal situação permitiu a existência de algumas dúvidas, como, por exemplo, a condição haplostéfana, com dois estipuloides irregulares por râmulo verticilado e não diplostéfana, com dois estipuloides regulares por râmulo e opostos a eles.

Há necessidade urgente de se designar um novo tipo nomenclatural para esta espécie, primeiro para que seu nome continue validamente publicado e depois para que se possa definir sua situação taxonômica. Nos comentários sobre a então espécie nova, Imahori (1950) afirmou que *C. pseudohydropitys* lembrava muito *C. hydropitys* Reichenbach e a classificou, com dúvida, entre as espécies do grupo que possuem estipuloides haplostéfanos. Os estipuloides nos exemplares atualmente examinados provenientes do Ceará, do Pará e de Pernambuco foram, invariavelmente, diplostéfanos, isto é, ocorreram dois estipuloides por râmulo verticilado e opostos a eles, sendo os da fileira superior bastante mais desenvolvidos do que os da fileira inferior.

Chara pseudohydropitys ocorre, por enquanto, apenas no Japão (Imahori 1950) e no Brasil (Bicudo 1972, Araújo *et al*. 2010, Bueno *et al*. 2015).

Chara rusbyana Howe, Field Museum News: sér. bot. 4(6): 160. 1929. **Tipo**: foz do rio Ingenia, Bolívia (holótipo NY). (Figuras 261-267)

Plantas dioicas, cauloide 400-1400 μm larg., córtex 3-corticado (triplóstico), incrustação calcárea evidente, às vezes em anéis, células espiniformes solitárias, dispostas em linhas transversais, ápice acuminado, 129-433 μm compr., 33,3-70,6 μm larg., estipuloides diplostéfanos, 2 por râmulo verticilado, opostos aos râmulos, fileira superior geralmente recobrindo o segmento basal, ápice acuminado, estipuloides superiores 399-1081 μm compr., 140-160 μm larg., estipuloides inferiores 360-520 μm compr., 65-70 μm larg., râmulos verticilados monomorfos, 9-10(-14), segmento basal ecorticado, 814,3-926,6 μm compr., 337-505,4 μm larg., recoberto pelos estipuloides, segmentos intercalares 6-12, 3-corticados, segmento apical ecorticado, curto, brácteas 5-8, ápice acuminado, 603-1497 μm compr., 83,3-124,8 μm larg., bracteolas 2, mais longas que a núcula (planta feminina), 400-1400 μm compr., 320-710 μm larg., menores que o glóbulo (na planta masculina), 250-570 μm compr., 45-80 μm larg., ápice acuminado, bracteletas substituindo o glóbulo, tamanho semelhante à núcula, 220-1000 μm compr., 50-120 μm larg. Gametângios situados em plantas separadas, nos 2º-5º nós dos râmulos verticilados; núcula isolada, 533-1159 μm compr., 202-674 μm larg., convoluções 10-13, corônula 70-250 μm alt., 140-320 larg., ápices convergentes; oósporo 405-483 μm compr., 275-383 μm larg., estrias 9-12, fossa 47,1-105,9 μm larg., parede homogeneamente granulosa; glóbulo 216,5-347 μm diâm., escudos 8, triangulares.

Distribuição no Brasil: BAHIA (Ribeiro *et al*. 2018), MATO GROSSO (Braun 1883, Howe 1929, Bicudo 1972, 1974), MATO GROSSO DO SUL

(Bueno *et al.* 1996, 2009), Minas Gerais, Pernambuco, Piauí (Braun 1883, Bicudo 1972, 1974), Rio Grande do Sul (Prado 2003), Santa Catarina (Braun 1883, Bicudo 1972, 1974, Bueno *et al.* 2011), São Paulo (Braun 1883, Bicudo 1972, 1974, Picelli-Vicentim 1990, Picelli-Vicentim *et al.* 2004).

Material examinado: Mato Grosso: Cuiabá, 14-VII-1969, *D.M. Vital* (SP104148); 07-VIII-1969, *D.M. Vital* (SP104155); Poconé, 03-VIII-1992, *N.C. Bueno 383* (CPAP9344); 27-VIII-1996, *N.C. Bueno 552* (CPAP10316); Várzea Grande, 05-VIII-1992, *N.C. Bueno 390* (CPAP9351). Mato Grosso do Sul: Aquidauana, VIII-2005, *V.J. Pott 7876* (HMS10665); Bodoquena, 05-IX-2005, *V.J. Pott 8084* (HMS10876); *V.J. Pott 8080* (HMS10872); *V.J. Pott 8134* (HMS10926); 10-XII-1969, *A.B. Joly* (SP104852); Bonito, XII-2005, *V.J. Pott 8905* (HMS12935); *V.J. Pott 8544* (HMS11574); IV-2003, *V.J. Pott 6184* (HMS5529); *V.J. Pott 6187* (HMS5532); *V.J. Pott 6188* (HMS5533); *V.J. Pott 6207* (HMS5551); *V.J. Pott 6212* (HMS5556); IX-2005, *V.J. Pott 8144* (HMS10936); *V.J. Pott 8477* (HMS11507); Campo Grande, 02-VIII-2005, *V.J. Pott 7400* (HMS8270); Corumbá, 21-IX-1991, *N.C. Bueno 232* (CPAP8298); *N.C. Bueno 247* (CPAP8313); 27-V-1992, *N.C. Bueno 320* (CPAP9281); *N.C. Bueno 322* (CPAP9283); V-1992, *N.C. Bueno 328* (CPAP9289); *N.C. Bueno 329* (CPAP9290); *N.C. Bueno 330* (CPAP9291); *N.C. Bueno 332* (CPAP9293); *N.C. Bueno 336* (CPAP9297); *N.C. Bueno 338* (CPAP9299); VI-1992, *N.C. Bueno 357* (CPAP9318); *N.C. Bueno 358* (CPAP9319); *N.C. Bueno 359* (CPAP9320); 30-VII-1992, *N.C. Bueno 475* (CPAP10239); *N.C. Bueno 476* (CPAP10240); *N.C. Bueno 478* (CPAP10242); *N.C. Bueno 479* (CPAP10243); *N.C. Bueno 481* (CPAP10245); 12-IX-1992, *N.C. Bueno 408* (CPAP10172); 28-II-1993, *N.C. Bueno 507* (CPAP10271); *N.C. Bueno 508* (CPAP10272); *N.C. Bueno 510* (CPAP10274); *N.C. Bueno 312* (CPAP9273); 13-II-1993, *V.J. Pott 2017* (CPAP10746); V-1987, *V.J. Pott 319* (CPAP3264); XI-1993, *V.J. Pott 2127* (CPAP11306); XI-1969, *A.B. Joly* (SP104852); Inocência, 19-XII-2004, *V.J. Pott 7400* (HMS8270); Ladário, XI-1979, *D.M. Vital* (SP154735); Miranda, IX-1973, *D.M. Vital* (SP116379, SP116382, SP116383); VI-1973, *D.M. Vital* (SP116385); 13-XII-2005, *V.J. Pott* (HMS11621); Porto Murtinho, data?, *V.J. Pott 8146* (HMS10938); XII-2005, *V.J. Pott 8447* (HMS11477); XII-2005, *V.J. Pott 8908* (HMS12938); *V.J. Pott 8910* (HMS12940); *V.J. Pott 8911* (HMS12941). Minas Gerais: Corinto, fazenda Diamante, *Y. Mexia* (SP114741); Sete Lagoas, 30-III-1967, *R. Milward* (SP96749); Itumirim, IV-1980, *R.M.T. Bicudo* (SP155705).

PARAÍBA: Cajazeiras, 24-I-1972, *D.M. Vital* (SP116258); BR-116, local?, 24-I-1972, *D.M. Vital* (SP116258); João Pessoa, VIII-1980, *O. Yano et al.* (SP164000). PIAUÍ: local?, 1841, *M. Gardner* (SP114734); local?, 08-IX-1839, *M. Gardner* (SP114732). RIO DE JANEIRO: Cabo Frio, data?, *A.G. Pedrini* (SP155708). RIO GRANDE DO NORTE: Grossos, estrada Mossoró-Tibau, 24-I-1974, *R.M.T. Bicudo* (SP116420). RIO GRANDE DO SUL: Pelotas, 27-IX-1975, *M.A.C. Oliveira* (SP127678); Pedro Osório, 10-XII-1975, *M.A.C. Oliveira* (SP127681); Santa Vitória do Palmar, 12-VII-1980, *R.M.T. Bicudo & H.A.B. Astorino* (SP162041); 14-VII-1980, *R.M.T. Bicudo & H.A.B. Astorino* (SP162044); Livramento, 06-IV-1977, *M.L. Porto & B. Irgang* (SP155000); local?, data?, col.? (SP152596, SP162032, SP126798). SANTA CATARINA: São Cristóvão do Sul, BR-116, 22-VII-1980, *R.M.T. Bicudo et al.* (SP162067); Laguna, 17-X-1979, *R.M.T. Bicudo* (SP155083). TOCANTINS: Palma, 27-VIII-2008, *S. Lolis* (SP399955).

Comentários

Chara rushyana Howe foi considerada por Wood & Imahori (1965) sinônimo heterotípico de *C. zeylanica* Klein *ex* Willdenow emend. R.D. Wood var. *sejuncta* (A. Braun) R.D. Wood emend. R.D. Wood f. *sejucta*. Proctor *et al.* (1971) provaram, entretanto, que *C. rushyana* é uma espécie geneticamente independente da macroespécie *C. zeylanica*. Segundo John *et al.* (1990), a parede do oósporo é porosa ao microscópio eletrônico de varredura.

Chara rushyana ocorre atualmente só na América do Sul (Bicudo *et al.* 1975, Tell 1985, Bueno *et al.* 1996, Bueno *et al.* 2009, Hall *et al.* 2010, Araújo *et al.* 2010, Siqueira-Filho & Bueno 2012, Meurer & Bueno 2012, Borges & Necchi Jr. 2017, Bueno *et al.* 2018, Ribeiro *et al.* 2018).

Chara socotrensis Nordsted *in* Kuhn, Berichte der Deutschen botanischen Gesellschaft 1(6): 241, fig. 1-7. 1883. **Tipo**: lago Little Caldera, próximo de Batoeriti, Dananbatau, Bali, Indonésia (isótipo L). (Figuras 268-278)

Plantas monoicas, cauloide 374,8-624,7 μm larg., córtex ausente, estipuloides haplostéfanos, alternados com os râmulos, 126,3-210,5 μm compr., 31,8-42,1 μm larg., ápice acuminado, 126,3-210,5 μm compr., 31,8-42,1 μm larg., râmulos verticilados 9-10, monomorfos, segmentos 5-6, constritos nos nós, segmento apical (1-)2-celulado, célula apical mucronada, quando 2-celulado a célula apical é pequena e cônica, 157-591 μm compr., 50-75 μm larg., segmento basal 157-591 μm compr., 74,9-216,5 μm larg., brácteas 2-4, unilaterais, somente nos nós basais, ápice acuminado, 199,9-208,2 μm compr., 41,6-45,8 μm larg., bracteolas 2, tão longas quanto a núcula, ocasionalmente rudimentares ou decíduas, ápice acuminado, 190-288 μm compr., 40,6-50 μm larg., bracteletas não observadas. Gametângios conjuntos, nos 1º-3º nós dos râmulos verticilados; núcula solitária, 358,2-574,8 μm compr., 174,4-308,2 μm larg., convoluções 11-13, corônula 66,6-112,4 μm alt., 100-174,9 μm larg., células piriformes, divergentes no ápice; oósporo 800-816 μm compr., 430-480 μm larg., estrias 8-10, fossa 65-75 μm larg., parede finamente granulosa; glóbulo 166-266 μm diâm., escudos 8, triangulares.

Distribuição no Brasil: Mato Grosso do Sul (Bueno *et al.* 2009, Bueno *et al.* 2018), São Paulo (Bicudo 1972).

Material examinado: Mato Grosso do Sul: Bonito, 09-XII-2005, *V.J. Pott 8913* (HMS12943); Porto Murtinho, 13-XII-2005, *V.J. Pott 8589* (HMS11619). São Paulo: Rio Claro, Horto Florestal "Edmundo Navarro de Andrade", lago, 12-VIII-1970, *D.M. Vital* (SP104878).

Comentários

Segundo Wood & Imahori (1965), *C. braunii* e *C. hydropitys* pertencem à Seção *Charopsis* caracterizada pelos estipuloides dispostos apenas em uma fileira e as plantas inteiramente ecorticadas ou com a corticação restrita ao eixo principal da planta. A seção é considerada polifilética (Meiers *et al.* 1999, McCourt *et al.* 1999, Sakayama *et al.* 2009), fato este confirmado por Borges & Necchi Jr. (2017) através de análises filogenéticas utilizando os marcadores *rbc*L e *mat*K.

Chara socotrensis assemelha-se, morfologicamente, a *C. braunii* Gmelin e *C. corallina* Klein *ex* Willdenow emend. R. D. Wood, pois as três espécies apresentam gametângios nos nós basais dos râmulos verticilados. Mas *C. braunii* é monoica, enquanto *C. corallina* e *C. socotrensis* podem ser tanto dioicas quanto monoicas. De acordo com Wood & Imahori (1965), *C. braunii* tem râmulos terminados em uma pequena coroa de brácteas que não ocorre em *C. socotrensis*.

Segundo John *et al.* (1990), a parede do oósporo pode ser homogeneamente papilada ou granulosa ao microscópio óptico e reticulada ao microscópio eletrônico de varredura. As características diagnósticas da f. *socotrensis*, típica da espécie, são: (*1*) brácteas unilaterais, (*2*) estipuloides haplostéfanos alternados com os râmulos verticilados e (*3*) gametângios conjuntos e solitários.

As ilustrações do oósporo e dos detalhes da parede em Bicudo (1972: pl. 14, fig. 16-17) são, ao que tudo indica, pioneiras para a espécie.

Chara socotrensis ocorre na Europa (John *et al.* 2011) e na América do Sul (Bicudo 1972, Bueno *et al.* 2009, 2015, 2018).

Chara virgata Kützing, Flora (Jena) 17: 705. 1834. **Tipo**: Gückoff, Moor ca. Boren, Alemanha, 17-VI-1833, col.? (holótipo L). (Figuras 279-299)

Plantas monoicas, cauloide ca. 15 cm alt., 375-625 μm larg., sem incrustação calcárea, córtex 3-corticado (triplóstico), isóstico, células espiniformes globulares, papiliformes ou rudimentares, 25-33 μm compr., 42-58 μm larg., estipuloides diplostéfanos, 2 por râmulo verticilado, superiores 350-460 μm compr., 58-83 μm larg., inferiores rudimentares, ocasionalmente presentes ou ausentes, globosos a cônicos, 58-108 μm compr., 50-58 μm larg., râmulos verticilados monomorfos, 7-8(-9) por verticilo, 0,3-1,2 cm compr., segmentos 5-8, segmentos corticados 0-2, segmento basal ecorticado, 1-1,5 mm compr., segmento terminal unicelular, ecorticado, 180-400 μm compr., rodeados por brácteas, brácteas 2-4, verticiladas, 167-521 μm compr., 42-125 μm larg. Gametangios conjuntos; núcula solitária, 516-770 μm compr., 58-83 μm larg., convoluções 9, corônula, 67-75 μm alt., 175-183 μm larg., ápices divergentes; oósporo 437-480 μm compr., ca. 290 μm larg., estrias 8, fossa ca. 50 μm larg.; parede finamente granulosa; glóbulo 240-280 μm diâm., escudos 8, triangulares.

Distribuição no Brasil: Rio Grande do Sul (Bueno *et al.* 2011a).

Material examinado: Rio Grande do Sul: Torres, lagoa Itapeva, 7-VII-1980, *R.M.T. Bicudo & H.A.B. Astorino* (SP162021); Tramandaí, 8-7-1980, *R.M.T. Bicudo & H.A.B. Astorino* (SP162024).

Comentários

Chara virgata Kützing têm córtex triplóstico, estipuloides diplostéfanos, sendo os da fileira superior bem desenvolvidos (350-450 μm compr.) e os da inferior menores (58-108 μm compr.). A espécie apresenta até 12 râmulos por verticilo, dos quais um ou dois são corticados. Schubert & Blindow (2004) comentaram as semelhanças entre *C. globularis* Thuillier e *C. virgata* afirmando que tais espécies diferem por conta do córtex triplóstico, regular, isóstico e tilacantado em *C. virgata*.

A espécie ocorre na Europa, América do Norte, Ásia, Austrália, Nova Zelândia (Guiry & Guiry 2020) e América do Sul (Bueno *et al.* 2011a).

Chara vitalii R. Bicudo, Phycologia 18(1): 89, fig. 1-14. 1979. **Tipo**: rio Doce, Linhares, Espírito Santo, Brasil (holótipo e parátipos SP). (Figuras 300-313)

Plantas monoicas, cauloide 305-405 μm larg., córtex 3-corticado (triplóstico), isóstico, incrustação calcárea ausente, células espinescentes reduzidas ou ausentes, estipuloides haplostéfanos, 2 por râmulo verticilado, opostos aos râmulos, ápice acuminado, 190-1150 μm compr., 50-70 μm larg., râmulos verticilados 8-9, 3-4 mm compr., 250-300 μm larg., segmentos 3-5, segmento basal ecorticado, segmentos intermediários 3-corticados, segmentos apicais 1-4, acuminados, brácteas 4, ápice acuminado, em geral tão longas quanto o segmento adjacente, 800-1500 μm compr., 70-80 μm larg., bracteolas 2, semelhantes na forma e no tamanho às brácteas. Gametângios conjuntos, nos 1°-2° nós dos râmulos verticilados; núcula solitária, 593-625 μm compr., 320-345 μm larg., convoluções 10-12, corônula 89-105 μm alt., 190-245 μm larg., ápices divergentes; oósporo 435-475 μm compr., 245-270 μm larg., estrias 11-12, fossa 50-60 μm larg., parede fina e irregularmente granulosa; glóbulo 150-400 μm diâm., escudos 8, triangulares.

Distribuição no Brasil: Espírito Santo (Bicudo 1979).

Material examinado: Espírito Santo: Linhares, X-1971, *D.M. Vital* (SP114478).

Comentários

Chara vitalii R. Bicudo é típica por suas plantas possuírem (*1*) tamanho pequeno, cujos talos têm apenas cinco ou seis nós, (*2*) córtex regularmente triplóstico e isóstico, (*3*) células espinescentes solitárias, rudimentares e até ausentes e (*4*) segmento terminal dos râmulos verticilados articulado.

Morfologicamente, a espécie pode ser comparada com *C. keukensis* (T.F. Allen) Robinson e *C. curtissii* T.F. Allen *ex* Robinson. Difere, contudo, porque *C. keukensis* possui células espinescentes longas e córtex eventualmente triplóstico. Conforme Daily (1953), essa aparência triplóstica do córtex de *C. keukensis* é devida à produção de células secundárias em ambos os lados dos nós, mas que se estendem apenas por curta distância. Além disso, *C. keukensis* são plantas bem maiores, com muitos entrenós e células espinescentes mais longas. *Chara curtissii* também são plantas de maior porte, com muitos entrenós, segmentos terminais dos râmulos verticilados unicelulados, córtex só eventualmente triplóstico, células espinescentes variáveis desde longas até rudimentares e oósporos com 6-8 estrias salientes, projetadas.

Chara vitalii ocorre até agora só no Brasil (Bicudo 1972, 1979, Bueno *et al.* 2015).

Chara vulgaris L. emend R.D. Wood var. **vulgaris**, Taxon 11(1): 8. 1962. **Tipo**: local?, *Linnaeus 1088.3 ?* (lectótipo LINN). (Figuras 314-326)

Plantas monoicas, incrustação calcárea fraca, cauloide 560-980 μm larg., córtex 2-corticado (diplóstico), raro 3-corticado (triplóstico), aulacantado ou tilacantado, células espinescentes solitárias, aproximadamente ovoides, decumbentes, nas reentrâncias da corticação, 200-445 μm compr., 85-200 μm larg., estipuloides diplostéfanos, 2 por râmulo verticilado, opostos a eles, superiores e inferiores igualmente desenvolvidos, superiores 385-600 μm compr., 120-165 μm larg., inferiores 305-515 μm compr., 90-150 μm larg., râmulos verticilados monomorfos, 9-11, 2(-3)-corticados, fleópodos, 6-11 mm compr., 10-20 μm larg., segmentos 5-6, segmentos basais 3-4, brácteas 4-6, unilaterais, ápice acuminado ou arredondado, 980-1420 μm compr., 90-100 μm larg., anteriores mais longas que a núcula, posteriores globulares, bracteolas 2, 2-4 vezes mais longas que a núcula, ápice arredondado, 750-900 μm compr., 90-100 μm larg. Gametângios conjuntos ou sejuntos, nos 1º-4º nós basais dos râmulos verticilados; núcula isolada, convoluções 14-16, corônula 690-785 μm alt., 430-490 larg., células divergentes; oósporo 530-600 μm compr., 280-350 μm larg., estrias 12-15, finas, baixas, fossa 55-65 μm larg., parede finamente granulosa; glóbulo 385-500 μm diâm., escudos 8, triangulares.

Distribuição geográfica no Brasil: Minas Gerais (Rennó 1958, Cuba 1961).

Material examinado: Espírito Santo: Linhares, 10-X-1971, *D.M Vital* (SP114463). **Mato Grosso**: local?, 23-II-1903, *G.A. Malme* (SP114579).

Comentários

As plantas atualmente estudadas apresentaram tamanho máximo superior ao citado na literatura, maior número de râmulos verticilados e os primeiro e segundo nós dos râmulos verticilados, férteis. Além disso, são os únicos espécimes de *Chara* coletados no Brasil que apresentaram córtex aulacantado ou tilacantado. Segundo John *et al.* (1990), a parede do oósporo é granulosa ao microscópio óptico e granulosa ou papilada ao microscópio eletrônico de varredura.

Chara vulgaris é uma espécie cosmopolita (Romanov *et al.* 2014, Guiry & Guiry 2020), com registros de ocorrência nas Américas do Norte (Guiry & Guiry 2020) e do Sul (Araújo *et al.* 2010, Ahmadi *et al.* 2012, Schubert *et al.* 2014, Blindow *et al.* 2018), África (Ahmadi *et al.* 2012, Guiry & Guiry 2020), Ásia, Austrália e Nova Zelândia (Ahmadi *et al.* 2012, Guiry & Guiry 2020), Europa (Guiry & Guiry 2020), Oriente Médio, Irã (Ahmadi *et al.* 2012) e raramente nas Ilhas Oceânicas (Wood & Imahori 1965, Krause 1997).

Chara zeylanica Klein *ex* Willdenow, Mémoires de l'Académie Royale des Sciences et Belles-Lettres 1805: 86, pl. 2, fig. 1. 1805. **Tipo**: local não especificado, Ceilão (lectótipo B). (Figuras 327-341)

Plantas monoicas, cauloide 562-1041 μm larg., córtex 3-corticado (triplóstico), isóstico, incrustração calcárea leve, células espinescentes 217-690 μm compr., 33-75 μm larg., ápice acuminado, estipuloides diplostéfanos, 2 por râmulo verticilado, opostos aos râmulos, fileira superior recobrindo o segmento basal dos râmulos, ápice acuminado ou agudo, estipuloides superiores 650-960 μm compr., 75-125 μm larg., estipuloides inferiores 308-583 μm compr., 62-92 μm larg., râmulos verticilados 12, monomorfos, segmento basal ecorticado, 850-1000 μm compr., 480-540 μm larg., segmentos intermediários 6-7, 3-corticados, segmento apical ecorticado, 1-2-celulado, acuminado, brácteas 5, unilaterais ou verticiladas, 230-520 μm compr., ca. 83 μm larg., bracteolas 2, 875-1646 μm compr., 83-116 μm larg., bracteletas ausentes. Gametângios conjuntos ou sejuntos, nos 2°-6° nós dos râmulos verticilados; núcula isolada, 683-1190 μm compr., 400-667 μm larg., convoluções 11-13, corônula 188-267 μm alt., 206-250 μm larg., ápices divergentes; oósporo 625-675 μm compr., 315-475 μm larg., estrias 11-13, fossa 66-74 μm larg.; glóbulo 406-758 μm diâm., escudos 4, losangulares.

Distribuição no Brasil: BAHIA (Ribeiro *et al.* 2018), ESPÍRITO SANTO (Bicudo 1972, 1974), MATO GROSSO (Menezes *et al.* 2015), MATO GROSSO DO SUL (Menezes *et al.* 2015), PARÁ (Henry-Silva *et al.* 2013), PARANÁ (Bueno *et al.* 2011), PERNAMBUCO (Siqueira-Filho & Bueno 2012), RIO GRANDE DO NORTE (Henry-Silva *et al.* 2013), RIO GRANDE DO SUL (Bicudo 1972, 1974, Astorino 1983), RORAIMA (Menezes *et al.* 2015), SUL DO BRASIL, local não especificado (Proctor *et al.* 1971).

Material examinado: Alagoas: *S. Tsugaru* (B-1466, NY). Bahia: rio Real, margem, 17-I-1972, *D.M. Vital* (SP116265); Anguera, 24.02-2016, *C.A. Ribeiro & G.J.P. Ramos* (HUEFS225694). Ceará: Caucaia, Lagoa de Genipabu, BR-222, 26-I-1968, *R.M.T. Bicudo* (SP96771); Alto Santo, BR-116, km 237, 24-I-1972, *D.M. Vital* (SP116260); Fortaleza, lago Papicu, 16-VI-1967, *C.E.M. Bicudo* (SP96730). Espírito Santo: Iconha, lagoa perto da praia, 18-IV-1965, *D.M. Vital & B.V. Skvortzov* (B24135, SP114491, SP114492). Minas Gerais: Nanuque, rio Mucuri, 02-I-1972, *D.M. Vital* (SP116262); Pedro Leopoldo, lagoa Redonda, 30-III-1967, *R. Milward* (SP96748). Paraná: Curitiba, rio Piauí, 10-III-2003, *M. Shirata* (SP). Pernambuco: data?, local?, *N.B. Cavalcante* (HVASF1816). Rio Grande do Norte: local?, data?, *G.G. Henry-Silva* (UNOPA3805). Rio Grande do Sul: local?, data?, *H. Hering* (SP20966); Rio Grande, 13-IV-1983, *M.P. Silva* (HURGS0552). Sergipe: Aracaju, lagoa Bonita, 18-V-2012, *M.A.O. Bezerra* (UNOPA4087).

Comentários

Entende-se por *C. zeylanica* Klein *ex* Willdenow, neste trabalho, sua versão menor (*'sensu stricto'*) baseada no trabalho de Proctor *et al.* (1971), que realizaram cruzamentos entre as microespécies da macroespécie *C. zeylanica* Klein *ex* Willdenow emend. R.D. Wood (*'sensu lato'*) e concluíram que algumas das microespécies colocadas na sinonímia de *C. zeylanica 'sensu lato'* eram, comprovadamente, espécies independentes. A descrição das plantas ora estudadas concorda com as características apresentadas em Proctor *et al.* (1971) por mostrar o segmento basal dos râmulos verticilados ecorticado, gametângios conjuntos e glóbulos com quatro escudos losangulares. Henry-Silva *et al.* (2013) registraram pioneiramente a presença de *C. zeylanica* Klein *ex* Willdenow e *C. indica* Bertero no Estado do Rio Grande do Norte, ou seja, no semiárido nordestino.

Chara zeylanica é uma espécie cosmopolita ocorrendo nas Américas do Norte (Hall *et al.* 2010), Central (Hall *et al.* 2010) e do Sul (Araújo *et al.* 2010, Siqueira-Filho & Bueno 2012, Henry-Silva *et al.* 2013, Ribeiro *et al.* 2018), África, Oriente Médio, Sudeste da Ásia, Austrália, Nova Zelândia e Ilhas do Pacífico (Guiry & Guiry 2020).

2.3 *Nitella* C. Agardh emend. R. Braun emend. Leonhardi, Lotos 13: 69. 1863.

As plantas de *Nitella* são sempre macroscópicas e medem, de modo geral, entre 5 e 50 cm de altura, mas os representantes de algumas espécies podem alcançar, embora raro, até 1 ou 2 m. Possuem hábito séssil, erecto e seu eixo principal, ramos e râmulos verticilados são diferenciados em nós e entrenós. Entretanto, ao contrário das plantas de *Chara*, as de *Nitella* são mais delicadas devido à total ausência de córtex e também à carência de incrustação calcárea. Algumas espécies de *Nitella*, como *N. cernua*, podem, contudo, apresentar incrustação calcárea ao longo dos entrenós na forma de anéis alternados com outros que não excretam carbonato, constituindo um conjunto que confere à planta o chamado "efeito zebra". Os entrenós são unicelulares e podem atingir até pouco mais de 50 cm de comprimento em *N. cernua* e *N. transluscens*. Os nós são pluricelulares e deles partem, em geral, seis râmulos verticilados pelo menos 1-furcados, mas usualmente 2-4-furcados. Ao contrário de *Chara*, os râmulos verticilados de *Nitella* carecem de células espinescentes na base. Os ramos são originados da axila dos râmulos verticilados e podem ocorrer dois ou mais deles por nó. As plantas de *Nitella* podem ser monoicas ou dioicas e a núcula ocupa posição, invariavelmente, lateral ou inferior em relação ao glóbulo e tem a corônula formada por duas camadas superpostas de cinco células cada.

Há dois sistemas para identificar as espécies e categorias infraespecíficas de *Nitella*, quais sejam: (*1*) o sistema de microespécies anterior a Wood & Imahori (1965) e que conta com ao redor de 180 espécies e (*2*) o sistema de macroespécies de Wood & Imahori (1965), que soma por volta de 50 espécies. As chamadas macroespécies surgiram no trabalho de Wood & Imahori (1965), quando providenciaram uma revisão taxonômica das Characeae em nível mundial e reuniram espécies (microespécies) para constituírem as macroespécies.

A identificação dos gêneros de Charophyceae é razoavelmente fácil, mesmo após coletar material estéril ou fértil, porém imaturo. A identificação de espécies e categorias infraespecíficas (variedades e formas taxonômicas) é, entretanto, bastante trabalhosa. Primeiro, é obrigatório ter à mão exemplares férteis e maduros. Segundo, é preciso também conhecer a vasta nomenclatura das partes vegetativas e reprodutivas destas algas. As Charophyceae foram classificadas, ao longo de sua história, entre as briófitas, pteridófitas e monocotiledôneas, e de sua passagem em cada um desses grandes grupos de plantas absorveu elementos da nomenclatura. Acrescente-se que estas algas são extremamente ricas em detalhes morfológicos das fases vegetativa e reprodutiva de seu ciclo de vida e que todos esses detalhes receberam nomes para sua identificação, os quais foram, posteriormente, utilizados na taxonomia. Aconselha-se, por isso, que os estudantes que pretendam se iniciar na taxonomia deste grupo de algas conheçam, primeiro, esse rico e vasto vocabulário especializado para depois dar início ao processo de identificação taxonômica das Charophyceae. Para atender a esta finalidade, no final desta publicação há um glossário dos termos técnicos utilizados na taxonomia destas algas.

Espécimes de *Nitella* são mais comumente coletados em ambientes mais profundos do que aqueles em que vivem as *Chara*. Além disso, podem ser encontrados em maior quantidade em águas de teor mais ácido. Diz a literatura, inclusive, que o gênero é bom indicador de águas ácidas. Isto é apenas meia verdade, pois exemplares de *Nitella* podem ocorrer em águas neutras e até levemente alcalinas. Algumas espécies, como, por exemplo, *N. tenuissima*, ocorrem com frequência em águas rasas semicobertas pela lama do fundo do sistema ou protegidas da insolação direta, entremeadas com a vegetação superior no litoral mais raso.

Espécie-tipo do gênero: *Nitella opaca* (Bruzelius) C. Agardh, Systema algarum. 124. 1824 (lectótipo). **Basiônimo**: *Chara opaca* Bruzelius, Observationes in genus Charae. 23. 1824.

Chave para identificar as espécies e variedades de *Nitella* inventariadas:

1. Râmulos verticilados dimorfos.
  2. Plantas dioicas.
    3. Capítulos laxos, não envoltos em mucilagem .... *N. blankinshipii*
    3. Capítulos densos, envoltos em mucilagem espessa .... *N. cernua*
  2. Plantas monoicas.
    4. Dáctilos inflados .... *N. clavata*
    4. Dáctilos não inflados.
      5. Capítulos presentes.
        6. Capítulos pedunculados.
          7. Capítulos espiciformes .... *N. leptostachys* var. *leptostachys*
          7. Capítulos não espiciformes.
            8. Glóbulos 4-escudados .... *N. gracilis*
            8. Glóbulos 8-escudados.

9. Núcula em posição inversa . ... *N. inversa*
9. Núcula em posição normal.
   10. Parede do oósporo granulosa a
      papilada ....*N. intermedia*
   10. Parede do oósporo fibrosa ou reticulada.
      11. Parede do oósporo
         fibrosa .... *N. hyalina* var. *hyalina*
      11. Parede do oósporo reticulada.
         12. Raios até quaternários .... *N. furcata*
         12. Raios apenas primários ou até terciários.
            13. Raios apenas primários .... *N. sublucens*
            13. Raios até terciários.
               14. Gametas ausentes
                  no 1º nó .... *N. havaiensis*
               14. Gametas presentes no 1º nó.
                  15. Râmulos verticilados
                    6 - 8 .... *N. arechavaletae*
                  15. Râmulos verticilados
                    8 - 10 .... *N. rosa-mariae*
6. Capítulos não pedunculados.
   16. Dáctilos (3-)4-celulados .... *N. tolypelloides*
   16. Dáctilos 1-2-celulados.
      17. Macrodáctilos e principalmente microdáctilos
      presentes . ... *N. microcarpa*
      17. Dáctilos todos do mesmo tamanho.
         18. Dáctilos relativamente curtos (360-)
            600-1400 μm compr. .... *N. gollmeriana*
         18. Dáctilos longos (541,5-)18330
            (-26000) μm compr.
            19. Estrias do oósporo
               proeminentes .... *N. subglomerata*
            19. Estrias do oósporo jamais salientes.
               20. Parede do oósporo imperfeitamente
                  reticulada .... *N. macounii*
               20. Parede do oósporo granulosa, fibrosa
                  ou esponjosa.
                  21. Dáctilos 2-5 por râmulo,
                    2-4-celulados .... *N. axillaris*
                  21. Dáctilos 3-4 por râmulo,
                    (2-)3(-4)-celulados.
                     22. Gametângios presentes na
                        base de todas as furcações.
                          23. Raios apenas primários ou
                            até terciários ...... *N. pygmaea*
                        23. Raios desde primários até
                            quinários .... *N. orientalis*

22. Gametângios ausentes na base das furcações.
24. Parede do oósporo granulosa .... *N. elegans*
24. Parede do oósporo fibrosa ou esponjosa ... *N. hyalina* var. *maxima*
5. Capítulos ausentes.
25. Dáctilos 1-celulados .... *N. acuminata*
25. Dáctilos 2-celulados .... *N. lhotzkyi*
1. Râmulos verticilados monomorfos.
26. Râmulos 1-furcados.
27. Plantas dioicas .... *N. opaca*
27. Plantas monoicas .... *N. flexilis*
26. Râmulos 2 ou mais furcados.
28. Núcula 1 por nó .... *N. sieberi*
28. Núcula 1-3 por nó.
29. Dáctilos predominantemente abreviados .... *N. glaziovii*
29. Dáctilos normais.
30. Gametângios presentes na 1ª furcação dos râmulos.
31. Núcula 1 por nó ....*N. ogivalis*
31. Núcula 1-3 por nó.
32. Raios até terciários .... *N. mucronata*
32. Raios quaternários e/ou quinários.
33. Raios quinários presentes ....*N. oligospira*
33. Raios apenas quaternários.
34. Dáctilos longos ....*N. dictyosperma*
34. Dáctilos dominantemente abreviados .... *N. japonica*
30. Gametângios ausentes na 1ª furcação dos râmulos.
35. Capítulos ocasionalmente presentes.
36. Macro e microdáctilos presentes ...*N. flagelliformis*
36. Dáctilos de um só tipo, longos ou curtos.
37. Dáctilos longos .... *N. flagellifera*
37. Dáctilos curtos .... *N. praelonga*
35. Capítulos ausentes.
38. Núcula com 6-8 convoluções .... *N. transilis*
38. Núcula com 9 convoluções .... *N. tenuissima*

Nitella acuminata A. Braun *ex* Wallman, Wood & Imahori, Monograph of the Characeae. 397, fig. 187-194. 1965. **Tipo**: Ilha Bourbon, Reunião, Índia, *Commerson* (isótipo ou lectótipo? LD). (Figuras 342-357)

Plantas monoicas, cauloide 631-989 μm larg., râmulos verticilados monomorfos, 6-9 por verticilo, 1-furcados, 1-5 cm compr., 206-800 μm larg., raios primários 6-9(-10), 300-1632 μm compr., 122-306 μm larg., ca. 0,6 vez o comprimento do râmulo verticilado, râmulos verticilados férteis 7-9, 1-furcados, dáctilos 2-5, 1-celulados, 1-3 mm compr., 110-402 μm larg., capítulos ausentes. Gametângios conjuntos, núcula (1-)2 por nó, 283-578 μm compr., 168,5-517 μm larg., convoluções 9, corônula 26,5-47 μm alt., 44,7-63,4 μm larg., persistente; oósporo 219-494 μm compr., 202-397 μm larg., estrias 6, fossa 45-50 μm larg., parede finamente granulosa; glóbulo 167-258 μm diâm., escudos 8, triangulares.

Distribuição no Brasil: MATO GROSSO (Bueno *et al.* 2011b), MATO GROSSO DO SUL (Bueno & Bicudo 1997, Bueno *et al.* 2011, 2018), PARANÁ (Meurer & Bueno 2012), RIO DE JANEIRO (Bicudo 1969, Bicudo & Yamaoka 1978, Dias & Araújo 2001), RIO GRANDE DO SUL (Horn-af-Rantzien 1949, Astorino 1983, Prado 2003), SÃO PAULO (Bicudo 1969, Bicudo & Yamaoka 1978, Picelli-Vicentim 1990, Picelli-Vicentim & Bicudo 1993, Picelli-Vicentim *et al.* 2004, Bicudo & Bueno 2011, Borges & Necchi Jr. 2018).

Material examinado: DISTRITO FEDERAL: Brasília, 20-VII-1965, *M.C. Pimentel* (SP104900). GOIÁS: Brejinho de Nazaré, II-1964, *D.M. Vital* (SP116376). MATO GROSSO: Brasilândia, 22-IX-1972, *D.M. Vital* (SP116358); Cuiabá, 13-I-1893, *G.A.N. Malme* (SP114566); 02-VIII-1891, *S.L.M. Moore* (SP114748); Poconé, 28-II-1996, *N.C. Bueno 559* (CPAP10323); 13-V-1995, *V.J. Pott 2704* (CPAP13998); Rochedo, 25-I-1979, *D.M. Vital* (SP152601). MATO GROSSO DO SUL: Bela Vista, 19-IV-2005, *V.J. Pott et al. 7707* (HMS9250); Corumbá, 06-XII-1894, *G.A.N. Malme* (SP114569); 30-IX-1979, *C.E.M. Bicudo* (SP155090). PARANÁ: Tijucas do Sul, data?, *M. Shirata et al. 3947* (MBM, HUCP); Reservatório de Itaipu, rio Arroio Guaçu, 03-III-2002, *S.M. Thomaz* (SP371369, SP371370); 11-VIII-2002, *S.M. Thomaz* (SP371226, SP371227, SP371230); 10-II-2003, *S.M. Thomaz* (SP371232); rio Ocoí, 11-I-2001, *S.M. Thomaz* (SP371235); 23-IV-2002, *S.M. Thomaz* (SP371372); 14-VIII-2002, *S.M. Thomaz* (SP371233); 19-II-2003, *S.M. Thomaz* (SP371234, SP371231); rio Paço Cuê, 22-I-2002, *S.M. Thomaz* (SP371365); rio Pinto, 09-VIII-2002, *S.M. Thomaz* (SP371228); rio São Francisco Falso, 02-IV-2002, *S.M. Thomaz* (SP371371); rio São Francisco Verdadeiro, 18-VIII-2002, *S.M. Thomaz* (SP371229); rio São João, 22-II-2003, *S.M. Thomaz* (SP371236); rio São Vicente, 31-I-2002, *S.M. Thomaz* (SP371366, SP371367, SP371368); 13-VIII-2002, *S.M. Thomaz* (SP371239, SP371240); 13-II-2003, *S.M. Thomaz* (SP371237, SP371238, SP371241, SP371242, SP371243). PIAUÍ: lagoa temporária, km 180 (BR-316), 11-IX-1966, *C.E.M. Bicudo* (SP96715). **Rio de Janeiro**: data?, col.? (SP24644). **Rio Grande do Sul**: Jaquirana, 10-V-2000, *J.F. Prado* (ICN915943, ICN91594); Torres, 23-VI-2000, *J.F. Prado* (ICN91595); Campina das Missões, 19-XII-2000, *J.F. Prado* (ICN91542); Casca, 02-VI-2000, *J.F. Prado* (ICN91543); Cerro Largo, 15-XI-2000, *J.F. Prado* (ICN91544); Guarani das Missões, 14-XI-2000, *J.F. Prado* (ICN91545); Mato Castelhano, 03-VI-2000, *J.F. Prado* (ICN91546); Muitos Capões, 20-III-2000, *J.F Prado* (ICN91547); Pântano Grande, 21-II-2002, *J.F. Prado* (ICN91548); Rio Grande, 22-V-2001, *J.F. Prado* (ICN91549); Santana do Livramento, 20-V-2001, *J.F. Prado* (ICN91550); Santiago, 28-XI-2000, *J.F. Prado* (ICN91551); 20-XII-2000, *J.F. Prado* (ICN91522); Sertão, 28-XI-2000, *J.F. Prado* (ICN91553); Torres, 18-XI-1999, *J.F. Prado* (ICN91554). **São Paulo**: São Paulo, data?, col.? (SP38386).

Comentários

Os espécimes ora estudados apresentaram todas as características diagnósticas de *Nitella acuminata* A. Braun *ex* Wallman (Bicudo 1969, Bicudo & Yamaoka 1978, Picelli-Vicentim *et al.* 2004), quais sejam: (*1*) plantas monoicas, (*2*) ausência de capítulos, (*3*) râmulos verticilados monomorfos e (*4*) 6-9 (raro 10) râmulos verticilados estéreis. Casanova (2009) registrou variação de lisa a escabrosa na decoração da parede do oósporo da espécie.

A partir de estudos moleculares utilizando marcadores plastidial (*rbc*L) e nuclear (ITS2), *N. acuminata*, *N. subglomerata* e *N. gollmeriana* deverão, segundo Borges & Necchi Jr. (2018), ser tratadas como uma única espécie: *N. acuminata*. Os referidos autores sugeriram, entretanto, que sejam providenciadas análises de espécimes representantes dessas três espécies coletados em outras regiões do Brasil e do mundo para chegar a uma melhor definição da sinonímia que propuseram. Mais estudos sobre a ultraestrutura da parede do oósporo deverão também ser efetuados para complementar o conhecimento taxonômico desse grupo de espécies.

A espécie é cosmopolita nas Américas do Norte, Central e do Sul (Wood & Imahori 1965, Scribailo & Alix 2010, Blindow *et al.* 2018) e ocorre, mais ocasionalmente, na Ásia e África (Wood & Imahori 1965) e na Austrália (Casanova 2009).

Nitella arechavaletae Spegazzini, Anales de la Sociedad Científica Argentina 15(5): 224. 1883. **Tipo**: Barra de Santa Lucia, Montevideo, Uruguai, *J. Arechavaleta* (holótipo NY). (Figuras 358-378)

Plantas monoicas, ca. 25 cm alt., cauloide 290-680 μm larg., incrustação calcárea ausente, entrenós 0,5-4 cm compr., râmulos verticilados dimorfos, râmulos estéreis 6-8 por nó, 1-2-furcados, 0,7-2 cm compr., 100-150 μm larg., raios primários 6-8, quase tão longos quanto os râmulos verticilados, 0,2-1 cm compr., 100-150 μm larg., raios secundários 3-5, raios terciários 2-4, dáctilos 3-4, 2-4-celulados, 1-11 mm compr., 85-120 μm larg., célula terminal cônica, acuminada ou mucronada, 10-210(-500) μm compr., 35-48 μm larg., râmulos férteis 5-7(-8), formando capítulos axilares, curto-pedunculados, mucilagem ausente, 1-1,3 mm compr., 100-120 μm larg., dáctilos 2-4-celulados, 560-1260 μm compr., 40-70 μm larg., célula terminal 95-279 μm compr., 29-45 μm larg., capítulos 3-6, 1-2,5 mm compr., 0,5-2,3 mm larg., formados por 3-5 râmulos férteis, pedúnculo 1-3 mm compr. Gametângios pedunculados, conjuntos ou sejuntos, na 1ª-2ª furcação basal dos râmulos verticilados, envoltos por mucilagem; núcula 1-3 por nó, 220-400 μm compr., 130-390 μm larg., convoluções 8-10, corônula 35-40 μm alt., 50-60 μm larg., pedúnculo 70-110 μm compr.; oósporo 265-280 μm compr., 240-260 μm larg., estrias 7-8, fossa 20-40 μm larg., parede reticulada; glóbulo 195-250 μm diâm., pedúnculo 70-100 μm compr., escudos 8, triangulares.

Distribuição no Brasil: Rio Grande do Sul (Horn-af-Rantzien 1949, Astorino 1983, Prado 2003).

Material examinado: Rio Grande do Sul: Jaquirana, 10-V-2000, *J.F. Prado* (ICN91593, ICN91594); Torres, 23-VI-2000, *J.F. Prado* (ICN91595).

Comentários

Nitella arechavaletae Spegazzini pode ser morfologicamente confundida com *N. translucens* (Persoon) C. Agardh, mas difere pela posse de dáctilos pluricelulados, gametângios envoltos em mucilagem, râmulos verticilados férteis formando capítulos e parede do oósporo grosseiramente reticulada (Wood & Imahori 1965). Difere, ainda, pelos dáctilos 2-4-celulados, que formam uma coroa na extremidade dos râmulos verticilados, e pelos capítulos sempre envoltos em mucilagem (Blindow *et al.* 2018).

Prado (2003) é o terceiro registro da ocorrência da espécie no Estado do Rio Grande do Sul, sucedendo à citação pioneira de Horn-af-Rantzien (1949) e a de Astorino (1983).

Nitella arechavaletae é uma espécie cuja distribuição geográfica encontra-se restrita à América do Sul (Wood & Imahori 1965).

Nitella axillaris A. Braun, Monatsberichte der Königlichen Akademie der Wissenschaften zu Berlin 1858: 356. 1859. **Tipo**: Orizaba, México, 1853, *F. Müller 355* (lectótipo NY). (Figuras 379-392)

Plantas monoicas, 10-38 cm alt., cauloide 470-1010 μm larg., incrustação calcárea ausente, entrenós 2,5-7 cm compr., râmulos verticilados dimorfos, 1-furcados, aparentemente não furcados, râmulos férteis reduzidos, râmulos estéreis 6-9, 1-furcados, aparentando não furcados, 0,5-3,4 cm compr., 190-970 μm larg., raios primários 6-9, praticamente tão longos quanto os râmulos verticilados, 0,4-3,4 cm compr., dáctilos 3-5, 2-celulados, mucronados, 220-1000 μm compr., 70-190 μm larg., râmulos verticilados férteis 7-8, 1-furcados, 0,9-1 mm compr., 80-90 μm larg., capítulos presentes, dáctilos 3-5, 2-celulados, 200-340 μm compr., 50-115 μm larg., capítulos axilares, 1-3 por nó, pedunculados ou não, ca. 6 mm compr., 0,5-4 mm larg. Gametângios conjuntos; núcula 1-3 por nó, 230-520 μm compr., 180-460 μm larg., convoluções 7-8, corônula 40-45 μm alt., 70-80 μm larg.; oósporo 250-370 μm compr., 180-340 μm larg., estrias 6-7, fossa 40-70 μm larg., parede reticulada; glóbulo 200-250 μm diâm., escudos 8, triangulares.

Distribuição no Brasil: MATO GROSSO DO SUL (Bueno & Bicudo 1997, Bueno *et al.* 2011b, Bueno *et al.* 2018), PARANÁ (Meurer & Bueno 2012), PERNAMBUCO (Wood & Imahori 1965), RIO GRANDE DO SUL (Prado 2003), SÃO PAULO (Picelli-Vicentim 1990, Picelli-Vicentim & Bicudo 1993, Picelli-Vicentim *et al.* 2004: como *N. translucens* subsp. *translucens* var. *axillaris* f. *axillaris*, Bicudo & Bueno *et al.* 2011, Borges & Necchi Jr. 2018).

Material examinado: MATO GROSSO DO SUL: Corumbá, 07-V-1992, *N.C. Bueno 319* (CPAP9279); 30-VII-1992, *N.C. Bueno 465* (CPAP10229); Porto Murtinho, 26-X-2004, *V.J. Pott 7102* (HMS7972). PARANÁ: Curitiba, Parque Barreirinha, V-1995, *M. Shirata 2553* (MBM, HUCP); Reservatório de Itaipu, rio Ocoí, 23-I-2002, *S.M. Thomaz* (SP371357, SP371358); 24-I-2002, *S.M. Thomaz* (SP371352, SP371353, SP371355); 14-VIII-2002, *S.M. Thomaz* (SP371157, SP371158, SP371159); 17-VIII-2002, *S.M. Thomaz* (SP371160,

SP371301); 19-III-2003, *S.M. Thomaz* (SP371156); rio Pinto, 27-I-2002, *S.M. Thomaz* (SP371354); 23-I-2002, *S.M. Thomaz* (SP371356); rio São Francisco Falso, 25-IV-2002, *S.M. Thomaz* (SP371363); rio São João, 20-II-2003, *S.M. Thomaz* (SP371150, SP371151, SP371153, SP371154); 12-VIII-2002, *S.M. Thomaz* (SP371155); rio São Vicente, 31-I-2002, *S.M. Thomaz* (SP371359, SP371360, SP371361, SP371362); 13-II-2003, *S.M. Thomaz* (SP371152). RIO GRANDE DO SUL: Campina das Missões, 19-XII-2000, *J.F. Prado* (ICN91596); Iraí, 17-XI-2000, *J.F. Prado* (ICN91597, ICN91598); Planalto, 17-XI-2000, *J.F. Prado* (ICN91599); Três Passos, 16-XI-2000, *J.F. Prado* (ICN91600, ICN91601).

Comentários

Nitella axillaris A. Braun foi considerada por Wood & Imahori (1965) uma variedade de *N. translucens*. Os oósporos de *N. translucens* são alongados, um tanto ovoides, apresentam ornamentação finamente reticulada e cinco ou seis estrias (Moore 1986, John & Moore 1987). Sakayama *et al.* (2004b) observaram, entretanto, que os oósporos de *N. axillaris* são ovoides, exibem a parede fortemente reticulada e seis ou sete estrias, revelando, com análises moleculares (sequências *rbcL* e *atpB*), que *N. axillaris* e *N. translucens* são espécies bem distintas (Sakayama *et al.* 2004a).

Nitella axillaris é cosmopolita, ocorrendo nas Américas do Norte, do Sul (Wood & Imahori 1965, Bicudo & Bueno *et al.* 2011b, Borges & Necchi Jr. 2018) e Central, Ásia e África (Wood & Imahori 1965), México e Estados Unidos da América (Scribailo & Alix 2010).

Nitella blankinshipii T.F. Allen, The Characeae of America 2(1): 5, pl. 4. 1892. **Tipo**: exsicata sem número identificada como *N. blankinshipii* (lectótipo NY). (Figuras 393-401)

Plantas dioicas, cauloide 417-627,5 μm larg., incrustação calcárea ausente, entrenós 2-2,5 cm compr., râmulos verticilados dimorfos, râmulos estéreis 6, 1,2-1,4 cm compr., ca. 250 μm larg., 1-furcados, raios primários ca. 0,5 cm compr., ca. 290 μm larg., 0,2-2 vezes o comprimento dos râmulos verticilados, dáctilos 2-4, 1-celulados, acuminados, 7-9 mm compr., 170-208 μm larg., râmulos férteis 6, 2-6 mm compr., 167-271 μm larg., 1-furcados, dáctilos 2-4, 1-celulados, 1,5-2,8 mm compr., 125-166 μm larg., capítulos presentes, frouxos, ca. 5 mm diâm. Gametângios conjuntos ou sejuntos, na base dos dáctilos; núcula 1(-2) por nó, 562-708 μm compr., 516-583 μm larg., 42-45 μm alt., 67-75 μm larg., corônula decídua, convoluções 8-10; oósporo?; glóbulo 385-400 μm diâm., escudos?.

Distribuição no Brasil: São Paulo (Picelli-Vicentim 1990, Picelli-Vicentim *et al.* 2004, Bicudo & Bueno *et al.* 2011, Bueno *et al.* 2016).

Material examinado: Santa Catarina: Lajes, 22-VII-1980, *R.M.T. Bicudo et al.* (SP162066). São Paulo: local?, 07-II-1970, *R.M.T. Bicudo* (SP104948).

Comentários

Nitella blankinshipii T.F. Allen lembra, morfologicamente, *N. acuminata* A. Braun *ex* Wallman, da qual difere pela presença de capítulos relativamente grandes, dáctilos alongados e ser uma espécie dioica. *Nitella blankinshipii* parece-se também com *N. subglomerata* A. Braun e *N. gollmeriana* A. Braun, a diferença residindo em que *N. blankinshipii* é dioica e tem cinco a sete râmulos estéreis e *N. subglomerata* é monoica e tem sete a dez râmulos estéreis. *Nitella acuminata* difere, ainda, de *N. gollmeriana* porque a última é monoica e tem entre cinco e sete râmulos estéreis.

Nitella blankinshipii ocorre nas Américas do Norte e do Sul (Wood & Imahori 1965).

Nitella cernua A. Braun, Monatsberichte der Königlichen Akademie der Wissenschaften zu Berlin 1858: 354. 1859. **Tipo**: Lagoa do Valle, Caracas, Venezuela, III-1856, *Gollmer* (lectótipo LD). (Figuras 402-408)

Plantas dioicas, ca 1 m de alt., incrustação calcárea presente, em anéis, conferindo aspecto listrado ("efeito zebra") à planta, cauloide (720-)1150-1325(-2000) μm larg., entrenós 8-12 mm compr., 1-4 vezes o comprimento dos râmulos verticilados, râmulos verticilados dimorfos, aparentemente não furcados, râmulos estéreis bem desenvolvidos, râmulos férteis reduzidos a capítulos, envoltos em mucilagem densa, râmulos estéreis 6-9, 1-furcados, parecendo simples, ca. 4 cm compr., ca. 800 μm larg., raios primários 6-9, quase tão longos quanto os râmulos verticilados, dáctilos 3-5, 1-celulados, mucroniformes, 484-884 μm compr., 168-252 μm larg., râmulos verticilados férteis 7, dispostos em capítulos, envoltos em mucilagem densa, 3-5 mm larg., 1-furcados, dáctilos 3-5, 1-celulados, 316-779 μm compr., 84-189 μm larg., capítulos distintos, terminais ou axilares, 2-3 por verticilo, envoltos em mucilagem densa, 4-9 mm larg., formados por 2-4 verticilos férteis condensados, aspecto umbeliforme devido ao alongamento dos raios primários (especialmente os raios do verticilo inferior), pedunculados, pedúnculo de comprimento variável, às vezes inclinado, capítulos secundários frequentes, na axila do verticilo inferior, verticilos maduros podem expandir oferecendo aspecto pedunculado aos glóbulos. Gametângios em plantas separadas; núcula (1-)2-5 por nó, 586-1079 μm compr., 540-798 μm larg.; oósporo 552-621 μm compr., 465-630 μm larg., estrias 5-7, fossa 83-322 μm larg., parede fibrosa; glóbulo 325-1162 μm diâm., escudos 8, triangulares.

Distribuição no Brasil: FERNANDO DE NORONHA (Groves & Groves 1911), MATO GROSSO DO SUL (Bueno & Bicudo 1997, Bueno *et al.* 2018), MINAS GERAIS (Wood & Imahori 1965), PERNAMBUCO (Siqueira-Filho & Bueno 2012), SÃO PAULO (Wood & Imahori 1965, Bicudo & Yamaoka 1978, Picelli-Vicentim 1990, Picelli-Vicentim & Bicudo 1993, Necchi Jr. *et al.* 2000, Vieira Jr. *et al.* 2002, Picelli-Vicentim *et al.* 2004, Bicudo & Bueno *et al.* 2011).

Material examinado: MATO GROSSO DO SUL: Bodoquena, 02-IX-2005, *V.J. Pott 8077* (HMS10869). PARAÍBA: Campina Grande, 16-I-1970, col.? (SP114462); 06-I-1974, *Elton Rocha* (SP116422). SÃO PAULO: Areias, 25-XI-1978, *R.M.T. Bicudo* (SP152539); Brotas, 21-I-1966, *D.M. Vital* (SP96702); Matão, 20-IX-1972, *D.M. Vital* (SP116359); Piratininga, 04-I-1975, *R.C.A. Souza* (SP116459); Rio Claro, 27-VI-1975, *Y. Lahr* (SP116481, SP116482); São Paulo, 23-I-1963, *M. Cordeiro & D.M. Vital* (SP96699); Silveiras, 08-VI-1978, *R.M.T. Bicudo* (SP152623); Ubatuba, data?, *A.B. Joly* (SP1144790). SERGIPE: Aracaju, Lagoa Bonita, 18-V-2012, *M.A.O. Bezerra* (UNOPA4087).

Comentários

Nitella cernua A. Braun lembra, quanto à morfologia, *N. translucens* (Persoon) C. Agardh emend. R.D. Wood, mas é distinta por possuir dáctilos uniceluados e parede do oóporo fibrosa. *Nitella cernua* lembra também *N. praelonga* A. Braun, da qual difere unicamente por ser dioica e *N. praelonga* monoica.

Nitella cernua ocorre na América Central e nos Estados Unidos da América (Scribailo & Alix 2010).

Nitella clavata Kützing, Species algarum. 518. 1849. **Tipo**: Montevideo, Uruguai, *Sellow* (lectótipo NY?). (Figuras 409-423)

Plantas monoicas, 11-30 cm alt., cauloide 687-1900 μm larg., incrustação calcárea ausente, entrenós 1-8,5 cm compr., râmulos verticilados dimorfos, râmulos estéreis 1-furcados, 0,8-4 cm compr., 800-1450 μm larg., raios primários 4-7, quase tão longos quanto os râmulos verticilados, dáctilos 2-5, 1-celulados, intumescidos (clavados), acuminados a mucronados, 0,1-1 cm compr., 900-1590 μm larg., râmulos verticilados acessórios simples, intumescidos (clavados), 5-9, 0,3-1,3 cm compr., ca. 1 mm larg., entre os normais, acuminados a mucronados, râmulos férteis formando capítulos, 6-8 por nó, 1-furcados, 0,5-6,8 mm compr., 140-200 μm larg., dáctilos 0,5-3 mm compr., acuminados a mucronados, capítulos compactos, densos, numerosos, axilares ou terminais, 1-15 mm compr., 1-9 mm larg. Gametângios curto-pedunculados, conjuntos ou sejuntos, nos nós dos râmulos férteis, ausentes nos râmulos acessórios, pedúnculo 50-116 μm compr.; núcula 1-2(-3) por nó, 420-600 μm compr., 358-500 μm larg., convoluções 7-10, corônula 50-92 μm alt., 65-92 μm larg.; oósporo 340-380 μm compr., 320-370 μm larg., estrias 7-8, fossa 30-75 μm larg., parede papilada; glóbulo 420-625 μm diâm., escudos 8, triangulares.

Distribuição no Brasil: Espírito Santo (Kützing 1849, Bicudo & Yamaoka 1978), Rio Grande do Sul (Astorino 1983, Prado 2003, Bueno *et al.* 2016).

Material examinado: Paraíba: Campina Grande, 06-I-1974, *Elton Rocha* (SP116422). Rio Grande do Sul: Santa Vitória do Palmar, 14-VII-1980, *R.M.T. Bicudo et al.* (SP162048, ICN91570); Jaguarão, 21-X-2000, *J.F. Prado* (ICN91565); Mostardas, VIII-2009, *A.S. Rolon* (UNOPA2883); Pedras Altas, 22-X-2000, *J.F. Prado* (ICN91566); Piratini, 20-XI-1999, *J.F. Prado* (ICN91567); Rio Grande, 20-X-2000, *J.F. Prado* (ICN91568); Tavares, VIII-2008, *A.S. Rolon* (UNOPA2881, UNOPA2882); Uruguaiana, 13-XI-1999, *J.F. Prado* (ICN91569).

Comentários

Nitella clavata foi proposta por Kützing (1849) a partir de material coletado em "Vittoria" (Wood & Imahori 1965). Não existe, contudo, tal local no Rio Grande do Sul. Trata-se, aparentemente, de Santa Vitória do Palmar, cujo nome foi grafado equivocadamente como simplesmente "Vittoria", onde a espécie ocorre em abundância.

A espécie é peculiar pela presença de râmulos heteroclemos, ou seja, râmulos alternados 1-furcados e simples, dáctilos 1-celulados intumescidos (clavados), capítulos densos e gametângios curto-pedunculados (Groves & Groves 1911, Horn-af-Rantzien 1949, Wood & Imahori 1965, Guerlesquin 1981). Difere, ademais, pelas extremidades intumescidas dos râmulos férteis (Braun 1883).

Nitella clavata ocorre nas Américas do Norte (Scribailo & Alix 2010) e do Sul (Blindow *et al.* 2018).

Nitella dictyosperma H. Groves & J. Groves, Journal of the Linnean Society of London, bot. 33(233): 324, pl. 19. 1898. **Tipo**: Antígua, Índias Ocidentais, 18-I-1895, *T.B. Blow* (lectótipo NY).

Plantas monoicas, ca. 19 cm alt., cauloide ca. 750 μm larg., entrenós 2-3 vezes o comprimento dos râmulos verticilados, ca. 1,8 cm compr., râmulos verticilados monomorfos, râmulos férteis semelhantes aos estéreis, 6 por verticilo, 3-furcados, raios primários 0,3-1 mm compr., secundários 5, terciários 4, dáctilos 3-4, 2-celulados, longos, ocasionalmente abreviados, célula terminal cônica, em geral mucronada, ca. 80 μm compr., capítulos ausentes. Gametângios imaturos, conjuntos, na base dos râmulos, mucilagem ausente, oogônio solitário.

Distribuição no Brasil: Ceará (Wood & Imahori 1965), São Paulo (Wood & Imahori 1965, Bicudo & Bueno 2011).

Material examinado: São Paulo: São Vicente, data?, col.? (SP41278).

Comentários

Segundo Langangen & Leghari (2001), *N. dictyosperma* H. Groves & J. Groves lembra, morfologicamente, *N. mucronata* (A. Braun) Miquel, *N. oligospira* A. Braun e *N. pakistanica* Faridi, porém difere de todas por apresentar dáctilos 2-celulados. Além disso, segundo Wood (1965), *N. oligospira* e *N. mucronata* apresentam núculas solitárias e *N. oligospira* dáctilos abreviados, o que não ocorre em *N. dictyosperma* (Zaneveld 1940).

Segundo Bicudo (1969), a primeira citação da ocorrência da espécie no Brasil foi feita sob o nome *N. furcata* (Roxburgh *ex* Bruzelius) C. Agardh emend. R.D. Wood subsp. *mucronata* (A. Braun) R.D. Wood var. *mucronata* f. *dictyosperma* (H. Groves & J. Groves) R.D. Wood. A referida autora comentou que as núculas se encontravam muito imaturas nos exemplares que estudou, dificultando, assim, a identificação do tipo de ornamentação da parede dos oósporos, mas que, apesar disso, todas as demais características da planta conferiram com as da circunscrição de *N. dictyosperma*.

Índias Ocidentais, o local de coleta do material-tipo de *N. dictyosperma* como consta no rótulo da coleta original, corresponde hoje às ilhas Antilhas e Bahamas situadas no Caribe e Antígua (ou Antiga) e é uma dessas ilhas que, junto com Barbuda, constituem a nação insular Antígua e Barbuda.

A espécie ocorre, por enquanto, apenas nos Estados Unidos da América (Scribailo & Alix 2010).

Nitella elegans Pal, Journal of the Linnean Society of London, bot. 49: 73, pl. 11. 1932. **Tipo**: lagoa em Maymyo, Burma, X-1928, *B.P. Pal* (isótipo, herbário R.D. Wood, NY?). (Figuras 424-431)

Plantas monoicas, ca. 35 cm alt., incrustação calcárea ausente, mucilagem presente ou ausente, cauloide 500-624 μm larg., entrenós 0,2-2,3 cm compr., 0,6-4,5 vezes o comprimento dos râmulos verticilados, râmulos verticilados monomorfos, râmulos estéreis (5-)7-8(-9) por verticilo, 2,7-3,8 cm compr., 3-4(-5)-furcados, raios primários 6-7, raios secundários 6-8, raios terciários 3-4, raios quinários raros, dáctilos 2-4, 1-2-celulados, decíduos, capítulos ausentes, mas verticilos superiores geralmente menores e um tanto compactados. Gametângios solitários ou conjuntos, na 2ª-3ª(-4ª) furcação dos râmulos verticilados; núcula isolada, 1 por nó, 475-558 μm compr., 361-412 μm larg., convoluções 8, corônula 38-52 μm alt., 65-70 μm larg., ápices convergentes, persistente; oósporo castanho claro a preto, 288-309 μm compr., 237 μm larg., estrias 6, fossa ca. 48 μm larg., parede papilada, glóbulo solitário, 257-299 μm diâm., escudos 8, triangulares.

Distribuição no Brasil: GOIÁS, MATO GROSSO, SÃO PAULO (Borges & Necchi Jr. 2018).

Material examinado: PARANÁ: rio Ocoí, 11-I-2001, *S.M. Thomaz & T.A. Pagioro* (UNOPA2079).

Comentários

Segundo Wood & Imahori (1965), *N. pseudoflabellata* A. Braun é típica por serem plantas pequenas, possuírem numerosos raios centrais secundários, capítulos envoltos em mucilagem e núculas pequenas (300-350 μm larg.). A espécie está classificada na seção *Gioallenia*, que é constituída por plantas pequenas, cujos dáctilos raramente são mucronados e podem ou não formar capítulos. Sakayama *et al.* (2002, 2004a, 2004b) e Sakayama (2008) propuseram, com base em dados moleculares, retirar a espécie da seção *Gioallenia* e, conforme Sakayama *et al.* (2006), elevar a var. *elegans* a nível espécie.

Nitella flagellifera J. Groves & G.O. Allen, Journal of Botany 65: 337. 1927.
Tipo: pequena lagoa, Distrito Saharanpur, Províncias Unidas, Índia, 28-XI-1926, *G.O. Allen* (lectótipo BM). (Figuras 432-445)

Plantas monoicas, 10-20 cm alt., cauloide 324-508 μm larg., entrenós 1-2 vezes o comprimento dos râmulos verticilados, 2-3,5 cm compr., râmulos verticilados monomorfos, raio secundário central mais desenvolvido, râmulos estéreis 5-7, 2-3-furcados, 1,7-2 cm compr., ca. 200 μm larg., raios primários 5-7, 0,4-0,5 vez o comprimento dos râmulos verticilados, ca. 0,6 cm compr., ca. 442 μm larg., raios secundários 5-7, 1 central de tamanho variado, substituído ou não por glóbulo, raios terciários 6-7, raios quaternários 4, dáctilos 4, 2-celulados, 340-5100 μm compr., 52-210,5 μm larg., geralmente longos, célula subterminal cilíndrica ou quase, célula terminal cônica, ápice acuminado, râmulos férteis 5-7, 2-4-furcados, 7,5-22 mm compr., ca. 110,5 μm larg., dáctilos 2-4, 2-celulados, acuminados, 189-1182 μm compr., 63-147 μm larg., geralmente longos, célula subterminal cilíndrica, célula terminal cônica, ápice acuminado. Gametângios conjuntos ou sejuntos, na base da (1ª-)2ª-3ª furcação; núcula 1(-2-3) por nó, 226-607 μm compr., 170-405 μm larg., convoluções 6-7(-8), corônula 37-48,6 μm alt., 59,5-83 μm larg., células superiores 1,3-2,7 vezes mais longas que as inferiores; oósporo ca. 238 μm compr., ca. 246 μm larg., estrias 5, fossa ca. 50 μm larg.; glóbulo (121,5-)218-284(-358) μm diâm., escudos 8, triangulares.

Distribuição no Brasil: MATO GROSSO DO SUL (Bueno & Bicudo 1997: como *N. furcata* var. *flagellifera*, Bueno *et al.* 2011b, Bueno *et al.* 2018), PARANÁ (Bueno *et al.* 2016: como *N. flagellifera*), RIO GRANDE DO SUL (Araújo *et al.* 2010, Bueno *et al.* 2016: como *N. flagellifera*), SANTA CATARINA (Bueno *et al.* 2016: como *N. flagellifera*), SÃO PAULO (Vieira Jr. & Necchi Jr. 2002, Picelli-Vicentim *et al.* 2004: como *N. furcata* subsp. *flagellifera*, Bicudo & Bueno 2011, Borges & Necchi Jr. 2018).

Material examinado: MATO GROSSO: Barra do Garças, 30-V-1968, *D.M. Vital* (SP114482); Xavantina, 30-V-1968, *D.M. Vital* (SP104176). MATO GROSSO DO SUL: Corumbá, 21-IX-1991, *N.C. Bueno 245* (CPAP8311); *N.C. Bueno 248* (CPAP8314); Miranda, 06-VI-1973, *D.M. Vital* (SP116381). PARANÁ: estrada Curitiba-Joinvile, km 42, 26-VIII-1966, *C.E.M. Bicudo & R.M.T. Bicudo* (SP96636); Reservatório de Itaipu, rio Arroio Guaçu, 10-II-2003, *S.M. Thomaz* (SP371131, SP371137, SP371138, SP371139, SP371141, SP371142); 11-VIII-2003, *S.M. Thomaz* (SP371140, SP371143, SP371144); rio São João, 11-VIII-2002,

S.M. Thomaz (SP371149); 14-II-2003, *S.M. Thomaz* (SP371128, SP371130, SP371132); 14-III-2003, *S.M. Thomaz* (SP371146); rio São Vicente, 03-I-2002, *S.M. Thomaz* (SP371377); 12-VIII-2002, *S.M. Thomaz* (SP371127); 13-VIII-2002, *S.M. Thomaz* (SP371135, SP371147, SP371220, SP371225); 18-VIII-2002, *S.M. Thomaz* (SP371224); 13-II-2003, *S.M. Thomaz* (SP371221, SP371222, SP371223, SP371148); rio São Francisco Falso, 10-X-2001, *S.M. Thomaz* (SP371316); 16-II-2002, *S.M. Thomaz* (SP371215); 16-VIII-2002, *S.M. Thomaz* (SP371216, SP371315); 17-II-2003, *S.M. Thomaz* (SP371129, SP371214, SP371217); 24-II-2003, *S.M. Thomaz* (SP371313, SP371314); rio São Francisco Verdadeiro, 12-I-2003, S.M. *Thomaz* (SP371136); 17-II-2003, *S.M. Thomaz* (SP371134); rio Ocoí, 25-II-2003, *S.M. Thomaz* (SP371145); 14-VIII-2003, *S.M. Thomaz* (SP371247); rio Passo Cuê, 08-VIII-2002, *S.M. Thomaz* (SP371218, SP371219). Piauí: Cristalândia, 28-V-1978, *D.M. Vital* (SP146483). Rio de Janeiro: Macaé, 17-IV-1965, *D.M. Vital* (SP96233). Rio Grande do Sul: Rio Grande, 27-IV-1983, *M.P. Silva* (FURG573); Butiá, 21-II-2002, *J.F. Prado* (ICN91571); Dom Pedro de Alcântara, 23-VI-2000, *J.F. Prado* (ICN91572); Itaara, 18-XII-1999, *J.F. Prado* (ICN91573); São Borja, 03-IV-2001, *J.F. Prado* (ICN91574); São Francisco de Assis, 20-XII-2000, *J.F. Prado* (ICN91575); Vale Verde, 21-II-2002, *J.F. Prado* (ICN91576). Santa Catarina: Laguna, 17-X-1979, *R.M.T. Bicudo et al.* (SP155079). São Paulo: Piracicaba, 09-IX-1987, *C. Santos* (SP187903); Riolândia, 03-VIII-1970, col.? (SP104867); Rio Claro, 12-VIII-1970, col.? (SP104877).

Comentários

Segundo Sakayama *et al.* (2002, 2004a, 2004b, 2005), Sakayama (2008) e Borges & Necchi Jr. (2018), *N. flagellifera* J. Groves & G.O. Allen é morfologicamente próxima de *N. oligospira* A. Braun e distante de *N. furcata* (Roxburg *ex* Bruzelius) C. Agardh. Segundo Wood & Imahori (1965), a ausência de gametângios no primeiro nó dos râmulos verticilados seria uma feição diagnóstica de *N. flagellifera*. Tal característica não se manteve, no entanto, em Picelli-Vicentim *et al.* (2004), Bueno *et al.* (2011) e Borges & Necchi Jr. (2018). A parede do oósporo observada ao microscópio óptico apresentou padrão regularmente reticulado e ao MEV padrão imperfeitamente reticulado (Mandal *et al.* 1995).

Nitella flagellifera ocorre na América do Sul e na Ásia (Wood & Imahori 1965).

Nitella flagelliformis A. Braun, Hooker's Journal of Botany and Kew Garden Miscellany 1: 294. 1849. **Tipo**: Concan, Bombaim, Índia, 1847, _Stokes_ (neótipo K). (Figuras 446-457)

Plantas dioicas, cauloide 438-965,4 μm larg., râmulos verticilados monomorfos, râmulos verticilados estéreis e férteis 6-7, 1-6-2,6 cm compr., 280-380 μm larg. (1-)2-4-furcados, raios primários 6-7, 0,6-1,1 cm compr., 280-400 μm larg., 0,3-0,5 vez o comprimento do râmulo, raios terciários 3, raios quaternários 2, dáctilos 2-3, 2-celulados, 169-1500 μm compr., 58,5-148,3 μm larg., macro e microdáctilos juntos, predominando os longos, célula subterminal cilíndrica, às vezes piramidal-truncada, célula terminal cônica, ápice acuminado, capítulos ausentes. Gametângios em plantas separadas, na base da 2ª-4ª furcação; núcula 1, ca. 569 μm compr., ca. 465,5 μm larg., convoluções 7-8, corônula ca. 60 μm alt., ca. 80 μm larg.; oósporo ca. 320 μm compr., ca. 320 μm larg., estrias 5, fossa ca. 81,2 μm larg., parede reticulada; glóbulo ca. 650 μm diâm., escudos 8, triangulares.

Distribuição no Brasil: São Paulo (Picelli-Vicentim 1990, Picelli-Vicentim _et al._ 2004: como _N. furcata_ subsp. _flagelliformis_, Bicudo & Bueno 2011).

Material examinado: Rio Grande do Sul: Pelotas, X-1978, _E. Chapman_ (SP152634). São Paulo: Rio Claro, 13-VII-1970, _K. Arens_ (SP104866).

Comentários

Nitella flagelliformis A. Braun [= _N. furcata_ (Roxburgh _ex_ Bruzelius) C. Agardh emend. R.D. Wood subsp. _flagelliformis_ (A. Braun) R.D. Wood] é muito semelhante, quanto à morfologia, a _N. flagellifera_ J. Groves & G.O. Allen, graças ao hábito relativamente mais delicado e difuso da planta, dáctilos alongados, raio secundário central representado por um pequeno râmulo subsidiário em vez de expandido (Wood & Imahori 1965, Zaneveld 1940), além dos dáctilos estéreis e férteis monomorfos, células terminais normalmente cônicas, algumas vezes alantoides e da parede imperfeitamente reticulada do oósporo (Halder & Sinha 2016). As diferenças são, todavia, demasiado sutis ao ponto de vários autores sugerirem a reunião das duas espécies (_N. flagelliformis_ e _N. flagellifera_) em uma só. Tal decisão depende, entretanto, do melhor conhecimento do tipo de ornamentação do oósporo. Há também necessidade de estimar o valor da característica monoicia-dioicia como separatriz diagnóstica das duas espécies.

A espécie ocorre na América do Sul, Índia (Zaneveld 1940, Halder & Sinha 2016) e Japão (Imahori 1954, informação não confirmada; Wood & Imahori 1965).

Nitella flexilis (L.) C. Agardh, Systema algarum. 124. 1824. **Basiônimo**: *Chara flexilis* Linnaeus, Species plantarum. 1157. 1753. **Tipo**: lagoas próximas de Henly, não distante de Ipswich em Suffolk, Inglaterra, data?, *Buddle* (lectótipo BM). (Figuras 458-470)

Plantas monoicas, ca. 15 cm alt., cauloide 521-1200 μm larg., incrustação calcárea ausente, entrenós ca. 20 mm compr., râmulos verticilados monomorfos, 1,7-3,5 cm compr., 1(-2)-furcados, raios primários 7, 0,9-1,4 cm compr., râmulos estéreis 6-8, 9-13(-17) mm compr., raios primários 500-600 μm larg., ca. 0,5 vez o comprimento dos râmulos verticilados, raios secundários 450-500 μm compr., râmulos férteis 1-furcados, 2-5 mm compr., dáctilos férteis 2-5, 1-celulados, apiculados, longos, (3-)4,5-5,5 mm compr., 250-354 μm larg., capítulos ausentes. Gametângios conjuntos ou sejuntos; núcula 1-2 por nó, 433-750 μm compr., 374-560 μm larg., convoluções 8, ca. 42 μm alt., ca. 58 μm larg., corônula decídua; oósporo ca. 525 μm compr., ca. 383 μm larg., estrias 7, proeminentes, fossa ca. 77 μm larg., parede granulosa ou tuberculada, grânulos formando padrão reticulado; glóbulo 283-333 μm diâm., escudos 8, triangulares.

Distribuição no Brasil: Pernambuco (Bicudo & Yamaoka 1978).

Material examinado: Pernambuco: Recife, 16-I-1970, *R.M.T. Bicudo* (SP113705). Rio Grande do Sul: Santa Maria, 15-X-1974, col.? (SP116446); Mostardas, 01-08-2009, *A.S. Rolon* (UNOPA2884). São Paulo: Queluz, data?, col.? (SP31370).

Comentários

Nitella flexilis (L.) C. Agardh apresenta râmulos verticilados monomorfos, 1-furcados e dáctilos 1-celulados de ápice acuminado. A frequente protandria pode confundir esta espécie com *N. opaca* Bruzelius (dioica), da qual difere por ser monoica conforme Schubert & Blindow (2004). A espécie pode apresentar capítulos e os verticilos terminais são comumente compactos, lembrando capítulos (Wood & Imahori 1965, Bicudo 1969). Mandal *et al.* (2012) observaram a parede do oósporo de *N. flexilis* ao MEV e detectaram padrão de ornamentação escabroso. Segundo Blindow *et al.* (2018), *N. flexillis* difere de outras espécies da Secção *Tieffallenia* pela presença de râmulos 1-furcados e dáctilos 1-celulados.

A espécie é cosmopolita, ocorrendo nas Américas do Norte (Scribailo & Alix 2010) e do Sul, África e Ásia (Schubert & Blindow 2004, Blindow *et al.* 2018).

Nitella furcata (Roxburgh *ex* Bruzelius) C. Agardh, Systema algarum. 124. 1824. **Basiônimo**: *Chara furcata* Roxburgh *ex* Bruzelius, Flora 9: 22. 1824. **Tipo**: lagoa rasa, Distrito Saharanpur, Províncias Unidas, Índia, IX-X-1926, *G.O. Allen* (neótipo NY). (Figuras 471-484)

Plantas monoicas, 21(-40) cm alt., cauloide 312-910 μm larg., incrustação calcárea ausente, entrenós 0,6-5,7 cm compr., râmulos verticilados monomorfos, 5-8, 2-3(-4)-furcados, 0,8-3,8 cm compr., raios primários 5-8, 0,3-1,7 cm compr., raios secundários 4-6, raios terciários 3-5, raios quaternários 2-4, dáctilos 2-3(-4), 2-3-celulados, 113-3380 μm compr., 52-208 μm de larg., célula terminal cônica, acuminada ou aguda, capítulos ausentes. Gametângios conjuntos ou sejuntos, ocasionalmente curto-pedunculados; núcula 1-5(-6) por nó, 309-624 μm compr., 237-443 μm larg., convoluções 6-9, corônula (31-)41-77 μm diâm., 50-93 μm larg., células convergentes; oósporo 227-319 μm compr., 175-330 μm larg., estrias 5-7, fossa 40-82 μm larg., parede reticulada; glóbulo (144-)175-364 μm diâm., escudos 8, triangulares.

Distribuição no Brasil: PARANÁ (Thomaz *et al.* 1999, Meurer & Bueno 2012), RIO GRANDE DO SUL (Prado 2003).

Material examinado: PARANÁ, Reservatório de Itaipu, rio São Francisco Falso, 24-XII-2003, *S.M. Thomaz & T.A. Pagioro* (UNOPA1728); 25-IV-2002, *S.M. Thomaz & T.A. Pagioro* (UNOPA1351); 10-X-2002, *S.M. Thomaz & T.A. Pagioro* (UNOPA1773); 12-XI-2002, *S.M. Thomaz & T.A. Pagioro* (UNOPA1692); 24-II-2003, *S.M. Thomaz & T.A. Pagioro* (UNOPA1691); 16-VIII-2002, *S.M. Thomaz & T.A. Pagioro* (UNOPA1702); 26-II-2002, *S.M. Thomaz & T.A. Pagioro* (UNOPA2902); 16-II-2002, *S.M. Thomaz & T.A. Pagioro* (UNOPA1708); 26-VI-2001, *S.M. Thomaz & T.A. Pagioro* (UNOPA1711); 11-II-2003, *S.M. Thomaz & T.A. Pagioro* (UNOPA1718, UNOPA1719, UNOPA1723, UNOPA1724, UNOPA1815, UNOPA2129); rio São Vicente, 13-VIII-2002, *S.M. Thomaz & T.A. Pagioro* (UNOPA1777, UNOPA3005); 13-II-2003, *S.M. Thomaz & T.A. Pagioro* (UNOPA1788, UNOPA1790); 12-VIII-2002, *S.M. Thomaz & T.A. Pagioro* (UNOPA1791); 13-VIII-2002, *S.M. Thomaz & T.A. Pagioro* (UNOPA1799, UNOPA1807); rio São João, 12-VIII-2002, *S.M. Thomaz & T.A. Pagioro* (UNOPA1733,

UNOPA1836); 20-II-2003, *S.M. Thomaz & T.A. Pagioro* (UNOPA1749, UNOPA2105, UNOPA2108, UNOPA2187); rio Ocoí, 11-I-2001, *S.M. Thomaz & T.A. Pagioro* (UNOPA1642); 14-VIII-2002, *S.M. Thomaz & T.A. Pagioro* (UNOPA1603, UNOPA1613, UNOPA1620, UNOPA1623, UNOPA1625, UNOPAA1627, UNOPAA1630, UNOPA2079, UNOPA2080); 27-VIII-2001, *S.M. Thomaz & T.A. Pagioro* (UNOPA1640); rio Pinto, 09-VIII-2002, *S.M. Thomaz & T.A. Pagioro* (UNOPA1661, UNOPA1670); 27-II-2003, *S.M. Thomaz & T.A. Pagioro* (UNOPA1672, UNOPA1676, UNOPA1679, UNOPA2152); 09-VIII-2002, *S.M. Thomaz & T.A. Pagioro* (UNOPA1673, UNOPA1677, UNOPA2071); rio Passo Cuê, 26-II-2002, *S.M. Thomaz & T.A. Pagioro* (UNOPA1652, UNOPA1656); 26-II-2003, *S.M. Thomaz & T.A. Pagioro* (UNOPA1659). Rio Grande do Sul: Chuí, 16-10-2002, *J.F. Prado* (ICN91577, ICN91578, ICN91579).

Comentários

Nitella furcata (Roxburgh *ex* Bruzelius) C. Agardh é uma espécie monoica que não possui gametângios na base das furcações, tem dáctilos mucronados e predominantemente abreviados que formam uma coroa cuspidada e possui, muito raro, capítulos (Zaneveld 1940, Horn-af-Rantzien 1949, Wood & Imahori 1965). Os materiais atualmente identificados com *N. furcata* apresentaram padrão reticulado de ornamentação da parede do oósporo conforme Mandal *et al.* (1995) e Sakayama *et al.* (2002). Mandal *et al.* (1995) mostraram também que a parede do oósporo trabalhada ao MEV é irregularmente reticulada.

Nitella furcata é uma espécie cosmopolita, ocorrendo na África, Ásia e América do Sul (Wood & Imahori 1965, Wood 1978, Scribailo & Alix 2010).

Nitella glaziovii Zeller, Videnskabelige Meddelelser fra Dansk Naturhistorisk Forening i København 1876: 428. 1876. **Tipo**: Rio de Janeiro, Brasil, X-1872, *A. Glaziou 5449* (holótipo K). (Figuras 485-497)

Plantas monoicas, cauloide 360-780 μm larg., incrustação calcárea ausente, entrenós 1,4-4,5 cm compr., râmulos verticilados monomorfos, (2-)3-4-furcados, 1-2,7 cm compr., raios primários 7-8, 0,2-1,4 mm compr., raios secundários 4-5, um dos quais ocasionalmente central e reduzido, raios terciários 3-4, raios quaternários 2-3, dáctilos 2-3, 2-3-celulados, 130-254,8 μm compr., 52-156 μm larg., predominantemente abreviados, célula apical cônica, ápice acuminado, capítulos ausentes.

Gametângios conjuntos, em todas furcações; núcula 1-2 por nó, (268-)309-566 μm compr., 299-468 μm larg., convoluções 6-8, corônula 45-75 μm alt., 60-80 μm larg.; oósporo 225-309 μm compr., 185-257 μm larg., estrias 5-6, fossa 45-63 μm larg., parede reticulada; glóbulo 165-312 μm diâm., escudos 8, triangulares.

Distribuição no Brasil: PARANÁ (Meurer & Bueno 2012), RIO DE JANEIRO (Wood & Imahori 1965, Dias & Araújo 2001: como *N. furcata* var. *sieberi* f. *glaziovii*, identificação corrigida posteriormente pelo próprio autor para *N. furcata* subsp. *furcata* var. *sieberi* f. *japonica*), RIO GRANDE DO SUL (Prado 2003), SÃO PAULO (Bicudo 1969, Picelli-Vicentim 1990).

Material examinado: PARANÁ, Reservatório de Itaipu, arroio Guaçu, 10-II-2003, *S.M. Thomaz & T.A. Pagioro* (UNOPA1584); rio São Francisco Falso, 24-II-2003, *S.M. Thomaz & T.A. Pagioro* (UNOPA1694); 16-VIII-2002, *S.M. Thomaz & T.A. Pagioro* (UNOPA1700); 12-XI-2002, *S.M. Thomaz & T.A. Pagioro* (UNOPA1690); rio São Vicente, 13-II-2003, *S.M. Thomaz & T.A. Pagioro* (UNOPA1808, UNOPA2171); rio São João, 20-II-2003, *S.M. Thomaz & T.A. Pagioro* (UNOPA1817); rio Ocoí, 25-II-2003, *S.M. Thomaz & T.A. Pagioro* (UNOPA1633); rio Pinto, 27-II-2003, *S.M. Thomaz & T.A. Pagioro* (UNOPA2149); 25-II-2003, *S.M. Thomaz & T.A. Pagioro* (UNOPA1662); rio Passo Cuê, 08-VIII-2002, *S.M. Thomaz & T.A. Pagioro* (UNOPA1649, UNOPA1651, UNOPA2075). SÃO PAULO: Mogi Mirim, data?, col.? (SP20548).

Comentários

Nitella glaziovii Zeller possui uma ou duas núculas em cada furcação, râmulos verticilados até 4-furcados e padrão reticulado de ornamentação da parede dos oósporos conforme Wood & Imahori (1965) e Sakayama (2008). Observação da parede do oósporo realizada por Mandal *et al.* (1995) ao MO e ao MEV revelou um padrão reticulado bem definido.

Representantes desta espécie lembram os de *N. gracilens* Morioka no que tange ao número de gametângios por furcação e à presença de dáctilos predominantemente abreviados. No entanto, *N. gracilens* apresenta até três furcações por ramificação e parede do oósporo finamente granulosa, características estas não observadas nos presentes materiais coletados no reservatório de Itaipu (Meurer & Bueno 2012).

Nitella gollmeriana A. Braun, Monatsberichte der Königlichen Akademie der Wissenschaften zu Berlin 1858: 355. 1859. **Tipo**: Caracas, Venezuela, 1856, *Gollmer* (lectótipo NY). (Figuras 498-511)

Plantas monoicas, cauloide 652,5-1305 μm larg., entrenós mais longos que os râmulos verticilados, 0,8-2,3 cm compr., râmulos verticilados dimorfos, râmulos estéreis 7-8 por verticilo, 1,3-1,8 cm compr., 526-736 μm larg., 1-furcados, raios primários 5-8, 1-1,2 cm compr., quase tão longos quanto os râmulos verticilados, dáctilos 2-4, 1-celulados, acuminados, 1,2-3(-5,7) mm compr., 147-315 μm larg., râmulos férteis 5-7, 1,1-2 mm compr., 200-310 μm larg., 1-furcados, dáctilos 2-3(-4), 1-celulados, geralmente abreviados, ápice acuminado, (360-)600-1400 μm compr., (100-)150-390 μm larg., capítulos numerosos, 1-3 por verticilo, axilares, pedunculados, subesféricos a esféricos, condensados, mucilagem ausente, 1-4 mm diâm. Gametângios conjuntos, na base dos dáctilos; núcula séssil, convoluções 8, 333-466,5 μm compr., 266,6-358,2 μm larg., corônula 47-51 μm alt., 53-79,5 μm larg., decídua; oósporo 291,5-308,2 μm compr., 254-291,5 μm larg., estrias 5-7, fossa 44-58 μm larg., parede finamente granulosa; glóbulo 191,5-252,6 μm diâm., escudos 8, triangulares.

Distribuição geográfica no Brasil: Mato Grosso (Bueno *et al.* 2011b), Mato Grosso do Sul (Bueno & Bicudo 1997, Bueno *et al.* 2018), Rio Grande do Sul (Prado 2003, Bueno *et al.* 2016), São Paulo (Bicudo 1969, Bicudo & Yamaoka 1978, Picelli-Vicentim 1990, Branco & Necchi Jr. 1996, Necchi Jr. *et al.* 2000, Vieira Jr. *et al.* 2002, Picelli-Vicentim *et al.* 2004, Bicudo & Bueno 2011).

Material examinado: Mato Grosso: Poconé, 14-IV-1993, *V.J. Pott 1882* (CPAP10411); 30-X-1999, *V.J. Pott 4083* (CPAP18677). Mato Grosso do Sul: Corumbá, data?, *N.C. Bueno* (CPAP8355, CPAP10222). Rio Grande do Sul: Horizontina, 16-XI-2000, *J.F. Prado* (ICN91555). São Paulo: Pedra Branca, data?, col.? (SP31372).

Comentários

Nitella gollmeriana A. Braun é morfologicamente semelhante a *N. acuminata* A. Braun *ex* Wallman e *N. subglomerata* A. Braun, das quais difere por apresentar râmulos verticilados dimorfos e capítulos que podem variar de compactos até bastante densos (Bicudo & Yamaoka 1978, Picelli-Vicentim *et al.* 2004).

Nitella golmeriana parecia ser uma espécie restrita à América do Sul (Wood & Imahori 1965), porém foi também encontrada nos Estados Unidos da América (Scribailo & Alix 2010).

Nitella gracilis (J. Smith) C. Agardh, Systema algarum. 125. 1824.
Basiônimo: *Chara gracilis* J. Smith *in* Sowerby, English Botany. 2140. 1810.
Tipo: local não especificado, Floresta São Leonardo, Inglaterra, data VI?, *W. Borrer* (holótipo BM). (Figuras 512-525)

Plantas monoicas, 9-16 cm alt., cauloide 290-360 μm larg., entrenós 0,5-5 cm compr., râmulos verticilados monomorfos, incrustação calcárea ausente, râmulos estéreis 5-6, 0,7-2,2 cm compr., 200-270 μm larg., 2-3-furcados, raios primários 5-6, raios secundários 5-6, dos quais 1 pode ser central, raios terciários 2-4, raios quaternários 2-3, dáctilos 2-5, 2-3-celulados, geralmente longos, 600-6000 μm compr., 70-260 μm larg., célula terminal cônica a acuminada, râmulos férteis 5-6, 2-3(-4)-furcados, raios primários 5-6, raios secundários 5-6, raios terciários 3-5, raios quaternários 1-3, dos quais 1-2 podem bifurcar em 2-3 raios quinários, dáctilos 2-5, 2-3-celulados, capítulos ausentes. Gametângios conjuntos ou sejuntos, curto-pedunculados, na base da 2ª-4ª furcação; núcula 1-2 por nó, 390-510 μm compr., 300-410 μm larg., convoluções 7-8, corônula 35-40 μm alt., 50-60 μm larg., persistente; oósporo castanho claro a castanho escuro, 280-330 μm compr., 240-330 μm larg., estrias 6, fossa 40-70 μm larg., parede granulosa, papilada ou porosa; glóbulo 150-270 μm diâm., escudos 4, losangulares.

Distribuição no Brasil: PARANÁ (Meurer & Bueno 2012), RIO GRANDE DO SUL (Astorino 1983, Prado 2003).

Material examinado: PARANÁ: Santa Helena, Reservatório de Itaipu, rio São Francisco Falso, 11-II-2003, *S.M. Thomaz & T.A. Pagioro* (UNOPA1717, UNOPA1719); rio São Vicente, 13-II-2003, *S.M. Thomaz & T.A. Pagioro* (UNOPA1779, UNOPA1797, UNOPA1814); rio Ocoí, 19-II-2003, *S.M. Thomaz & T.A. Pagioro* (UNOPA1624); rio Passo Cuê, 08-VIII-2002, *S.M. Thomaz & T.A. Pagioro* (UNOPA1646); 08-VIII-2002, *S.M. Thomaz & T.A. Pagioro* (UNOPA1647). RIO GRANDE DO SUL: Casca, 02-VI-2000, *J.F. Prado* (ICN91588); São Francisco de Paula, 11-IV-2000, *J.F. Prado* (ICN91588, ICN91589).

Comentários

Nitella gracilis J. Smith são plantas monoicas, cujos râmulos verticilados possuem duas ou três furcações, os dáctilos são 2-3-celulados e têm ápice acuminado, parede do oósporo variando entre finamente granulosa, papilada ou porosa e possui seis ou sete estrias (Schubert & Blindow 2004).

A espécie foi registrada pela primeira vez para o Rio Grande do Sul por Astorino (1983) como *N. gracilis* (J. Smith) C. Agardh emend. R.D. Wood subsp. *gracilis* var. *gracilis* f. *gracilis* junto com *N. havaiensis* Nordstedt, que foi citada como *N. gracilis* (J. Smith) C. Agardh emend. R.D. Wood subsp. *gracilis* var. *havaiensis* (Nordstedt) R.D. Wood.

Nitella gracilis é uma espécie cosmopolita que ocorre na Europa e nas Américas do Norte e do Sul (Corrilion 1957, Wood & Imahori 1965, Wood 1978).

Nitella havaiensis Nordstedt, Symbolae Societatis Physiographicae Lundensis 7: 24. 1878. **Tipo**: ambiente de água parada, Monte Mauna Kea, Havaí, E.U.A., 1875, *S. Berggren* (isótipo S). (Figuras 526-537)

Plantas monoicas, ca. 10 cm alt., cauloide 248-500 μm larg., entrenós 0,3-2,8 cm compr., râmulos verticilados dimorfos, râmulos estéreis 6, (1-)2(-3)-furcados, raios primários 6, 2-4 vezes tão longos quanto os râmulos verticilados, raios secundários (2-)4(-5), raios terciários (2-)5, râmulos férteis 6, geralmente formando capítulos densos nas porções terminais da planta, dáctilos 4, 2-4-celulados, acuminados, geralmente longos, às vezes abreviados, capítulos presentes, mucilagem ausente. Gametângios ausentes no 1º nó dos râmulos verticilados; núcula 3 por nó, 263-334 μm compr., 251-304 μm larg., convoluções 8-9, corônula 38-52 μm alt., 33-43 μm larg.; oósporo 215-236 μm compr., 195-220 μm larg., estrias 6, fossa 44-52 μm larg., parede granulosa; glóbulo 134-234 μm larg., às vezes curto-pedunculado, escudos 8, triangulares, pedúnculo ca. 66 μm compr.

Distribuição no Brasil: Rio Grande do Sul (Astorino 1983).

Material examinado: Rio Grande do Sul: Santa Cruz do Sul, 18-VII-1980, *R.M.T. Bicudo et al.* (SP162058); Tramandaí, 11-VIII-1980, *R.M.T. Bicudo et al.* (SP162032).

Comentários

Nitella havaiensis Nordstedt é uma planta cujos râmulos verticilados são 1-3-furcados e a parede do oósporo granulosa. A espécie não apresenta formação clara de capítulos, mas os dáctilos são constituídos por até cinco células e a relação entre os comprimentos dos entrenós e dos rámulos verticilados varia de 1/3 a 1/2, o que as diferencia das demais subespécies de *N. gracilis* (J. Smith) C. Agardh.

A espécie ocorre nas Américas Central e do Norte (Wood & Imahori 1965) e nos Estados Unidos da América (Scribailo & Alix 2010).

Nitella hyalina (DeCandolle) C. Agardh var. ***hyalina***, Systema algarum. 126. 1824. **Basiônimo**: *Chara hyalina* DeCandole *in* Lamarck & DeCandole, Flore française 6: 247. 1815. **Tipo**: lago de 'grand lien', Nantes?, França, 1805, *Hectot* (síntipo G). (Figuras 538-548)

Plantas monoicas, cauloide 250-646 μm larg., entrenós 0,3-2,5 cm compr., até 9 vezes o comprimento dos rámulos verticilados, rámulos verticilados dimorfos, rámulos estéreis 5-8, 2-furcados, 1-9 mm compr., raios primários 5-8, 1-4,3 mm compr., 283-325 μm larg., raios secundários 3-6, raios terciários 3, geralmente longos, dáctilos 3, 2-celulados, 550-2708 μm compr., 150-250 μm larg., rámulos acessórios em 2 séries, 4-6, 0-1-furcados, ca. 0,5 do comprimento do raio primário, capítulos compactos, 0,2-0,6 cm diâm. Gametângios sejuntos, curto-pedunculados, envoltos por mucilagem; núcula 233-680 μm compr., 150-450 μm larg., convoluções 7-8, corônula 49-51 μm alt., 45-80 μm larg.; oósporo 275-400 μm compr., 284-340 μm larg., estrias 6-7, fossa 51-70 μm larg., parede fibrosa; glóbulo 190-380 μm diâm., escudos 8, triangulares.

Distribuição no Brasil: Paraná (Meurer & Bueno 2012, Bueno *et al.* 2016), Rio Grande do Sul (Prado & Baptista 2005, Araújo *et al.* 2010, Bueno *et al.* 2016).

Material examinado: Paraná: Guaíra, 06-X-1978, *R.M.T. Bicudo* (SP152549). Rio Grande do Sul: Santa Vitória do Palmar, Lagoa Mangueira, 14-XII-1999, *J.F. Prado* (ICN91592).

Comentários

Nitella hyalina (DeCandole) C. Agardh é uma espécie monoica que possui dáctilos 2-celulados, núculas solitárias, rámulos primários longos, com duas a quatro furcações e rámulos acessórios curtos, com uma ou duas furcações (Schubert & Blindow 2004). A espécie não possui raio secundário central, mas os rámulos verticilados são dimorfos e os gametângios aparecem em todas as furcações dos rámulos verticilados (Blindow *et al.* 2018). A parede do oósporo é granulosa ao microscópio óptico e fibrosa ao microscópio de varredura (Sakayama *et al.* 2002).

Segundo Prado & Baptista (2005), o material atualmente identificado concorda com a descrição da espécie em Wood & Imahori (1965) e Cáceres & García (1989). *Nitella hyalina* var. *hyalina* é diferente da var. *maxima* da mesma espécie por serem plantas relativamente menores, mais delicadas e apresentarem os râmulos compactados, conferindo aparência globosa aos verticilos.

Nitella hyalina é uma espécie cosmopolita, mas não abundante em cada ambiente, e ocorre nas Américas do Norte (Scribailo & Alix 2010) e do Sul, no sudoeste e no sul da África e na Ásia (Corillion 1957, Wood & Imahori 1965, Wood 1978, Moore 1986, Krause 1997, Schubert & Blindow 2004, Blindow *et al.* 2018).

Nitella hyalina (DeCandolle) C. Agardh var. **maxima** (A. Braun *ex* Migula) R.D. Wood, A revision of the Characeae 1: 664. 1965. **Basiônimo**: *Nitella hyalina* (DeCandolle) C. Agardh f. *maxima* A. Braun *ex* Migula *in* Rabenhorst's Kryptogamen-Flora von Deutschland, Österreich und der Shweiz 5: 196, fig. 57. 1890. **Tipo**: Lago de Soustons, perto de Bayonne, França, 15-V-1877, *L. Motelay* (lectótipo NY).

Plantas monoicas, cauloide 480-550 µm larg., râmulos verticilados dimorfos, râmulos estéreis 6-8, 2-furcados, 0,6-0,9 cm compr., 210-250 µm larg., dáctilos 3-6, 2-celulados, 900-1600 µm compr., 100-130 µm larg., râmulos férteis morfologicamente próximos dos estéreis, não compactados, abertos, 0,6-1,8 cm larg. Gametângios conjuntos, em todos os nós dos râmulos verticilados férteis; núcula 350-580,5 µm compr., 270-470 µm larg., corônula 50-65 µm alt., 75-85 µm larg., persistente; oósporo 310-360 µm compr., 260-320 µm larg., 6-7 estrias, fossa 30-60 µm larg., parede fibrosa ou esponjosa; glóbulo 350-450 µm diâm., escudos 8, triangulares.

Distribuição no Brasil: RIO GRANDE DO SUL (Prado & Baptista 2005, Araújo *et al.* 2010, Bueno *et al.* 2016).

Material examinado: RIO GRANDE DO SUL: Tramandaí, Lagoa das Custódias, 31-I-2000, *J.F. Prado* (ICN91593).

Comentários

Nitella hyalina (DeCandolle) C. Agardh var. *maxima* (A. Braun *ex* Migula) R.D. Wood difere da típica da espécie por serem plantas relativamente robustas, cujo cauloide alcança até 750 µm diâm., e os râmulos verticelados abertos, seu conjunto medindo 1,5-3 cm larg. A variedadetipo da espécie é constituída por espécimes mais delicados, cujo cauloide apresenta no máximo 500 μm diâm. e seu conjunto é compacto, até mesmo globoide, e quando expandido mal alcança 1,5 cm larg. A bem da verdade, os materiais de Tramandaí (var. *maxima*) e de Santa Vitória do Palmar (var. *hyalina*) mostraram recobrimento de certas medidas, como, por exemplo, o diâmetro do cauloide, e, consequentemente, a separação entre plantas delicadas e plantas robustas tornou-se comprometida.

Segundo Prado & Baptista (2005), o material atualmente examinado concorda com a descrição apresentada em Wood & Imahori (1965) e Cáceres & García (1989) para a var. *maxima*, por serem plantas maiores, mais robustas e apresentarem râmulos abertos, frouxos, não compactos, o que não lhes confere, por conta desta última característica, a aparência globosa dos verticilos.

Nitella intermedia Nordstedt *in* T.F. Allen, Characeae Americanae Exiccatae 1: nº 2. 1880. **Tipo**: Lagoa Morris, New Jersey, E.U.A., VIII-1880, *T.F. Allen* (lectótipo NY). (Figuras 549-562)

Plantas monoicas, ca. 8 cm alt., cauloide 568-799 μm diâm., entrenós mais curtos que os râmulos verticilados, 0,1-0,3 cm compr., râmulos verticilados dimorfos, râmulos estéreis 5-7, até 2 cm compr., 2-3-furcados, raios primários 5-6, 0,3-1 cm compr., 157-210,5 μm larg., ca. 0,5 vez o comprimento dos râmulos verticilados, raios secundários 6-7, geralmente 1 central, raios terciários 3-4, raios quaternários 2-3 (quando presentes), dáctilos 3-5, 2-3-celulados, 2,6-4,1(-5,5) mm compr., 252-399 μm larg., râmulos férteis 6-7, 0,4-1,6 cm compr., 2-3-furcados, às vezes compactados em capítulos, dáctilos 3-5, 2-3-celulados, geralmente longos, ocasionalmente abreviados, 399-616 μm compr., 108-174 μm larg., capítulos obscuros, verticilos superiores férteis levemente reduzidos, 27-33 mm larg., mucilagem presente. Gametângios conjuntos, frequentemente no 2º nó, pedunculados, pedúnculos 26,5 58(-110,5) μm compr., 39-100 μm larg.; núcula 308-500 μm compr., 258 382,5 μm larg., corônula ca. 39 μm alt., 39-53 μm larg., convoluções 7-9; oósporo 291,5-500 μm compr., 325-375 μm larg., estrias 5-8, fossa ca. 50 μm larg., parede granulosa a papilada; glóbulo 175-283 μm diâm., escudos 8, triangulares.

Distribuição no Brasil: MATO GROSSO DO SUL (Bueno *et al.* 2011b: como *N. gracilis* subsp. *gracilis* var. *gracilis* f. *intermedia*).

Material examinado: MATO GROSSO DO SUL: Corumbá, 30-VI-1992, *N.C. Bueno 446* (CPAP10210).

Comentários

Conforme Wood & Imahori (1965), *N. intermedia* Nordstedt é uma forma taxonômica de *N. gracilis* (J. Smith) C. Agardh. Sua elevação a espécie como *N. intermedia* deveu-se à presença de dáctilos 2-3-celulados, alongados e célula terminal não mucronada, confluente com a penúltima célula.

Nitella intermedia foi citada pioneiramente para o Estado de Mato Grosso do Sul e para o Brasil por Bueno *et al.* (2011b) como *N. gracilis* (J. Smith) C. Agardh emend. R.D. Wood subsp. *gracilis* var. *gracilis* f. *intermedia* (Nordstedt) R.D. Wood.

A espécie ocorria, até então, apenas nos Estados Unidos da América (Scribailo & Alix 2010).

Nitella inversa Imahori, Ecology, phytogeography and taxonomy of Japanese Charophyta. 125, pl. 31, fig. 44. 1954. **Tipo**: Hinohara, Sue-mura, Prefeitura Kagawa, Shikoku, Japão, 13-VIII-1950, *Imahori 685* (holótipo, Universidade Kanazawa). (Figuras 563-578)

Plantas monoicas, 10-30 cm alt., cauloide 390-900 μm larg., incrustação calcárea ausente, entrenós 0,8-4,7 cm compr., râmulos verticilados monomorfos, 1,1-2,8 cm compr., 240-470 μm larg., 3-4-furcados, raios primários 5-7, 0,5-1,1 cm compr., 240-470 μm larg., raios secundários 4-6, raios terciários 3-4, raios quaternários 2-3, dáctilos 2-3(-4)-celulados, 70-2950 μm compr., 35-180 μm larg., geralmente abreviados, célula terminal cônica a acuminada, 79-100 μm compr., 35-42 μm larg., capítulos ausentes. Gametângios conjuntos ou sejuntos, na base de todas as furcações, às vezes curto-pedunculados; núcula 1-2 por nó, ocasionalmente terminal, 320-590 μm compr., 260-450 μm larg., convoluções 7-8, corônula 50-65 μm alt., 75-80 μm larg.; oósporo 320-345 μm compr., 290-315 μm larg., fossa 30-70 μm larg., parede reticulada; glóbulo terminal ou lateral, 270-310 μm diâm., escudos 8, triangulares.

Distribuição no Brasil: Paraná (Meurer & Bueno 2012), Rio Grande do Sul (Prado 2003), São Paulo (Picelli-Vicentim 1990, Picelli-Vicentim *et al.* 2004, Bicudo & Bueno 2011).

Material examinado: Paraná: Reservatório de Itaipu, rio São Vicente, 13-II-2003, *S.M. Thomaz & T.A. Pagioro* (UNOPA1786); rio Ocoí, 15-VIII-2002, *S.M. Thomaz & T.A. Pagioro* (UNOPA1616); 14-VIII-2002, *S.M. Thomaz & T.A. Pagioro* (UNOPA1629); rio Passo Cuê, 08-VIII-2002, *S.M. Thomaz & T.A. Pagioro* (UNOPA1657). Rio Grande do Sul: Itaqui,

04-IV-2001, *J.F. Prado* (ICN91580); Mostardas, 05-XII-1999, *J.F. Prado* (ICN91581); São Borja, 03-IV-2001, *J.F. Prado* (ICN91582, ICN91583); São Francisco de Assis, 20-XII-2000, *J.F. Prado* (ICN91584); Vila Nova do Sul, 19-III-2001, *J.F. Prado* (ICN91585). São Paulo, local?, data?, *K. Arens* (SP96758).

Comentários

Nitella inversa Imahori apresenta gametângios em posição inversa, ou seja, núcula ocasionalmente terminal e glóbulo terminal (se isolado) ou lateral (se conjunto) (Picelli-Vicentim *et al.* 2004). A espécie também possui dáctilos 2-3-celulados e parede do oósporo variando entre papilada e reticulada (Sakayama 2002).

Nitella japonica T.F. Allen, Bulletin of the Torrey Botanical Club 20: 120, pl. 188. 1893. **Tipo**: Província Ise, Japão, X-1892, *Tanaka*? (lectótipo NY). (Figuras 579-591)

Plantas monoicas, cauloide 800-1300 μm larg., râmulos verticilados monomorfos, 8 por verticilo, 1-furcados, raios primários 4-10 mm compr., 395-400 μm larg., râmulos estéreis e férteis semelhantes, 5-7, 1-3 cm compr., 379,3-417,2 μm larg., 3-4-furcados, raios primários 5-7, 0,5-1,2 cm compr., 379,3-417,2 μm larg., 0,6-0,7 vez o comprimento dos râmulos verticilados, raios secundários 3-6, raios terciários 2-4, raios quaternários 2-3, dáctilos 2-3, 2(-3)-celulados, 100-330(-960) μm compr., (39-)56,5-120 μm larg., dominantemente abreviados, célula subterminal subcilíndrica a piramidal-truncada, célula terminal cônica, ápice acuminado, capítulos ausentes. Gametângios conjuntos, situados na base de todas as furcações; núcula 1-3 por nó, séssil, 500-560 μm compr., 416-442 μm larg., convoluções 7-9, corônula 50-66,7 μm alt., 60-80 μm larg.; glóbulo 263,2-292,5 μm diâm., escudos 8, triangulares.

Distribuição no Brasil: São Paulo (Bicudo 1969, Picelli-Vicentim *et al.* 2004, Bicudo & Bueno 2011).

Material examinado: Pernambuco: Escada, 23-VIII-1980, *O. Yano* (SP162002). Rio Grande do Sul: Venâncio Aires, 18-VII-1980, *R.M.T. Bicudo* (SP162061).

Comentários

As plantas de *Nitella japonica* T.A. Allen possuem três núculas por nó, a maioria dos dáctilos abreviados constituídos, em geral, por duas ou raro três células e parede do oósporo reticulada (Allen 1893, Wood & Imahori 1965), mas que também pode ser papilada ou imperfeitamente reticulada (Sakayama *et al*. 2005).

A espécie ocorre no Brasil (Bicudo 1969, Picelli-Vicentim *et al*. 2004), China (Han *et al*. 1994), Coreia do Sul (Choi & Kim 1998) e Japão (Allen 1893, Imahori 1954, Wood & Imahori 1965, Sakayama *et al*. 2004a).

Nitella leptostachys A. Braun emend. R.D. Wood var. ***leptostachys***, Taxon 11(1): 17. 1962. **Tipo**: rio Swan, Austrália Ocidental, *Drummond 6* (holótipo? K). (Figuras 592-603)

Plantas monoicas, ca. 15 cm alt., cauloide 500-650 µm larg., râmulos verticilados dimorfos, râmulos estéreis delgados, 8 por verticilo, 1(-2)-furcados, raios primários 4-6, ca. 1,5 cm compr., dáctilos 3(-4), (2-)3-4-celulados, alantoides, 200-500 µm compr., 35-50 µm larg., râmulos férteis 6-8, reduzidos a capítulos espiciformes, 1(-2)-furcados, raios primários ca. 0,6 cm compr., raios secundários 4-6, ocasionalmente 3-4-furcados, dáctilos 3-4, (2-)3(-4)-celulados, célula terminal alantoide, 60-195 µm compr., 35-54 µm larg., obtusa ou acuminada, capítulos 2 ou 4 por planta, espiciformes, 2-3 cm compr., 0,2-0,4 cm larg., envoltos em mucilagem. Gametângios sejuntos, na base dos râmulos; núcula terminal, solitária, 316-416,5 µm compr. (exclusive corônula), 291-374 µm larg., convoluções 10-11, corônula 42-63 µm alt.; oósporo 270-300 µm compr., 255-300 µm larg., estrias 8-9, fossa 30-38 µm larg., parede reticulada; glóbulo solitário, na base dos râmulos, 197-410 µm diâm., curto-pedunculado, escudos 8, triangulares.

Distribuição no Brasil: São Paulo (Picelli-Vicentim *et al*. 2004, Bicudo & Bueno 2011).

Material examinado: São Paulo: São Paulo, 02-VII-1997, *N.C. Bueno* (SP335035, SP335045).

Comentários

Nitella leptostachys A. Braun var. *leptostachys* é bastante característica por serem plantas relativamente pequenas, no máximo com 15 cm de altura, cauloide medindo 500-650 µm diâm., capítulos com 2-3 cm compr. e oósporos com 270-285 µm compr.

Segundo Wood & Imahori (1965), *N. leptostachys* é semelhante a *N. tasmanica* Müller *ex* A. Braun emend. R.D. Wood, porém a presença de capítulos envolvidos por mucilagem e os râmulos curtos nesses capítulos, que lhe conferem aspecto de espiga (espiciforme), são as características diagnósticas de *N. leptostachys*.

A espécie ocorre na Austrália, Irlanda e Nova Zelândia (Wood & Imahori 1965).

Nitella lhotzkyi (A. Braun) A. Braun, Hooker's Journal of Botany & Kew Garden Miscellany 1: 197. 1849. **Basiônimo**: *Chara lhotzkyi* A. Braun, Linnaea 17: 114. 1843. **Tipo**: local?, Austrália, *Lhotzky*? (possivelmente um isótipo L). (Figuras 604-619)

Plantas dioicas, 6-18 cm alt., cauloide 320,6-505,2 μm larg., entrenós 1,5-3 cm compr., râmulos verticilados dimorfos, 7-8 por verticilo, 0,3-0,6 cm compr., 103,4-184,5 μm larg., 1-2-furcados, raios primários 1,2-5 mm compr., râmulos verticilados simples ou 1-furcados, 1,3-2,5 mm compr., 100-172,4 μm larg., dáctilos 3-5, 2-celulados, 1,2-2 mm compr., 81-121 μm larg., penúltima célula alantoide, célula terminal mucronada, 82-120 μm compr., 32,5-52 μm larg., capítulos ausentes, mas verticilos podem estar reunidos simulando capítulos. Gametângios em plantas separadas, na 1ª-2ª furcação dos râmulos, mucilagem ocasionalmente presente; núcula 1-2, 526-620 μm compr. (inclusive corônula), 377-416 μm larg., convoluções 13, corônula 48-50 μm alt., 65-78 μm larg.; oósporo 320-351 μm compr., 275-322,4 μm larg., estrias 7, fossa 52-54,6 μm larg., parede sutilmente reticulada; glóbulo ca. 334 μm diâm.

Distribuição no Brasil: Rio Grande do Sul (Picelli-Vicentim & Bicudo 1990).

Material examinado: Rio Grande do Sul: Tramandaí, Lagoa das Custódias, data?, col.? (SP188243).

Comentários

Nitella lhotzkyi (A. Braun) A. Braun apresenta, tipicamente, poucos râmulos acessórios e numerosos (6-10) râmulos verticilados não ou 2-furcados (Picelli-Vicentim & Bicudo 1990).

Nitella macounii (T.F. Allen) T.F. Allen, Bulletin of the Torrey Botanical Club 15(1): 11. 1888. **Basiônimo**: *Tollypela macounii* T.F. Allen, Bulletin of the Torrey Botanical Club 14: 212, pl. 72, 73. 1887. (Figuras 620-629)

Plantas monoicas, ≤ 12 cm de alt., cauloide 312-562 μm larg., incrustação calcárea presente, entrenós 9-19 mm compr., râmulos verticilados dimorfos, râmulos estéreis 5-7(-10), 1-2(-3)-furcados, 6-30 mm compr., 217-365,5 μm larg.; raios primários 5-10, 4-14 mm compr., 195,5-391,3 μm larg., raios secundários 3-5, terciários 5, dáctilos estéreis 1-3, alongados, ápice acuminado ou abruptamento afilado, pode ser decíduo, 1-2-celulados (541,5-)1200-18330(-26000) μm compr., 146-391,3 μm larg., ápice acuminado ou abruptamente afilado, râmulos férteis 6-8, 1-2-furcados, 583-5650 μm compr., 91-369,6 μm larg., dáctilos férteis usualmente 1-celulados, ápice acuminado, 220,2-261 μm compr., 86,9-195,6 μm larg., capítulos presentes, frouxos, numerosos, 916-2418 μm diâm. Gametângios em geral conjuntos, na base dos râmulos e dos verticilos, ocasionalmente 2-3 núculas fora dos capítulos, acompanhadas ou não por glóbulos; núcula 300-521,7 μm compr., 242-447,2 μm larg., corônula convergente, decídua, 30-57,5 μm compr., 43,5-67 μm larg., convoluções 7-9; oósporo 250-299 μm compr., 225,9-278 μm larg., estrias 7-9, fossa 42,5-56 μm larg., parede do oósporo imperfeitamente reticulada; glóbulo 165-301 μm diâm., escudos 8, triangulares.

Distribuição no Brasil: nada consta.

Material examinado. Paraná, Reservatório de Itaipu, rio Arroio Guaçu 25, 11-VIII-2002, *S.M. Thomaz & T.A. Pagioro* (UNOPA2997, UNOPA1596, SP371167); rio Arroio Guaçu 30, 22-I-2002, *S.M. Thomaz & T.A. Pagioro* (UNOPA1298, SP371378); rio Fazenda, 19-II-2003, *S.M. Thomaz & T.A. Pagioro* (UNOPA1635, SP371256); rio Passo Cuê 8, 8-VIII-2002, *S.M. Thomaz & T.A. Pagioro* (UNOPA1648, SP371213); rio Passo Cuê 29, 8-VIII-2002, *S.M. Thomaz & T.A. Pagioro* (UNOPA2919, SP371422); rio Pinto 6, 25-II-2002, *S.M. Thomaz & T.A. Pagioro* (UNOPA2146, SP371423); rio Pinto 8, 09-VIII-2002, *S.M. Thomaz & T.A. Pagioro* (UNOPA1665, SP371228); rio Pinto 16, 27-II-2002, *S.M. Thomaz & T.A. Pagioro* (UNOPA1671, SP371194); rio São Francisco 2, 02-II-2002, *S.M. Thomaz & T.A. Pagioro* (UNOPA2993, SP371424); rio São Francisco 8, 25-II-2002, *S.M. Thomaz & T.A. Pagioro* (UNOPA2126, SP371425); rio São Francisco Falso, 24-II-2002, *S.M. Thomaz & T.A. Pagioro* (UNOPA1358, SP371389); rio São João 4, 12-VIII-2002, *S.M. Thomaz & T.A. Pagioro* (UNOPA1837, UNOPA1735, SP371200); rio São João 9, 12-VIII-2002, *S.M. Thomaz & T.A. Pagioro* (UNOPA1748, SP371163); rio São Vicente 2, 13-II-2002, *S.M. Thomaz & T.A. Pagioro* (UNOPA2994, SP371426); rio São Vicente 4, 13-II-2003, *S.M. Thomaz & T.A. Pagioro* (UNOPA1781, UNOPA2163, SP371427, SP371238); rio São Vicente 6, 13-VIII-2002, *S.M. Thomaz & T.A. Pagioro* (UNOPA1784, SP371192); rio São Vicente 11, 13-VIII-2002, *S.M.*

Thomaz & T.A. Pagioro (UNOPA1863, SP371428); rio São Vicente 12, 13-II-2002, *S.M. Thomaz & T.A. Pagioro* (UNOPA1333, UNOPA1864, UNOPA3006, SP371385, SP371430, SP371431); rio São Vicente 16, 13-VIII-2002, *S.M. Thomaz & T.A. Pagioro* (UNOPA3004, SP371429); rio São Vicente 26, 13-VIII-2002, *S.M. Thomaz & T.A. Pagioro* (UNOPA1805, SP371205); rio São Vicente 27, 13-VIII-2002, *S.M. Thomaz & T.A. Pagioro* (UNOPA1806, SP371207); rio São Vicente 28, 13-VIII-2002, *S.M. Thomaz & T.A. Pagioro* (UNOPA1810, SP371106); rio São Vicente 29, 13-VIII-2002, *S.M. Thomaz & T.A. Pagioro* (UNOPA1811, SP371203); rio São Vicente 30, 13-VIII-2002, *S.M. Thomaz & T.A. Pagioro* (UNOPA1343, SP371368); rio São Francisco Verdadeiro STU, 18-VIII-2002, *S.M. Thomaz & T.A. Pagioro* (UNOPA1684, SP371191); rio Ocoí 2, 15-VIII-2002, *S.M. Thomaz & T.A. Pagioro* (UNOPA1604, SP371251); rio Ocoí 5, 14-VIII-2002, *S.M. Thomaz & T.A. Pagioro* (UNOPA1607, UNOPA1608, SP371196, SP371265); 19-VII-2003, *S.M. Thomaz & T.A. Pagioro* (UNOPA2119, UNOPA2996); rio Ocoí 30, 23-IV-2002, *S. M. Thomaz & T.A. Pagioro* (UNOPA1352, SP371372).

Comentários

Nitella macounii (T.F. Allen) T.F. Allen lembra espécies de *Tolypella* pela disposição dos gametângios ao longo da planta (Wood & Imahori 1965), râmulos estéreis longos, usualmente mais que dois râmulos por nó e a presença de capítulos (Man & Raju 2002). *Nitella macounii* assemelha-se ainda a *Nitella flexilis* (L.) C. Agardh graças aos dáctilos 1-celulados e os râmulos 1(-2)-furcados.

A espécie foi descrita inicialmente com dáctilos apenas 2-celulados (Wood 1948), mas posteriormente foram vistos dáctilos 1-celulados nos raios terciários e variáveis entre 2-3-celulados nos raios secundários (Wood & Imahori 1965). A espécie apresenta capítulos frouxos (Allen 1954, Crum 1975, Man & Raju 2002) e dáctilos acuminados nos capítulos. Wood & Imahori (1964) registraram a ausência de muco nos capítulos superiores e Wood & Imahori (1965) observaram capítulos apenas nas porções terminais da planta. A presença de muco nos capítulos é difícil de ser detectada em material herborizado (Mann & Raju 2002).

Nitella macounii apresentou alguns limites métricos muito superiores aos registrados até o momento na literatura, como os comprimentos dos râmulos verticilados estéreis (6-30 mm), dos râmulos verticilados férteis (583-5650 μm) e dos dáctilos estéreis (541,5)1200-18330(-26000 μm).

Tais características são únicas e jamais foram registradas até o momento para a espécie.

Nitella macounii e *N. stuartii* A. Braun apresentam glóbulos 4-escudados (Mann & Raju 2002), contudo o material de *N. stuartii* coletado na China apresentou glóbulos 8-escudados (Han & Li 1994). O material correntemente analisado coletado de vários locais no Estado do Paraná apresentou glóbulos 8-escudados. Glóbulos 4-escudados são raros nas Characeae, ocorrendo apenas em *Chara zeylanica* Klein & Willdenow, *N. terrestris* Iyengar, *N. stuartii*, *N. cordobensis* E.J. Cáceres e *N. quadriscutulum* Jao & Li.

Muitas descrições de *N. macounii* constantes na literatura não fizeram menção ao número de escudos dos glóbulos por conta da dificuldade de sua visualização em material herborizado (Mann & Raju 2002). *Nitella gracilis* (Smith) C. Agardh R.D. Wood e *Chara diaphana* (Meyen) R.D. Wood [= *C. zeylanica* Klein *ex* Willdenow var. *diaphana* (Meyen) R.D. Wood] são os únicos registros, por enquanto, de glóbulo 4-escudado em plantas coletadas no Brasil.

A espécie pode ser encontrada na América do Sul (Mann & Raju 2002), Canadá e Estados Unidos da América (Scribailo & Alix 2010). Segundo Chou & Wang (2014), a espécie é endêmica na América Central.

Nitella microcarpa A. Braun, Monatsberichte der Königlichen Akademie der Wissenschaften zu Berlin 1858: 357. 1859. **Tipo**: ca. Panamá City, Panamá, 1846, *Duchassaing* (síntipo, não localizado). (Figuras 630-638)

Plantas monoicas, cauloide 631,5-1000 μm larg., entrenós 1,3-1,6 cm compr., 1-2 vezes o comprimento dos râmulos verticilados, râmulos verticilados monomorfos, râmulos férteis e estéreis 6-7, 2-3-furcados, 1,1-1,8 cm compr., (123,5-)227,5-517(-776) μm larg., raios primários 6-7, 0,4-0,8 cm compr., 273-357 μm larg., 0,4-0,5 vez o comprimento dos râmulos verticilados, raios secundários 5, dos quais 1 ocasionalmente central, reduzido, raios terciários 3-4, raios quaternários 2-3, dáctilos 2-3, 2(-3)-celulados, 150-1790(-3370) μm compr., 45-189 μm larg., macro e microdáctilos juntos, predominando os abreviados, célula subterminal cilíndrica, célula terminal cônica, ápice acuminado, dáctilos 2-3, 4-celulados, acuminados, 150-2600 μm compr., 50-200 μm larg. Gametângios conjuntos, na base de todas as furcações; núcula 2-3 por nó, 283-541,4 μm compr., 187,4-400 μm larg., convoluções 7-9, corônula 40-57 (-75,4) μm alt., 61-71,4 μm larg., células superiores 1-1,5 vez mais longas que as inferiores; oósporo 225-233 μm compr., 191,5-204 μm larg., estrias 5-7, fossa 49-58 μm larg., parede reticulada; glóbulo 158-258(-325) μm diâm., escudos 8, triangulares.

Distribuição no Brasil: MATO GROSSO DO SUL (Bueno & Bicudo 1997, Bueno *et al.* 2018), PARANÁ (Meurer & Bueno 2012: como *N. furcata* subsp. *furcata* var. *sieberi* f. *microcarpa*), RIO DE JANEIRO (Dias & Araújo 2001), SÃO PAULO (Picelli-Vicentim 1990, Necchi Jr. *et al.* 2000, Vieira Jr. *et al.* 2002, Picelli-Vicentim *et al.* 2004, Bicudo & Bueno 2011).

Material examinado: MATO GROSSO DO SUL: Aquidauana, 06-II-2006, *V.J. Pott 8665* (HMS11695); 09-II-2006, *V.J. Pott 8730* (HMS11760); 30-V-1991, *N.C. Bueno 259* (CPAP8325); 27-V-1992, *N.C. Bueno 340* (CPAP9301); 05-VI-1973, *D.M. Vital 2313* (SP116380); Porto Murtinho, 04-VIII-1991, *V.J. Pott 1618* (CPAP8149). PARANÁ: rio São João, 12-VIII-2002, *S.M. Thomaz* (SP371108); 14-II-2003, *S.M. Thomaz* (SP371120); rio Pinto, 09-VIII-2002, *S.M. Thomaz* (SP371109, SP371110, SP371116); 27-II-2003, *S.M. Thomaz* (SP371117, SP371118, SP371122, SP371125, SP371126); 09-VIII-2002, *S.M. Thomaz* (SP371119, SP371124); 25-II-2003, *S.M. Thomaz* (SP371121); Foz do Iguaçu, 21-V-1966, *B. Lowy* (SP96238). PERNAMBUCO: local?, VIII-1887, *L. Riddley* (SP114724); açude Dois Irmãos, VIII-1887, *L. Riddley* (SP114726); local?, VIII-1887, *L. Riddley* (SP114729). RIO GRANDE DO SUL: Cachoeira do Sul, 17-VII-1980, *R.M.T. Bicudo et al.* (SP162057); Santa Vitória do Palmar, 11-VI-1980, *R.M.T. Bicudo et al.* (SP162031); Cachoeira, 02-XI-1893, *G.A. Malme* (SP114568); Tavares, 01-08-2008, *A.S. Rolon* (UNOPA2879, UNOPA2880).

Comentários

Nitella microcarpa A. Braun possui três núculas por nó, dáctilos abreviados dominantes, 2(-3)-celulados e cauloide medindo até 1 mm diâm.

Braun (1858) é a primeira citação da ocorrência da espécie no Brasil. O primeiro registro da existência da espécie no Estado do Paraná, como *N. furcata* (Roxburgh *ex* Bruzelius) C. Agardh emend. R.D. Wood subsp. *furcata* var. *sieberi* (A. Braun) R.D. Wood f. *microcarpa* (A. Braun) R.D. Wood, se deve a Bueno *et al.* (2016).

A espécie ocorre nos Estados Unidos da América (Scribailo & Alix 2010).

Nitella mucronata (A. Braun) Miquel *in* Hall, Flora Belgii Septentrionalis sive Florae Batavae 2(2): 428. 1840. **Basiônimo**: *Chara mucronata* A. Braun, Annales des Sciences Naturelles, sér. 2, 1: 351. 1834. **Tipo**: Salem, Alemanha, X-1858, *Apoth. Jack* (neótipo NY). (Figuras 639-652)

Plantas monoicas, ca. 15 cm alt., cauloide 463-758 μm larg., entrenós 1-1,3 cm compr., ca. 1,2 vez o comprimento dos râmulos verticilados, râmulos verticilados monomorfos, dáctilos 3, 2(-3)-celulados, alongados, célula subterminal cilíndrica, célula terminal cônica, ápice acuminado, 133-1863(-2625) μm compr., 58-155 μm larg., capítulos ausentes. Gametângios conjuntos ou sejuntos, na base de todas as furcações; núcula 1(-2) por nó, comumente ausente no 1º nó, 204-662 μm compr., 132,6-469 μm larg., convoluções 8-10, corônula 41-55 μm alt., 52-75,5 μm larg.; oóporo 157-349 μm compr., 149-301 μm larg.; glóbulo 141-469,5 μm diâm., escudos 8, triangulares.

Distribuição no Brasil: **Ceará** (Wood & Imahori 1965), **Mato Grosso** (Bueno *et al.* 2011), **Mato Grosso do Sul** (Bueno & Bicudo 1997, Bueno *et al.* 2018), **Rio de Janeiro** (Dias & Araújo 2001), **São Paulo** (Picelli-Vicentim 1990, Necchi Jr. *et al.* 2000, Vieira Jr. *et al.* 2002, Picelli-Vicentim *et al.* 2004, Bicudo & Bueno 2011: como *N. furcata* subsp. *mucronata* var. *mucronata* f. *mucronata*).

Material examinado: **Mato Grosso**: Barra do Garças, 30-V-1968, *D.M. Vital* (SP104176); Cuiabá, 17-VI-1969, *D.M. Vital* (SP104151); Xavantina, 12-VII-1969, *D.M. Vital* (SP104153). **Mato Grosso do Sul**: Campo Grande, 30-I-1979, *L.N.C. Rodrigues* (SP152602); 25-I-1979, *R.M.T. Bicudo et al.* (SP152604); Rochedo, 25-I-1979, *M.R.A. Braga et al.* (SP152603). **Paraná**: rio São João, 12-VIII-2002, *S.M. Thomaz* (SP371112, SP371113, SP371114, SP371115); rio São Francisco Falso, 18-VIII-2002, *S.M. Thomaz* (SP371305); 13-II-2003, *S.M. Thomaz* (SP371304); rio Ocoí, 12-VIII-2002, *S.M. Thomaz* (SP371302); Tijucas do Sul, lago Panagro, 11-II-1999, *M.T. Shirata* 3880 (SP371375). **Rio Grande do Sul**: Pedro Osório, 10-XII-1975, *M.A. Costa de Oliveira* (SP127680).

Comentários

Nitella mucronata (A. Braun) Miquel é típica pela posse de râmulos verticilados 2-3-furcados, predomínio de dáctilos longos 2-3-celulados, gametângios em todas as furcações, râmulos férteis ocasionalmente reduzi0dos e ausência de raio central e capítulos (Wood & Imahori 1965, Bicudo 1969).

De acordo com Caisová *et al.* (2008), entretanto, a espécie é característica pela presença de célula terminal mucronada, parede do oósporo reticulada e núcula solitária ou geminada. Migula (1897) e Allen (1928) ressaltaram a condição polimorfa da espécie, cujas diferentes expressões morfológicas foram tratadas por Wood & Imahori (1965) como formas taxonômicas.

Urbaniak (2009) descreveu *N. mucronata* como plantas que apresentam râmulos férteis duas ou três vezes furcados e o segmento final das furcações 2-celulado, raro 3-celulado, mas sempre formando densos capítulos.

Estudos recentes realizados por Casanova (2009) e Sakayama (2008) demonstraram que a controversa classificação da espécie em Wood & Imahori (1965) baseou-se em um conceito equivocado de espécie e adotaram, em contrapartida, a classificação de Migula (1897) em uma tentativa de apoio a uma classificação mais natural dos grupos.

A espécie ocorre nas Américas Central e do Sul, África, Ásia e Europa (Wood & Imahori 1965, Wood 1978, Schubert & Blindow 2004, Cirujano *et al.* 2007, Blindow *et al.* 2018) e América do Norte (Scribailo & Alix 2010).

Nitella ogivalis J. Groves & Stephens, Transactions of the Royal Society of South Africa 21: 276, pl. 16. 1933. **Tipo**: Alagado de Ansussa-Baches, Madagascar, VII-1879, *J.M. Hildebrandt* (lectótipo BM). (Figuras 653-666)

Plantas monoicas, 25-45 cm alt., cauloide 250-540 µm larg., incrustação calcárea ausente, entrenós 1,3-3,2 cm compr., râmulos verticilados monomorfos, 5-6 por verticilo, 2-3-furcados, 0,5-2,5 cm compr., 180-435 µm larg., raios primários 5-6, 0,4-0,8 cm compr., 200-435 µm larg., raios secundários 3-5(-6), dos quais 1 pode ser central, raios terciários 2-4, raios quaternários 2-4, dáctilos 2-4, 2-4-celulados, 0,5-3,5(-4,5) mm compr., 60-85 µm larg., alongados, célula basal afilada distalmente, célula terminal cônica até acuminada, capítulos ausentes. Gametângios conjuntos ou sejuntos, na base de todas as furcações dos râmulos verticilados, ocasionalmente ausentes, mucilagem ausente; núcula 1 por nó, 400-560 µm compr., 350-430 µm larg., convoluções (6-)7-8, corônula 35-40 µm alt., 55-65 µm larg.; oósporo castanho claro a castanho escuro, 290-350 µm compr., 240-290 µm larg., estrias 5-7, fossa 40-65 µm larg., parede nodulosa-reticulada; glóbulo 180-310 µm diâm., escudos 8, triangulares.

Distribuição no Brasil: São Paulo (Picelli-Vicentim 1990, Picelli-Vicentim *et al.* 2004, Bicudo & Bueno 2011).

Material examinado: Rio Grande do Sul: Mato Castelhano, 03-VI-2000, *J.F. Prado* (ICN91586); São Vicente do Sul, 20-XII-2000, *J.F. Prado* (ICN91587). São Paulo: Campos do Jordão, 08-III-1971, *D.M. Vital* (SP104902).

Comentários

Nitella ogivalis J. Groves & Stephens é típica pelo predomínio de dáctilos alongados, raio secundário central ocasionalmente desenvolvido, célula subterminal dos dáctilos alongada em um colo e parede do oósporo nodulosa-reticulada (Wood & Imahori 1965).

Nitella oligospira A. Braun, Monatsberichte der Königlichen Akademie der Wissenschaften zu Berlin 1858: 357. 1859. **Tipo**: Lagoa do Valle, Caracas, Venezuela, III-1856, *J. Gollmer* (holótipo B?). (Figuras 667-674)

Plantas monoicas, ca. 25 cm alt., cauloide 416-1078 μm larg., entrenós 29-69 μm compr., râmulos verticilados dimorfos, râmulos estéreis ca. 1 cm compr., 3-4-furcados, raios primários 7, 0,2-1 cm compr., raios secundários (3-)5, dos quais 1 pode ser central, raios terciários 2-3, raios quaternários 2-3(-5), raios quinários 2-3(-4), dáctilos (2-)3-5, 2-celulados, abreviados, confluentes, persistentes, râmulos férteis 6-7, 3(-4)-furcados, dáctilos 3-5, 2-celulados, 937-1375 μm compr., 63-104 μm larg., capítulos ausentes. Gametângios conjuntos ou sejuntos, na base de todas as furcações; núcula 1-3 por nó, 333-590 μm compr., 432-458 μm larg., convoluções 7(-8), corônula 55-75 μm alt., 70-94 μm larg., ápices convergentes; oósporo 274-326 μm compr., 235-312 μm larg., estrias 6, fossa 54-63 μm larg., parede reticulada; glóbulo 211-321 μm diâm., escudos 8, triangulares.

Distribuição no Brasil: Bahia, Minas Gerais (Wood & Imahori 1965), Rio de Janeiro (Dias & Araújo 2001), Rio Grande do Sul (Astorino 1983: como *N. furcata* subsp. *mucronata* var. *mucronata* f. *oligospira*), São Paulo (Picelli-Vicentim 1990, Bueno & Bicudo 1997, Picelli-Vicentim *et al.* 2004, Bicudo & Bueno 2011).

Material examinado: Bahia: local?, água parada, data?, *M. Salzmann* (SP114733). Ceará: Maranguape, 05-VIII-1935, *F. Drouet* (SP96225, SP114674, SP114727). Goiás: local?, IV-1844, *A. Weddell* (SP114581).

Minas Gerais: local?, I-1844, *M.A. Welbell* (SP114582). Pará: Fordlândia, rio Tapajós, 23-VII-1952, *H. Sioli* (SP104910, SP104912, SP104914, SP104915). Paraná: Reservatório de Itaipu, rio São João, 12-VIII-2002, *S.M. Thomaz* (SP371108, SP371111, SP371123); 14-VIII-2003, *S.M. Thomaz* (SP371120); rio São Francisco Falso, 24-XII-2003, *S.M. Thomaz* (SP371303). Piauí: Alegrete, estrada Araripena (BR-230), 10-VI-1967, col.? (SP96713). Rio Grande do Sul: Santa Vitória do Palmar, 11-VII-1980, *R.M.T. Bicudo et al.* (SP162030); Chuí, 11-VII-1980, *R.M.T. Bicudo et al.* (SP162030). São Paulo: Mogi Mirim, 05-X-1976, *D.M. Vital* (SP131508); Presidente Epitácio, 17-V-1972, *D.M. Vital* (SP116312); São Paulo, 22-IV-1968, *R.M.T. Bicudo* (SP96254, SP114973, SP103780).

Comentários

Nitella oligospira A. Braun [*=Nitella furcata* (Roxburgh *ex* Bruzelius) C. Agardh emend. R.D. Wood var. *mucronata* (A. Braun) R.D. Wood f. *oligospira* (A. Braun) R.D. Wood] apresenta dáctilos alongados, 2-3-celulados e célula terminal mucronada, parede do oósporo reticulada, râmulos 2-3-furcados e raio secundário central ausente (Wood & Imahori 1965). A parede do oósporo vista ao microscópio óptico mostrou padrão regularmente reticulado e imperfeitamente reticulado ao microscópio eletrônico de varredura (Mandal *et al.* 1995). Segundo Sakayama *et al.* (2005), entretanto, a parede do oósporo apresentou padrão papilado ou imperfeitamente reticulado quando observada ao microscópio eletrônico de varredura.

A espécie ocorre na América Central, México e Estados Unidos da América (Scribailo & Alix 2010), Ásia, Américas do Norte e do Sul, Oceania e África (Wood & Imahori 1965, Sakayama *et al.* 2005).

Nitella opaca (Bruzelius) C. Agardh, Systema algarum. 124. 1824. **Basiônimo**: *Chara opaca* Bruzelius, Flora 9: 23. 1824. **Tipo**: lagoas próximo a Henly, não distante de Ipswich, Suffolk, Buddle, Inglaterra (lectótipo BM). (Figuras 675-688)

Plantas dioicas, 12-28 cm alt., cauloide 420-896 μm larg., incrustação calcárea ausente, entrenós 0,2-7 cm compr., râmulos verticilados monomorfos, 0,8-5 cm compr., 1-furcados, raios primários 6-10, 5-12 mm compr., 250-396 μm larg., dáctilos 2, 1-celulados, geralmente alongados, acuminados, 0,2-2,3 cm compr., 208-395 μm larg., capítulos ausentes. Gametângios em plantas distintas; núcula 1-2 por nó, 396-690 μm compr., 325-580 μm larg., convoluções 6-8, corônula decídua, 42-60 μm alt., (33-)58-80 μm larg.; oósporo 308-370 μm compr., 292-380 μm larg., estrias 5-6, fossa 40-80 μm larg., parede reticulada; glóbulo 670-900 μm diâm., escudos 8, triangulares.

Distribuição no Brasil: Rio Grande do Sul (Bicudo & Yamaoka 1978).

Material examinado: Paraná: Curitiba, 22-VI-1974, *J. Rosa* (SP116441). Rio Grande do Sul: Arroio Grande, 21-X-2000, *J.F. Prado* (ICN91535); Herval, 22-X-2000, *J.F. Prado* (ICN91535); Jaguarão, 21-X-2000, *J.F. Prado* (ICN91537); Pedras Altas, 22-X-2000, *J.F. Prado* (ICN91538); Rio Grande, 20-X-2000, *J.F. Prado* (ICN91539); Santa Maria, 15-X-1974, *Z. Baldissera* (SP116446); rio Pardo, Estância Boa Vista, 10-IX-1979, *J. Ungaretti* (SP155076); Santa Vitória do Palmar, 15-X-2002, *J.F. Prado* (ICN91540); Santiago, 20-XII-2000, *J.F. Prado* (ICN91541).

Comentários

Nitella opaca (Bruzelius) C. Agardh é dioica, possui râmulos 1-furcados e dáctilos 1-celulados. Quando estéril, é facilmente confundida com a espécie monoica *N. flexilis* (Linnaeus) C. Agardh (Bicudo & Yamaoka 1978) e só podem ser identificadas quando férteis (Groves & Bullock-Webster 1920, Olsen 1944, Blindow *et al.* 2018).

A espécie ocorre na América do Norte, México e Estados Unidos da América (Scribailo & Alix 2010) e na América do Sul (Blindow *et al.* 2018).

Nitella orientalis T.F. Allen, Bulletin of the Torrey Botanical Club 21(12): 524. 1894. **Tipo**: Futatsu-ike, Distrito Yamada, Província Ise, Japão, *Tanaka*? (lectótipo NY). (Figuras 689-699)

Plantas monoicas, 12-17 cm alt., cauloide 563-1043 μm larg., incrustação calcárea ausente, entrenós 0,7-5,8 cm compr., 0,5-1,4 vez o comprimento dos râmulos verticilados, râmulos verticilados dimorfos, râmulos estéreis 6, 2-4-furcados, raios primários 6, 0,3-0,5 vez o comprimento dos râmulos verticilados, raios secundários (3-)4-5, dos quais 1 pode ser central, raios terciários 3-4, raios quaternários 2-3, raios quinários 2(-3), dáctilos 2-3, 2-3-celulados, geralmente alongados, mucronados a acuminados, 200-400 μm compr., râmulos férteis 6, semelhantes aos estéreis, porém reduzidos, 3-4-furcados, capítulos ausentes. Gametângios conjuntos, na base de todas as furcações, normalmente ausentes na 1ª furcação; núcula 1-3 por nó, 314-540 μm compr., 272-464 μm larg., convoluções 7-8, corônula persistente, células convergentes, 56-85 μm alt., 78-93 μm larg.; oósporo 284-418 μm compr., 232-361 μm larg., estrias 6-7, fossa 48-71 μm larg., parede granulosa; glóbulo 248-332 μm diâm., escudos 4 ou 8, losangulares ou triangulares.

Distribuição no Brasil: RIO GRANDE DO SUL (Astorino 1983).

Material examinado: RIO GRANDE DO SUL: São José do Norte, 10-VII-1980, *R.M.T. Bicudo et al.* (SP162029); Tramandaí, 08-VII-1980, *R.M.T. Bicudo & D.M. Vital* (SP162025).

Comentários

De acordo com Astorino (1983), a identificação destas plantas baseou-se na presença de râmulos 2-4-furcados, núculas solitárias, aos pares ou agregadas, número de estrias da núcula, largura da fossa, dáctilos 2-3-celulados e gametângios ausentes na furcação basal.

Nitella praelonga A. Braun, Abhandlungen der Königlich Preussischen Akademie der Wissenschaften 1882(1): 40. 1883. **Tipo**: Canal Santee, Carolina do Sul, E.U.A.,1853, *C. Ravenel* (isótipo PC). (Figuras 700-708)

Plantas monoicas, cauloide 604-1000 μm larg., incrustação calcárea ausente, entrenós 1,6-6 cm compr., râmulos verticilados dimorfos, râmulos férteis reduzidos, formando capítulos envoltos ou não por mucilagem, raios primários constituindo praticamente todo o comprimento do râmulo verticilado, 0,8-2,6 compr., verticilos estéreis bem desenvolvidos, râmulos estéreis 7-9, 1-furcados, 1,2-2,2 cm compr., dáctilos 2-3(-5), 1-celulados, relativamente pequenos, dispostos em coroa, em geral decíduos, 330-540 μm compr., capítulos pedunculados. Gametângios sésseis, conjuntos ou sejuntos, presentes na 1ª furcação dos râmulos, eventualmente fora dos capítulos; núcula (1-)2(-3) por nó, 440-550 μm compr., ca. 358 μm larg.; oósporo 266-320 μm compr., 183-233 μm larg., estrias 6-7, fossa 48-71 μm larg., parede granulosa; glóbulo 229-2750 μm diâm., escudos 8, triangulares.

Distribuição no Brasil: SÃO PAULO (Vieira Jr. *et al.* 2002).

Material examinado: PARANÁ: Reservatório de Itaipu, rio São Vicente 5, 13-VIII-2002, *S.M. Thomaz & T.A. Pagioro* (UNOPA2165).

Comentários

O atual é o segundo registro da presença da espécie no Brasil. Vieira Jr. *et al.* (2002) é a citação precedente. *Nitella praelonga* A. Braun ocorre também na América do Norte, México e Estados Unidos da América (Scribailo & Alix 2010).

Nitella pygmaea A. Braun, Monatsberichte der Königlichen Akademie der Wissenschaften zu Berlin 1858: 356. 1859. **Tipo**: Orizaba, México, 1853, *F. Müller 355* (lectótipo NY). *(Figuras 709-724)*

Plantas monoicas, ca. 13 cm alt., cauloide 399-736 μm larg., entrenós ca. 3 cm compr., 1-2 vezes o comprimento dos râmulos verticilados, râmulos verticilados dimorfos, râmulos estéreis desenvolvidos, râmulos férteis reduzidos formando capítulos, entrenós ligeiramente mais longos que os râmulos verticilados, incrustação calcárea ausente, râmulos estéreis 6-7, 0,5-0,7 cm compr., 109-600 μm larg., 2-furcados, raios primários 6, 0,4-1 cm compr., ca. 0,3 vez o comprimento dos râmulos verticilados, raios secundários 4-5, raios terciários 3-4, dáctilos 3-4, 2-celulados, (666-)1115-1663 μm compr., 147-168 μm larg., râmulos férteis 6-7, dispostos em capítulos, 0,4-0,7 μm compr., 94-276 μm larg., 2-furcados, dáctilos 2-3, 2-celulados, (266-)336-775(-1450) μm compr., 84-105 μm larg., capítulos pedunculados, numerosos, distribuídos por toda planta, axilares, terminais, compactos, formados por 3-5 verticilos, ca. 1,5 mm diâm. Gametângios conjuntos ou sejuntos, na base de todas as furcações; núcula 1-2 por nó, 250-333 μm compr., 225-341,5 μm larg., convoluções 7-9, corônula 33-45 μm alt., 65-90 μm larg., células superiores 2-2,3 vezes mais longas que as inferiores; oósporo 250-366,5 μm compr., 208-258 μm larg., estrias 5-6, parede reticulada; glóbulo 128,5-221 μm diâm., escudos 8, triangulares.

Distribuição no Brasil: MATO GROSSO DO SUL (Bueno & Bicudo 1997, Bueno *et al.* 2018: como *Nitella microcarpa* var. *wrightii*), SÃO PAULO (Picelli-Vicentim 1990, Necchi Jr. *et al.* 2000, Vieira Jr. *et al.* 2002, Picelli-Vicentim *et al.* 2004, Bicudo & Bueno *et al.* 2011: como *N. furcata* subsp. *mucronata* var. *mucronata* f. *wrightii*, Oliveira *et al.* 2016: como *N. microcarpa* var. *wrightii*).

Material examinado: MATO GROSSO DO SUL: Corumbá, 06-VII-1894, *G.A.N. Malme* (SP114569); Miranda, 09-VI-1973, *D.M. Vital 2347* (SP116384). PARANÁ: rio São João, 12-VIII-2002, *S.M. Thomaz* (SP371111, SP371112, SP371114, SP371115, SP3711130).

PERNAMBUCO: Triunfo, Cachoeira do Pinga, 07-IX-1980, *O. Yano et al.* (SP164005). SÃO PAULO: local?, data?, *G.A.N. Malme* (SP114569).

Comentários

Nitella pygmaea A. Braun (= *Nitella microcarpa* A. Braun var. *wrightii* H. Groves & J. Groves) é característica pela presença de numerosos capítulos compactos e râmulos 2-3-furcados. A espécie ocorre nas Américas do Norte (Scribailo & Alix 2010, Guiry & Guiry 2020) e do Sul (Schubert *et al.* 2014).

Nitella rosa-mariae Picelli-Vicentim *in* Picelli-Vicentim, Bicudo & Bueno, Flora ficológica do Estado de São Paulo 5: 64, fig. 349-375. 2004. **Tipo**: Riacho da Prata, Campos do Jordão, São Paulo, Brasil, 06-XI-1971, *R.M.T. Bicudo* (holótipo SP). (Figuras 725-739)

Plantas monoicas, cauloide 424-552,5 μm larg., râmulos verticilados dimorfos, râmulos estéreis 8-10, 1,5-3 cm compr., 158,6-272,4 μm larg., raios primários 8-10, 0,7-1,2 cm compr., 157,2-270,5 μm larg., raios secundários 5-6, raios terciários 2-5, dáctilos 2-5, 2-4 celulados, 0,7-3 mm compr., 72,2-134,5 μm larg., célula subterminal muito levemente afilada para o ápice, célula terminal cônica, ápice acuminado, arredondado ou mamilado, 72,5-264 μm compr., 35-49,4 μm larg., râmulos férteis 8, em capítulos envoltos por mucilagem espessa, 1,1-3,1 mm compr., 169-185,2 μm larg., 1-2-furcados, raios primários 8, 258,6-960 μm compr., 169-185 μm larg., raios secundários 5-6, raios terciários 2-4, dáctilos 4, 4-5-celulados, 810-1069 μm compr., 61-94,2 μm larg., célula subterminal cilíndrica, célula terminal cônica, ápice acuminado, arredondado ou mamilado, 102,5-208 μm compr., 35,7-52 μm larg., capítulos distintos, confluentes, formados por 4-5 verticilos férteis, envoltos em mucilagem, 4-5 mm larg. Gametângios conjuntos, pedunculados, pedúnculos de comprimento variável, tanto sésseis quanto longipedunculados, na base da 2ª-3ª furcação, ultrapassando os râmulos do verticilo estéril inferior; núcula 3 por nó, 250-300 μm compr., 187-214 μm larg., convoluções 8-10, pedúnculo 0-32 μm compr., ca. 41,7 μm larg., oósporo 293,8-320,4 μm compr., 266,5-279,5 μm larg., parede reticulada; glóbulo 190,4-279,5 μm diâm., escudos 8, triangulares, pedúnculo 62-330 μm compr.

Distribuição no Brasil: RIO GRANDE DO SUL (Picelli-Vicentim 1990), SÃO PAULO (Picelli-Vicentim *et al.* 2004, Bicudo & Bueno 2011).

Material examinado: São Paulo: Altair-Icém, 20-VII-1971, *O. Yano &*
D.M. Vital (SP117452); Campos do Jordão, 06-IX-1971, *R.M.T. Bicudo*
(SP104920, SP113479, SP113480, SP113542, SP113543, SP113544).

Comentários

Picelli-Vicentim *et al.* (2004) diferenciaram *N. rosa-mariae* Picelli-
Vicentim de *N. imahori* R.D. Wood porque a última possui cinco ou seis
râmulos verticilados 1-furcados por nó. Diferiram também de *N.*
struthioptila J. Groves & Stephen porque esta é dioica e tem râmulos
verticilados 1-furcados. Diferiram ainda de *N. verticillata* (Filarsky & G.O.
Allen *ex* Filarsky) R.D. Wood porque a última possui dáctilos 1-2-
celulados. E diferiram, por fim, de *N. hookeri* A. Braun por que esta possui
râmulos 1-2(-3)-furcados e dáctilos (2-)3-celulados.

Nitella sieberi (A. Braun) R.D. Wood *in* Wood & Imahori, A revision of the
Characeae 1: 485. 1965. **Basiônimo**: *Chara mucronata* A. Braun ã *sieberi*
A. Braun, Flora 18: 52. 1835. **Tipo**: local?, Mauritius, *Sieber 25* (holótipo B,
destruído?). (Figuras 740-750)

Plantas monoicas, 8,5-19 cm alt., cauloide 200-1010,3 μm larg.,
incrustação calcárea ausente, entrenós 1-1,5 vezes mais longos que os
râmulos verticilados, ca. 2,9 cm compr., râmulos verticilados monomorfos, râmulos estéreis 5-8, 1,9-3,2 cm compr., 296-388 μm larg., 2-
3-furcados, raios primários 5-8, 0,6-1,3 cm compr., 296-388 μm larg.,
0,3-0,6 do comprimento dos râmulos verticilados, raios secundários 3-
4, raios terciários (2-)3-4, raios quaternários 2-3, dáctilos 3-4, 2-celu-
lados, 132-406(-2143) μm compr., 86-219 μm larg., macro e microdáctilos juntos, predominam os abreviados, célula subterminal cilíndrica,
célula terminal cônica, ápice acuminado, râmulos férteis 5-7 por verticilo,
13-15 mm compr., 3-furcados, dáctilos 2-3-celulados, 153,4-282(-620,6)
μm compr., 65-95,5 μm larg., célula subterminal cilíndrica, célula
terminal cônica, ápice acuminado, capítulos ausentes. Gametângios
conjuntos ou sejuntos, na base de todas as furcações; núcula 1 por nó,
240-243,7 μm compr., 191,7-260 μm larg., convoluções 8, corônula
40,7-51,2 μm alt., 68,3-82,5 μm larg., células superiores 1,1-1,6 vezes
mais longas que as inferiores; oósporo 261,3-280 μm compr., 232,7-238
μm larg., estrias 5-6, fossa 49,5-60 μm larg., parede reticulada; glóbulo
(119,6-)182-310 μm diâm., escudos 8, triangulares.

Distribuição no Brasil: MATO GROSSO (Braun 1883, Bicudo & Yamaoka 1978), MATO GROSSO DO SUL (Bicudo & Yamaoka 1978, Bueno & Bicudo 1997, Bueno *et al.* 2018), MINAS GERAIS (Braun 1883, Bicudo 1969, Bicudo & Yamaoka 1978), PARANÁ (Bicudo & Yamaoka 1978, Meurer & Bueno 2012), RIO GRANDE DO SUL (Astorino 1983, Prado 2003), SÃO PAULO (Braun 1883, Wood & Imahori 1965, Bicudo & Yamaoka 1978, Picelli-Vicentim 1990, Picelli-Vicentim & Bicudo 1993, Necchi Jr. *et al.* 2000, Picelli-Vicentim *et al.* 2004, Vieira Jr. *et al.* 2002).

Material examinado: DISTRITO FEDERAL: Brasília, 06-VI-1975, *C.E.M. Bicudo* (SP116480); local?, 1896, *Glaziou* (SP114742). GOIÁS: Brejinho de Nazaré, 01-II-1964, *C.E.M. Bicudo* (SP116480). MATO GROSSO: Cuiabá, 12-VII-1969, *D.M. Vital* (SP104152); Jauru, 08-V-1995, *V.J. Pott 2668* (CPAP13962); Poconé, 27-II-1996, *N.C. Bueno 557* (CPAP10321); 28-II-1996, *N.C. Bueno 559* (CPAP10323). MATO GROSSO DO SUL: Bonito, 24-IV-2003, *V.J. Pott 6189* (HMS5534); Corumbá, 07-V-1992, *N.C. Bueno 314* (CPAP9275); 27-V-1992, *N.C. Bueno 335* (CPAP9296); Inocência, 19-XI-2004, *V.J. Pott et al. 7386* (HMS8256); Miranda, 04-VI-1973, *D.M. Vital 2309* (SP116378). PARANÁ: Reservatório de Itaipu, rio Ocoí, 27-VIII-2001, S.M. *Thomaz* (SP371257); 08-VIII-2002, *S.M. Thomaz* (SP371249); 14-VIII-2002, *S.M. Thomaz* (SP371244, SP371248, SP371252, SP371253, SP371255, SP371264, SP371266); 15-VIII-2002, *S.M. Thomaz* (SP371251); 17-VIII-2002, *S.M. Thomaz* (SP371246); 13-XI-2002, *S.M. Thomaz* (SP371258); 19-II-2003, *S.M. Thomaz* (SP371256); 19-III-2003, *S.M. Thomaz* (SP371250, SP371265); 25-II-2003, *S.M. Thomaz* (SP371254); rio Passo Cuê, 08-VIII-2002, *S.M. Thomaz* (SP371245, SP371267); 26-II-2003, *S.M. Thomaz* (SP371259, SP371260); 08-VIII-2003, *S.M. Thomaz* (SP371270); rio Pinto, 09-VIII-2003, *S.M. Thomaz* (SP371261); rio São Francisco Falso, 16-VIII-2002, *S.M. Thomaz* (SP371268); rio São João, 12-VIII-2002, *S.M. Thomaz* (SP371269); 20-II-2003, *S.M. Thomaz* (SP371262); rio São Vicente, 13-II-2003, *S.M. Thomaz* (SP371263). PERNAMBUCO: Escada, Engenho Santa Maria, 23-VIII-1980, *O. Yano et al.* (SP164002); Igarassu, 22-II-1975, *C.E.M. Bicudo* (SP116474). RIO DE JANEIRO: Maricá, Lagoa do Padre, Bambu, 25-III-1979, *A.G. Pedrini et al.* (SP1313593); Macaé, 09-IX-1976, *J. Augusto* (SP131593); local?, data? (SP152634). RIO GRANDE DO SUL: Santa Vitória do Palmar, 11-VI-1980, *R.M.T. Bicudo et al.* (SP162031). SÃO PAULO: Jaú-Bariri, 23-V-1973, *D.M. Vital* (SP116373).

Comentários

Nitella sieberi (A. Braun) R.D. Wood [= *Nitella furcata* (Roxburgh *ex* Bruzelius) C. Agardh emend. R.D. Wood subsp. *furcata* var. *sieberi* (A. Braun) R.D. Wood f. *sieberi*] é típica por apresentar dáctilos 2-celulados abreviados, râmulos verticilados 2-3-furcados e núculas solitárias.

Nitella subglomerata A. Braun, Monatsberichte der Königlichen Akademie der Wissenschaften zu Berlin 1858: 356. 1858. **Tipo**: local?, Panamá, 1846, *Duchassaing* (holótipo B?, K?). (Figuras 751-767)

Plantas monoicas, ca. 15 cm alt., cauloide 863-1242 μm larg., entrenós 2-4 cm compr., 1-1,8 vezes mais longos que os râmulos verticilados, râmulos verticilados dimorfos, verticilos estéreis desenvolvidos, verticilos férteis reduzidos, formando capítulos, entrenós usualmente mais longos que os râmulos, incrustação calcárea geralmente ausente, râmulos estéreis 6-10, 1-furcados, 1-2 cm compr., 218,4-620,6 μm larg., raios primários 6-10, ca. 0,6 cm compr., 0,2-0,5 do comprimento dos râmulos verticilados, dáctilos 2-5, 1-celulados, acuminados, 2,2-8,6 mm compr., 204-422 μm larg., râmulos férteis 7-10, dispostos em capítulos, 0,5-10 mm compr., 156-293 μm larg., 1-furcados, dáctilos 3-4, 1-celulados, longos, curvos, ápice acuminado, (429-)733-3557 μm compr., 72-210 μm larg., capítulos numerosos, pedunculados, distribuídos por toda planta, 1-3 por verticilo, semi-esféricos a cônicos, frouxos, geralmente formando verticilos com ramificações axilares, 3-6 mm larg. Gametângios solitários ou conjuntos, na base dos dáctilos, eventualmente fora dos capítulos; núcula 1-3 por nó, séssil, 208-560 μm compr., 199,9-424 μm larg., convoluções 6-10, corônula 33-51,4 μm alt., 45-67 μm larg., persistente, células superiores 1,5-2 vezes mais longas que as inferiores; oósporo 210,6-325 μm compr., 178-275 μm larg., estrias 5-7, fossa ca. 55 μm larg., parede finamente granulosa; glóbulo (166-)225-300 μm diâm., escudos 8, triangulares.

Distribuição no Brasil: Mato Grosso (Braun 1883, Bicudo & Yamaoka 1978), Mato Grosso do Sul (Bicudo & Yamaoka 1978, Bueno & Bicudo 1997, Bueno *et al.* 2018), Minas Gerais (Braun 1883, Bicudo 1969, Bicudo & Yamaoka 1978), Paraná (Bicudo & Yamaoka 1978, Meurer & Bueno 2012), Rio Grande do Sul (Astorino 1983, Prado 2003), São Paulo (Braun 1883, Wood & Imahori 1965, Bicudo & Yamaoka 1978, Picelli-Vicentim 1990, Picelli-Vicentim & Bicudo 1993, Necchi Jr. *et al.* 2000, Picelli-Vicentim *et al.* 2004, Vieira Jr. *et al.* 2002).

Material examinado: Amazonas: rio Urubu, 24-IX-1949, *R.L. Froes* (SP114670, SP104913). Bahia: Correntina, 29-I-1967, *D.M. Vital* (SP104138); Entre Rios, Rio Inhambuque, 28-I-1974, *D.M. Vital* (SP116431). Goiás. Itaberaí, 26-I-1973, *D.M. Vital* (SP116375); 27-I-1973, *D.M. Vital* (SP116376). Mato Grosso: Cuiabá, 09-IX-1992, *N.C. Bueno 387* (CPAP9348); 13-V-1995, *V.J. Pott 2935* (CPAP14870); 13-I-1893, *G.A. Malme* (SP116358); Rondonópolis, 25-IV-1993, *V.J. Pott et al. 2099* (CPAP11278). Mato Grosso do Sul: Aquidauana, 31-VII-1992, *N.C. Bueno 369* (CPAP9330); Bonito, 09-XII-2005, *V.J. Pott 8906* (HMS12936); *V.J. Pott 8907* (HMS12937); Corumbá, 07-V-1992, *N.C. Bueno 313* (CPAP9274); 27-V-1992, *N.C. Bueno 339* (CPAP9300); 31-VII-1992, *N.C. Bueno 369* (CPAP9330); Inocência, 13-XI-2004, *V.J. Pott et al. 7330* (HMS8200); 02-VIII-2005, *V.J. Pott et al. 7386* (HMS8256); Porto Murtinho, 07-IX-2005, *V.J. Pott 8147* (HMS10939); 02-VIII-2005, *V.J. Pott 7103* (HMS7973). Minas Gerais: Ouro Fino, 06-IV-1927 (SP116385); local?, V-1887, *Glaziou* (SP114743). Paraná: Curitiba, Taboão, 22-VI-1974 (SP116441); São Mateus do Sul, I-1997, *Bessa 179* (MBM); Reservatório de Itaipu, rio Arroio Guaçu, 11-VIII-2002, *S.M. Thomaz* (SP371166, SP371167); rio Ocoí, 24-I-2002, *S.M. Thomaz* (SP371379); 23-IV-2002, *S.M. Thomaz* (SP371387); 14-VIII-2002, *S.M. Thomaz* (SP371169, SP371196); 15-VIII-2002, *S.M. Thomaz* (SP371168); 19-II-2003, *S.M. Thomaz* (SP371212, SP371213, SP371165, SP371206); rio Paço Cuê, 22-I-2002, *S.M. Thomaz* (SP371378); rio Pinto, 27-II-2003, *S.M. Thomaz* (SP371194); 25-II-2003, *S.M. Thomaz* (SP371195); 25-III-2003, *S.M. Thomaz* (SP371202); rio São João, 12-VIII-2002, *S.M. Thomaz* (SP371200, SP371162, SP371163); 28-I-2002, *S.M. Thomaz* (SP371380); 30-I-2002, *S.M. Thomaz* (SP371382, SP371383, SP371384); 20-II-2003, *S.M. Thomaz* (SP371164, SP371198); rio São Francisco Falso, 25-IV-2002, *S.M. Thomaz* (SP371388); 16-VIII-2002, *S.M. Thomaz* (SP371211); 24-II-2003, *S.M. Thomaz* (SP371308); 11-II-2003, *S.M. Thomaz* (SP371201); rio São Francisco Verdadeiro, 18-VIII-2002, *S.M. Thomaz* (SP371191, SP371193); rio São Vicente, 31-I-2002, *S.M. Thomaz* (SP371385, SP371386); 13-VIII-2002, *S.M. Thomaz* (SP371105, SP371106, SP371197, SP371203, SP371204, SP371205, SP371207); 18-VIII-2002, *S.M. Thomaz* (SP371192); 13-II-2003, *S.M. Thomaz* (SP371199, SP371208, SP371209, SP371210). Pernambuco: Município de Escada, Engenho Santa Maria, 03-IX-1980, *O. Yano et al.*

(SP164001); Município de Triunfo, Cachoeira do Pinga, 07-IX-1980, *O. Yano et al.* (SP164004); Riachão, 1912, *N. Hutselburg* (RB6138). **Rio de Janeiro**: local?, data?, *A. Pedrini et al.* (SP127690). **Rio Grande do Sul**: Rio Grande, 16-IX-1998, *C. Brumbo* (FURG1725); Venâncio Aires, 18-VII-1980, *R.M.T. Bicudo* (SP162059); Bagé, 16-VII-1980, *R.M.T. Bicudo* (SP162051); Cerro Largo, 15-XI-2000, *J.F. Prado* (ICN91556); Itaara, 18.XII.1999, *J.F. Prado* (ICN91557); Muitos Capões, 20-V-2000, *J.F. Prado* (ICN91558); Porto Lucena, 15-XI-2000, *J.F. Prado* (ICN91559); Rio Grande, 06-IX-1976, *J. Waechter* (SP154994); Santiago, 28-XI-2000, *J.F. Prado* (ICN91562); São Borja, 03-VI-2001, *J.F. Prado* (ICN91563); Taquaruçu, 16-XI-2000, *J.F. Prado* (ICN91560); Torres, 23-VI-2000, *J.F. Prado* (ICN91561); Unistalda, 28-XI-2000, *J.F. Prado* (ICN91564). **Santa Catarina**: Imbituba, 17-X-1979, *R.M.T. Bicudo* (SP155080). **São Paulo**: Altinópolis, 21-VI-1973, *D.M. Vital* (SP116385); Altair-Icém, *O. Yano & D.M. Vital* (SP113455, SP113457); Lavínia, 16-V-1972, *D.M. Vital* (SP116315); Maracaí-Presidente Prudente, 18-V-1986, *D.M. Vital* (SP116401); Altinópolis, 21-VI-1973, *D.M. Vital* (SP116385); Andradina, 19-VII-1973, *D.M. Vital* (SP116393); Arealva, 19-VII-1973, *D.M. Vital* (SP116390); Areias, 25-IX-1978, *O. Yano* (SP152540); Arujá, 12-I-1980, *O. Yano* (SP155091); Avaré, 21-I-1976, *O. Yano* (SP127683); Barretos, 22-XI-1973, *D.M. Vital* (SP116413); Bauru, 21-I-1976, *R.M.T. Bicudo* (SP152598); Botucatu, *O. Yano* (SP127686); Brotas, 21-I-1965, *D.M. Vital* (SP96237); São Paulo, 09-VI-1968, *R.M.T. Bicudo,* (SP103777); 18-IV-1974, *R.M.T. Bicudo* (SP96691, SP103778); 19-X-1973, *D.M. Vital* (SP116406); 21-I-1965, *D.M. Vital* (SP96237); 22-XI-1973, *D.M. Vital* (SP116413); 21-I-1964, *R.M.T. Bicudo* (SP96701); 21-IX-1966, *D.M. Vital* (SP63845); 05-VI-1965, *B.V. Skvortzov* (SP96704); Ubatuba, data?, *A.B. Joly* (SP114791).

Comentários

Nitella subglomerata A. Braun apresenta capítulos frouxos, núculas agregadas e râmulos verticilados longos (Braun 1883). Confunde-se, morfologicamente, com *N. acuminata* A. Braun, da qual difere por possuir râmulos verticilados dimorfos e numerosos capítulos, enquanto *N. acuminata* apresenta râmulos verticilados monomorfos e não apresenta capítulos.

Borges & Necchi Jr. (2018) providenciaram estudos moleculares em *N. acuminata*, *N. subglomerata* e *N. gollmeriana* utilizando marcadores plastidial (*rbc*L) e nuclear (ITS2) e concluiu sugerindo que as referidas espécies sejam consideradas idênticas entre si e, consequentemente, sinônimos nomenclaturais heterotípicos. Os referidos autores recomendaram, entretanto, que seja providenciada análise de mais espécimes das três espécies provenientes de outras regiões do Brasil e do mundo para que se conclua sobre a sinonímia que propuseram. Mais estudos sobre a ultraestrutura da parede do oósporo deverão também ser realizados para o melhor conhecimento desta espécie e o aprimoramento da taxonomia das Characeae.

Nitella subglomerata ocorre na América Central, México e Estados Unidos da América (Scribailo & Alix 2010).

Nitella sublucens T.F. Allen, Bulletin of the Torrey Botanical Club 22(2): 70. 1895. **Tipo**: Koduz (Kozu), Província Sagami, Prefeitura Kanagawa, Honshu, Japão (lectótipo NY). (Figuras 768-773)

Plantas monoicas, cauloide 280-570 μm larg., incrustação calcárea ausente, entrenós 0,6-2 cm compr., râmulos verticilados dimorfos, râmulos férteis reduzidos, formando capítulos envoltos ou não por mucilagem, raios primários praticamente do mesmo comprimento dos râmulos verticilados, 0,6-2,4 cm compr., râmulos estéreis 5-7, 2-3-furcados, 0,8-2,1 cm compr., dáctilos 2-3, 2-celulados, abreviados, 120-410 μm compr., capítulos pedunculados, 1,2-6 mm larg., pedúnculos 1,5-4,5 mm compr. Gametângios conjuntos, raro sejuntos, sésseis, na 1ª furcação dos râmulos; núcula 1-3 por nó, 200-460 μm compr., 180-370 μm larg.; oósporo 150-280 μm compr., 150-250 μm larg., fossa 40-50 μm larg., parede reticulada; glóbulo 160-310 μm diâm., escudos 8, triangulares.

Distribuição no Brasil: São Paulo (Branco & Necchi Jr. 1998: como *N. furcata* subsp. *mucronata* var. *mucronata*, Vieira Jr. 2002: como *N. translucens* subsp. *sublucens*).

Material examinado: Paraná: Reservatório de Itaipu, 19-III-2003, *S.M. Thomaz & T.A. Pagioro* (UNOPA1621, UNOPA1750).

Comentários

De acordo com Vieira Jr. *et al.* (2002), *N. translucens* (Persoon) C. Agardh subsp. *sublucens* (T.F. Allen) Corillion *ex* R.D. Wood foi citada pioneiramente para o Brasil em Branco & Necchi Jr. (1998), porém como *N. furcata* (Roxburgh *ex* Bruzelius) C. Agardh emend. R.D. Wood subsp. *mucronata* (A. Braun) R.D. Wood var. *mucronata*.

Nitella tenuissima (Desvaux) Kützing, Phycologia generalis oder Anatomie, Physiologie und Systemkunde der Tange. 319. 1843. **Basiônimo**: *Chara tenuissima* Desvaux, Journal de Botanique 2: 313. 1809. **Tipo**: França?, *Desvaux*? (lectótipo PC). (Figuras 774-783)

Plantas monoicas, 5-11 cm alt., cauloide 160-580 μm larg., incrustação calcárea ausente, entrenós 0,7-2 cm compr., râmulos verticilados monomorfos, 5-7, 2-5,5 cm compr., 2-3-furcados, raios primários 6-7, raios secundários 5-7, dos quais 1 pode ser central, raios terciários 4-5, raios quaternários 3-6, dáctilos 3-6, 2-celulados, longos, 250-1960 μm compr., 100-250 μm larg., capítulos ausentes, râmulos terminais ocasionalmente reduzidos. Gametângios conjuntos ou sejuntos, na base dos 2°-3° nós dos râmulos verticilados, ausentes no 1° nó, mucilagem ausente; núcula 308-583 μm compr., 230-416 μm larg., corônula (28-)41-62 μm alt., 39-75 μm larg., convoluções 9; oósporo 214-416 μm compr., 205-396 μm larg., estrias 6-7, fossa 50-62 μm larg., parede reticulada; glóbulo 150-267 μm diâm., escudos 8, triangulares.

Distribuição no Brasil: Mato Grosso do Sul (Bueno *et al.* 2011, Bueno *et al.* 2018), Paraná (Bueno *et al.* 2016), Rio Grande do Sul (Astorino 1983, Vieira Jr. *et al.* 2002, Prado 2003), São Paulo (Picelli-Vicentim 1990, Vieira Jr. *et al.* 2002, Picelli-Vicentim *et al.* 2004).

Material examinado: Mato Grosso do Sul: Porto Murtinho, 07-IX-2005, *V.J. Pott 8145* (HMS10937). Paraná: Guaíra, 05-X-1978, *R.M.T. Bicudo et al.* (SP152547). Rio de Janeiro: Rio de Janeiro, Estrada Rio-Santos, Rodovia Estadual 071, 19-X-1980 (SP164007). Rio Grande do Sul: Porto Alegre, 18-VII-1980, *R.M.T. Bicudo* (SP162056); Santa Vitória do Palmar, 12-VII-1980, *R.M.T. Bicudo* (SP162038, SP176467); Bagé, 15-17-1980, *R.M.T. Bicudo et al.* (SP162053). Santa Catarina: 22-IX-1979, *E.J. Paula & E.C. Oliveira-Filho* (SP155077). São Paulo: Município de Eldorado, 26-XI-1974, *D.M. Vital* (SP116456); Município de Piratininga, 02-XI-1974, *R.M.T. Bicudo* (SP116450); 04-I-1975, *R.C.A. Souza* (SP116460).

Comentários

Nitella tenuissima (Desvaux) Kützing [= *Nitella tenuissima* (Desvaux) Kützing emend. R.D. Wood subsp. *tenuissima* var. *tenuissima* f. *transilis*] é muito semelhante a *N. gracilis* (J. Smith) C. Agardh, da qual difere por ser monoica, ter râmulos verticilados 2-4-furcados, dáctilos 2-celulados com a célula terminal cônica, não formar capítulos, possuir verticilos compactos, parede do oósporo reticulada e os gametângios estarem ausentes no primeiro nó dos râmulos verticilados (Wood & Imahori 1965). Segundo Blindow *et al.* (2018), *N. tenuissima* é típica pela presença de um raio secundário central nos râmulos verticilados terminais e pela falta de gametângios na primeira furcação dos râmulos verticilados. *Nitella gracilis* raramente possui râmulo secundário central e a parede do oósporo é granulosa ou porosa, jamais reticulada.

A espécie foi amplamente registrada na Europa e nas Américas do Norte e do Sul (Wood & Imahori 1965, Cirujano *et al.* 2007, Scribailo & Alix 2010, Blindow *et al.* 2018).

Nitella tolypelloides Picelli-Vicentim, Algological Studies 66: 31, fig. 1-13. 1992. **Tipo**: Córrego do Frias, Município de Ribeirão Preto, Estado de São Paulo, Brasil, 20-V-1972, *D.M. Vital* (holótipo SP116317). (Figuras 784-796)

Plantas monoicas, ca. 20 cm alt., hábito semelhante ao de *Tolypella*, cauloide 517-627,5 μm larg., entrenós 3-3,5 cm compr., râmulos verticilados dimorfos, râmulos estéreis bem desenvolvidos, (6-)7-10, 3-7 cm compr., 241-345 μm larg., 2-furcados, raios primários (6-)7-10, secundários 3-5, terciários 2-3, dáctilos 2-3, (3-)4-celulados, 2,5-7 mm compr., 190-250 μm larg., célula terminal cônica, ápice acuminado ou arredondado, râmulos férteis 4-5, reduzidos, formando capítulos pequenos, 91-138 μm larg., 0-1-furcados, dáctilos 2-3, 4-5-celulados, 300-900 μm compr., 60-80 μm larg. Gametângios conjuntos, pedunculados; núcula 1-3 por nó, 280-338 μm compr., 175-335 μm larg., convoluções 9-12, corônula 32-40 μm alt., 40-52 μm larg., pedúnculo 40-50 μm compr.; oósporo imaturo, 250-260 μm compr., 227-236,6 μm larg., estrias 7, fossa 37-41 μm larg.; glóbulo pedunculado, 220-290 μm diâm., escudos 8, triangulares, pedúnculo 100-170 μm compr.

Distribuição no Brasil: São Paulo (Picelli-Vicentim 1992, Picelli-Vicentim *et al.* 2004, Bicudo & Bueno *et al.* 2011).

Material examinado: São Paulo: Ribeirão Preto, 20-V-1972, *D. M. Vital* (SP116317).

Comentários

As plantas representantes desta espécie possuem hábito semelhante ao de *Tolypella*, isto é, dendroide, com râmulos monopodiais dimorfos e verticilos estéreis bem desenvolvidos.

Segundo Picelli-Vicentim *et al.* (2004), *N. tolypelloides* difere de *N. cristata* A. Braun emend. R.D. Wood e de *N. verticillata* (Filarsky & G.O.

Allen *ex* Filarsky) R.D. Wood por possuir três dáctilos (raro dois ou quatro) contra um ou dois da segunda espécie. Difere também de *N. imahorii* R.D. Wood porque esta possui cinco ou seis râmulos verticilados 1-furcados por nó.

A espécie é atualmente conhecida apenas de sua coleta original realizada em Ribeirão Preto, Estado de São Paulo, Brasil.

Nitella transilis T.F. Allen, The Characeae of America 2(3): 24, pl. 23. 1896. **Tipo**: lagoa Chebacco, Massachusets, E.U.A., 28-VIII-1884, *Collins* (lectótipo NY). (Figuras 797-807)

Plantas monoicas, 11-15 cm alt., cauloide 100-540 μm larg., incrustação calcárea ausente, entrenós 0,5-3 cm compr., râmulos verticilados monomorfos, 0,5-3 cm compr., 150-320 μm larg., 2-3-furcados, raios primários 6, 0,2-1,8 cm compr., 150-320 μm larg., raios secundários 5-7, raios terciários 3-6, raios quaternários 3-6, dáctilos 3-6, 2-celulados, 570-2500 μm compr., 30-100 μm larg., capítulos ausentes. Gametângios conjuntos ou sejuntos, na base das 2ª-3ª furcações; núcula 1 por nó, 190-470 μm compr., 110-395 μm larg., convoluções 6-8, corônula 40-50 μm alt., 55-65 μm larg.; oósporo 260-300 μm compr., 240-280 μm larg., estrias 7, fossa 40-45 μm larg.; glóbulo 145-340 μm diâm., escudos 8, triangulares.

Distribuição no Brasil: Rio Grande do Sul (Astorino 1983), São Paulo (Picelli-Vicentim 1990, Picelli-Vicentim *et al.* 2004, Bicudo & Bueno 2011).

Material examinado: Rio Grande do Sul: Aceguá, 21-III-2001, *J.F. Prado* (ICN91590); Mostardas, 04-XII-1999, *J.F. Prado* (ICN91591). São Paulo: Município de Eldorado, 26-XI-1974, *D.M. Vital* (SP116456); Município de Piratininga, 02-XI-1974, *R.M.T. Bicudo* (SP116450); 04-I-1975, *R.C.A. Souza* (SP116460).

Comentários

Nitella transilis [= *Nitella tenuissima* (Desvaux) Kützing emend. R.D. Wood var. *tenuissima* f. *transilis* (T.F. Allen) R.D. Wood] é reconhecida pela ornamentação reticulada da parede dos oósporos que possuem 7-8 estrias, pelos dáctilos longos e 2-celulados e pelos gametângios presentes no segundo e terceiro nós dos râmulos verticilados (Allen 1928).

A espécie é conhecida das Américas do Norte e do Sul (Wood & Imahori 1965).

3. CONSIDERAÇÕES FINAIS

As Charophyceae incluem seis gêneros recentes, dos quais apenas dois ocorrem no Brasil: *Chara* e *Nitella*. *Tolypella* existe, embora raro, no Uruguai e *Nitellopsis* também raramente na Argentina, cujos representantes foram coletados de ambientes na região fronteiriça com o Brasil. Excursões extremamente minuciosas e estafantes buscaram exemplares desses dois gêneros em ambientes do nosso país próximos à fronteira uruguaia e argentina, porém foram definitivamente em vão.

Há dois sistemas taxonômicos para identificar espécie, variedade e forma taxonômica de Charophyceae, os quais persistem existindo paralelos, todavia com difusão pouco maior do sistema de microespécies. Richard D. Wood desenvolveu um sistema eminentemente morfológico (taxonomia de nível á – alfa), mais amplo quanto à interpretação do uso das características morfológicas para definir espécie, juntando espécies existentes com outras e chegando, consequentemente, a circunscrições muito mais amplas dos táxons resultantes. A comunidade passou a denominar tais espécies de **macroespécies**. Trabalhos posteriores testaram geneticamente algumas dessas macroespécies (ex. *Chara zeylanica*) cruzando as microespécies nela contidas e conseguindo que várias não entrecruzassem (taxonomia de nível ù – ômega), as quais passaram então a chamar de **microespécies**, referindo-se, claramente, às suas circunscrições mais restritas. Há um número bastante menor de macroespécies (± 90) se comparado com o de microespécies (± 350). O sistema de Richard D. Wood vem sendo usado com relativa frequência entre os especialistas por ser de mais fácil manuseio e exigir apenas os dois volumes para o processo identificatório dessas algas, quais sejam: o de texto preparado por R.D. Wood e o de ilustrações preparado por K. Imahori de "A revision of the Characeae", publicado nos anos 1964 (iconografia) e 1965 (monografia). Há considerável número, entretanto, de autores – como nós – que preferem utilizar o sistema de microespécies. Consequência negativa inevitável desta escolha é a necessidade de acesso a uma biblioteca bastante ampla e atualizada, um dos problemas cruciais das instituições do Novo Mundo.

Estas algas são até bastante comuns no território brasileiro e podem ser encontradas mais corriqueiramente em corpos d'água parada (lagos, lagoas) ou quase (açudes, reservatórios), onde crescem na zona litorânea e de preferência protegidas da insolação direta sob as folhas de plantas fanerogâmicas. Podem também ser encontradas na região mais rasa de ambientes lóticos (rios, regatos, arroios), sempre próximo da margem, onde a correnteza é menor. Também nos sistemas lóticos costumam viver sob a proteção das fanerógamas. As carofíceas mais comuns medem entre 10 e 30 cm de altura, mas na lagoa Rodrigo de Freitas, na cidade do Rio de Janeiro, exemplares de *Chara hornemanii* foram coletados medindo até pouco mais de 1 m de altura. *Nitella cernua* e *N. praelonga* podem crescer mais de 2 m, mas vivem preferencialmente quase prostradas sobre a vasa do fundo.

Foram identificadas, até o momento no Brasil, 26 espécies de *Chara* e 39 de *Nitella* habitantes dominantemente de corpos d'água lênticos ou semilênticos. A identificação taxonômica do gênero é bastante fácil e pode ser feita mesmo no campo, a olho nu, no ato da coleta, usando uma lupa de 10 aumentos. A identificação das categorias infragenéricas (espécies, variedades e formas taxonômicas) é, contudo, bastante mais exigente e requer o domínio de uma nomenclatura bastante seleta e abundante. Tal nomenclatura verdadeiramente esotérica deve-se, primeiro, à exuberância de características morfológicas e reprodutivas destas algas e, segundo, à sua classificação taxonômica no passado entre as briófitas, pteridófitas e até entre as monocotiledôneas das fanerógamas, cuja passagem em cada grupo permitiu-lhes incorporar nomes referentes à sua morfologia.

Charophyceae é um grupo de algas até hoje pouco privilegiado pelos estudantes, embora enorme esforço já tenha sido despendido em tentativas de formação de novas gerações. Aliás, esta situação não é só do Brasil, mas mundial. Por alguma razão ainda obscura, os poucos estudantes que se tentou iniciar na taxonomia destas algas não foram adiante. E aqui existe um campo imensurável para pesquisas genéticas e bioquímicas.

Finalmente, foi graças à "Flora do Brasil" que esta obra veio a lume. O grupo está bastante bem representado nessa flora, a ponto de nos provocar a ideia de publicar este volume, que oferecemos à comunidade dos estudantes de Botânica à espera de que alguém enverede pela taxonomia e ecologia das carofíceas.

4. REFERÊNCIAS CITADAS

Abdelahad, N. & Piccoli, F. 2017. Report on Charophytes from rice fields in northern Italy including the alien species *Chara fibrosa* ssp. *benthamii*. Plant Biosystems 152(4): 1-5.

Ahmadi, A., Riahi, H., Sheidai, M. & Van Raam, J. 2012. Some Charophytes (Characeae, Charophyta) from central and western of Iran including *Chara kohrangiana* species nova. Cryptogamie Algologie 33(4): 359-390.

Alix, M.S. & Scribailo, R.W. 2011. Charophyceae, Charales, Characeae, *Chara drouetii* R.D. Wood, 1965: first record from state of Quintana Roo, Mexico. CheckList 2011: 21-24.

Allen, G.O. 1928. Charophyte notes from Saharanpur, U.P. Journal of the Indian Botanical Society 7: 49-69.

Allen, G.O. 1954. An annotated key to the Nitelleae of North America. Bulletin of the Torrey Botanical Club 81: 35-60.

Allen, T.F. 1893. Notes on new Characeae. Bulletin of the Torrey Botanical Club 20: 119-120.

Araújo, A., Bueno, N.C., Meurer, T. & Bicudo, C.E.M. 2010. Charophyceae. *In*: Forzza, R.C. *et al*. (Eds), Catálogo de plantas e fungos do Brasil. vol. 1. Andrea Jakobsson Estúdio, Rio de Janeiro.

Astorino, H.A.B. 1983. Charophyceae do Estado do Rio Grande do Sul: uma contribuição ao seu inventário. Dissertação de Mestrado. Rio Claro, Universidade Estadual Paulista.

Barbosa, O. 1955. Situação geológica das Charophyta de Machado de Melo, Estado de São Paulo. Boletim da Sociedade Brasileira de Geologia 4(1): 73-74.

Barinova, S., Romanov, R. & Solak, C.N. 2014. New record of *Chara hispida* (L.) Hartm. (Streptophyta: Charophyceae, Charales) from the Isikli Lake (Turkey) and critical checklist of Turkish Charophytes. Natural Resources and Conservation 2(3): 33-42.

Bicudo, C.E.M. & Bueno, N.C. 2011. "Check list" das Charophyceae do Estado de São Paulo. Biota Neotropica 11: 133-136.

Bicudo, C.E.M., Martau, L. & Ungaretti, I. 1975. Catálogo das algas de águas continentais do Estado de Santa Catarina, Brasil. Iheringia, Série Botânica 21: 71-80.

Bicudo, R.M.T. 1968a. A bibliography of the Brazilian Charophyceae. *In* Bicudo, R.M.T. & Bicudo, C.E.M., Index to the Brazilian Cryptogamic literature. Rickia 3: 239-263.

Bicudo, R.M.T. 1968b. An annotated list of Charophyceae already cited for Brazil. Rickia 3: 221-238.

Bicudo, R.M.T. 1969. Brazilian Characeae of the herbarium of the Instituto de Botânica, São Paulo. Nova Hedwigia 17: 1-17.

Bicudo, R.M.T. 1972. O gênero *Chara* (Charophyceae) no Brasil. Tese de Doutorado. Universidade de São Paulo, São Paulo.

Bicudo, R.M.T. 1974. O gênero *Chara* (Charophyceae) no Brasil, 1: Subseção *Willdenowia* R.D. Wood. Rickia 6(1): 127-189.

Bicudo, R.M.T. 1975. *Chara linharensis*, uma nova espécie de Characeae do Sudeste do Brasil. Ciência e Cultura 28(11): 1314-1318.

Bicudo, R.M.T. 1977. O gênero *Chara* (Charophyceae) no Brasil, 2: Seção *Chara*. *In*: XXIV Congresso Nacional de Botânica, Anais... p. 23-32.

Bicudo, R.M.T. 1979. O gênero *Chara* (Charophyceae) no Brasil, 3: Secção *Charopsis* (Kütz. Emend. Rupr., Leonh.) R.D. Wood. Rickia 8: 17-26.

Bicudo, R.M.T. & Yamaoka, D.M. 1978. O gênero *Nitella* (Charophyceae) no Brasil, 1: subgênero *Nitella*. Acta Biologica Paranaense 7: 77-98.

Blindow, I., Marquardt, R., Schories, D. & Schubert, H. 2018. Charophytes of Chile: taxonomy and distribution, 1. Subfamily Chareae. Nova Hedwigia 107: 1-47.

Blindow, I., Schories, D. & Schubert, H. 2017. Charophytes of Chile: taxonomy and distribution, 2: Subfamily Nitelleae. Nova Hedwigia 107: 49-90.

Borges, F.R. & Necchi Jr., O. 2017. Taxonomy and phylogeny of *Chara* (Charophyceae, Characeae) from Brazil with emphasis on the midwest and southeast regions. Phytotaxa 302(2): 101-121.

Borges, F.R. & Necchi Jr., O. 2018. Taxonomy and phylogeny of *Nitella* (Charophyceae, Characeae) from Brazil with emphasis on the midwest and southeast regions. Phytotaxa 356(3): 181-198.

Branco, C.C.Z. & Necchi Jr., O. 1996. Survey of stream macroalgae of eastern Atlantic rainforest of São Paulo State, southeastern Brazil. Algological Studies 80: 35-57.

Branco, L.H.Z & Necchi Jr., O. 1998. Distribution of stream macroalgae in three tropical drainage basins of southeastern Brazil. Archiv für Hydrobiologie 142: 241-256.

Braun, A. 1839. Ueber den gegenwärtiger Stand seiner monographischen Bearbeitung der Gattung *Chara*. Flora, Jena 22(20): 308-311.

Braun, A. 1845. Additional notes on the North American *Charae*. *In*: Engelmann, G. & Grey, A. (Ed.), Plantae Lindheimeriannae: an enumeration of the plants collected in Texas, and distributed to subscribers, by F. Lindheimer with remarks, and description of new species. Boston Journal of Natural History 5(2): 264.

Braun, A. 1847. Uebersicht der schweizerischen Characeen. Neue Denkschriften der Schweizerischen Naturforschenden Gesellschaft 10(3): 1-23.

Braun, A. 1859. Ueber die in Columbien und Guyana aufgefundene Characeen. Abhandlungen der Königlichen Akademie der Wissenschaften in Berlin 23: 349-368.

Braun, A. 1868. Die Characeen Afrika's. *Monatsberichte der Deutschen Akademie der Wissenschaften* zu Berlin 1867: 782-800, 873-944 (reimpresso paginado sucessivamente de 782 a 872 e distribuído como separata em 1867).

Braun, A. 1883. Fragmente einer Monographie der Characeen: nach den hinterlassenen Manuscripten A. Braun's herausgegeben von Dr. Otto Nordstedt. Abhandlungen der Königlich Preussischen Akademie der Wissenschaften 1882(1): 1-211.

Bueno, N.C. & Bicudo, C.E.M. 1997. Characeae (Charophyceae) do Pantanal de Mato Grosso do Sul, Brasil: *Nitella*. Hoehnea 24(2): 29-55.

Bueno, N.C. & Bicudo, C.E.M. 2006. Temporal variation of *Nitella furcata* subsp. *furcata* var. *mucronata* f. *oligospira* (Charophyceae) in the Ninféias pond, São Paulo, Southeast Brazil. Acta Botanica Brasilica 20(1): 1-11.

Bueno, N.C., Bicudo, C.E.M., Biolo, S. & Meurer, T. 2009. Levantamento florístico das Characeae (Chlorophyta) de Mato Grosso e Mato Grosso do Sul, Brasil: *Chara*. Revista Brasileira de Botânica 32(4): 735-750.

Bueno, N.C., Bicudo, C.E.M., Picelli-Vicentim, M.M. & Ishii, I.I. 1996. Characeae (Charophyceae) do Pantanal de Mato Grosso do Sul, Brasil: *Chara*. Hoehnea 24: 29-55.

Bueno, N.C., Meurer, T. & Bicudo, C.E.M. 2018. Check-list das Charophyceeae do Estado de Mato Grosso do Sul. Iheringia, Série Botânica 73(supl.): 178-184.

Bueno, N.C., Meurer, T., Biolo, S. & Bicudo, C.E.M. 2011b. Novos registros de *Nitella* (Chlorophyta, Characeae) para regiões dos Estados de Mato Grosso e Mato Grosso do Sul, Brasil. Hoehnea 38(3): 385-396.

Bueno, N.C., Prado, J.F., Meurer, T. & Bicudo, C.E.M. 2011a. New records of *Chara* (Chlorophyta, Characeae) for subtropical southern Brazil. Systematic Botany 36(3): 523-541.

Bueno, N.C., Prado, J.F., Meurer, T. & Bicudo, C.E.M. 2016. *Nitella* (Streptophyta, Characeae) from Southern Brazil. Iheringia, Série Botânica 71(2): 132-154.

Cáceres, E.J. 1978. Contribución al conocimiento de los carófitos del centro de Argentina. Boletín de la Academia Nacional de Ciencias 52: 315-372.

Cáceres, E.J. 1979. Novedades carologicas, 2: sobre el gênero *Chara* (sect. *Gymnobasalia*) em Argentina. Kurtziana 12-13: 63-74.

Cáceres, E.J. & García, A. 1989. *Nitella hyalina* (DC) Ag. (Characeae, Charophyta) in Argentina. Nova Hedwigia 48: 383-390.

Caisová, L. & Gabka, M. 2009. Charophyta (Characeae, Charophyta) in the Czech Republic: taxonomy, autoecology and distribution. Fottea 9: 1-43.

Caisová, L., Husák, Š. & Komárek, J. 2008. *Nitella mucronata* (Br.) Miquel (Charophyta) in the Czech Republic. Fottea 8: 105-107.

Carl, C.C. 1938. Contribucion al catálago de las "Charophyta" argentinas. Revista del Centro Estudantil de Ciencias Naturales 2: 23-28.

Casanova, M.T. 2009. An overview of *Nitella* (Characeae, Charophyceae) in Australia. Australian Systematic Botany 22: 193-218.

Casanova, M.T. 2013. Review of the species concepts: *Chara fibrosa* and *C. flaccida* (Characeae, Charophyceae). Australian Systematic Botany 26: 291-297.

Choi, K. & Kim, Y.H. 1998. Taxonomic study on the charophytes in Korea, 2: *Nitella*. Algae 13: 283-321.

Chou, J.Y. & Wang, W.L. 2014. Description of a newly recorded *Nitella* species, *N. mirabilis* Nordstedt *ex* J. Groves (Charales, Charophyta) in Taiwan. Taiwania 59: 76-81.

Cirujano, S., Murillo, P.G., Meco, A. & Zamudio, R.F. 2007. Los carófitos ibéricos. Anales del Jardín Botánico de Madrid 64: 87-102.

Corillion, R. 1957. Les Charophycées de France et d'Europe Occidentale. Bulletin de la Société Scientifique de Bretagne 47: 1-169.

Crum, G.H. 1975. Distribution, taxonomy and ecology of Charophytes in Iowa. Iowa State University, Ames.

Cuba, M. 1961. Problemas sanitários: alga moluscicida. Revista D.A.E. 22(41): 45-46.

Daily, F.K. 1953. The Characeae of Indiana. Butler University Botanical Studies 11: 5-49.

Dias, I.C.A. & Araújo, A.M. 2001. Charophyta. *In*: Menezes, M. & Dias, I.C.A. (Orgs), Biodiversidade de algas de ambientes continentais do Estado do Rio de Janeiro. Museu Nacional, Rio de Janeiro.

Dontergerg, C.C. 1990. Una nueva espécie de *Nitellopsis* hallada en la Argentina. Comunicaciones del Museo Argentino de Ciencias Naturales Bernardino Rivadavia, Série Botánica 7: 1-12.

Edwall, G. 1896. Índice das plantas do herbário da Comissão Geographica e Geológica de São Paulo. Boletim da Comissão Geographica e Geológica do Estado de São Paulo. Serviço Meteorológico 11: 185-190.

Freitas, L.C. & Loverde-Oliveira, S.M. 2013. Checklist of green algae (Chlorophyta) for the state of Mato Grosso, Central Brazil. CheckList 9(6): 1471-1483.

García, A. 1993. *Chara halina* nov. sp. (Characeae) de ambientes salinos de Argentina. Criptogamie Algologie 14: 65-75.

Groves, H. & Groves, J. 1911. Characeae. *In*: Symbolae antilanae seu fundamenta flora Indiae Occidentalis 7(1): 30-44.

Groves, J. & Bullock-Webster, G.R. 1920. The British Charophyta 1: *Nitelleae*. Ray Society, London.

Guerlesquin, M. 1981. Contribution a la connaissance des Characées d'Amerique du Sud (Bolivie, Equateur, Guyane Française). Revue d'Hydrobiologie Tropicale 14(4): 381-404.

Guiry, M.D. & Guiry, G.M. 2020. Algaebase. World-wide electronic publication. National University of Ireland, Galway. Available from http://www.algaebase.org (accessed 12 December 2020).

Gupta, R.K. 2012. Algae of India, 2: a checklist of Chlorophyceae, Xanthophyceae. Chrysophyceae and Euglenophyceae. p. 1-428, 8 pl. Salt Lake, Kolkata: Botanical Survey of India, Ministry of Environment & Forests.

Halder, N. & Sinha, S.N. 2016. *Nitella flagelliformis* A. Braun and *Chara braunii* Gm. two new records of Charophytes from fresh water bodies in Hooghly District, West Bengal, India. Tropical Plant Research 3(2): 354-360.

Hall, J.D., Fuèiková, K., Lo, C., Lewis, L.A. & Karol, K.G. 2010. An assessment of proposed DNA barcodes in freshwater green algae. Cryptogamie Algologie 31(4): 529-555.

Han, F.S. & Li, Y.Y. 1994. Flora algarum sinicarum aquae dulcis, 3: Charophyta. Consilio Florarum cryptogamarum Sinicarum Academie Sinicae edita. Science Press, Beijing [em Chinês].

Hasslow, O.J. 1934. Nagra characeer fran Amerika. Botaniska Notiser 1934(4): 346-348.

Henry-Silva, G.G., Santos, R.V., Moura, R.S.T., Bueno, N.C. & Teixeira, R.S. 2013. Primeiro registro de *Chara indica* e *Chara zeylanica* (Charophyceae, Charales, Characeae) em reservatórios do semiárido do estado do Rio Grande do Norte, Brasil. Biotemas 26(3): 243-248.

Horn-af-Rantzein H. 1949. Charophyta reported from Latin America. Arkiv för Botanik 1: 355-411.

Howe, M.A. 1929. Two new species from Tropical America. Field Museum News, Série Botânica 4(6): 159-161.

Imahori, K. 1950. Notes on Asiatic Charophyta, 2. Botanical Magazine 63(750): 260-264.

Imahori, K. 1954. Ecology, phytogeography and taxonomy of the Japanese Charophyta. Kanazawa University Press, Japan.

John, D.M. & Moore, J.A. 1987. A SEM study of the oospore of some *Nitella* species (Chlorophyta, Charales) with descriptions of wall ornamentation and an assessment of its taxonomic importance. Phycologia 26: 334-355.

John, D.M., Moore, J.A. & Green, D.R. 1990. Preliminary observations on the structure and ornamentation of the sporangial wall in *Chara* (Charales, Chlorophyta). British Phycological Journal 25: 1-24.

Krause, W. 1997. Charales (Charophyceae). *In*: Ettl, H., Gärtner, G., Heyning, H. & Molenhauser, D. (Eds), Sübwasserflora von Mitteleuropa. Gustav Fischer Verlag, Jena.

Kützing, F.T. 1849. Species algarum. F.A. Brockhaus, Lipsiae.

Kützing, F.T. 1857. Tabulae phycologicae oder Abbildungen der Tange. Às expensas do autor, Nordhausen. Vol. 7, p. 1-40.

Langangen, A. 2000. *Chara fibrosa* Agardh *ex* Bruzelius, a charophyte new to the European flora. Allionia 37: 249-252.

Langangen, A. & Leghari, S.M. 2001. Some Charophytes (Charales) from Pakistan. Studia Botanica Hungarica 32: 63-85.

Mandal, D.K., Bla•enèiæ, J. & Ray, S. 1995. SEM study of compound oospore wall ornamentation of some members of Charales from Yugoslavia, Croatia and Slovenia. Archives Biological Sciences 54: 29-34.

Mandal, D.K., Ray, S. & Mukherjee, A. 1995. Scanning electron microscopic study of compound oospore wall ornamentation in some taxa under *Nitella furcata* complex (Charophyta) from India. Phytomorphology 45: 39-45.

Mann, H. & Raju, M.V.S. 2002. First report of the rare Charophyte *Nitella macounii* (T.F. Allen) T.F. Allen in Saskatchewan and Western Canada. The Canadian Field-Naturalist 116: 559-570.

Martius, C.F.P., Eschweiler, F.G. & Nees-ab-Esenbeck, C.G. 1833. Flora brasiliensis, seu enumeratio plantarum in Brasilia tam sua sponte quam accedente cultura provenientium, etc.: Algae, Lichenes, Hepaticae. Sumptibus J.G. Cottae, Stuttgart & Tübingen. Vol. 1(1): 1-390 (Algae p. 1-50).

Maulood, B.K., Hassan, F.M., Al-Lami, A.A., Toma, J.J. & Ismail, A.M. 2013. Checklist of algal flora in Iraq. Ministry of Environment, Baghdad.

McCourt, R.M., Karol, K.G. & Casanova, M.T. 1999. Monophyly of genera and species of Characeae based on rbcL sequences, with special reference to Australian and European *Lychnothamnus barbatus* (Characeae: Charophyceae). Australian Journal of Botany 47(3): 361-369.

Meiers, S.T., Proctor, V.W. & Chapman, R.L. 1999. Phylogeny and biogeography of *Chara* (Chlorophyta) inferred from 18S rDNA sequences. Australian Journal of Botany 47: 347-60.

Menezes, M., Bicudo, C.E.M., Moura, C.W.N., Alves, A.M., Santos, A.A., Pedrini, A.G., Araújo, A., Tucci, A., Fajar, A., Malone, C., Kano, C.H., Sant'Anna, C.L., Branco, C.C.Z., Odebrecht, C., Peres, C.K., Neuhaus, E.B., Eskinazi-Leça, E., Aquino, E., Nauer, F., Santos, G.N., Amado-Filho, G.M., Lyra, G.M., Borges, G.C.P., Costa, I.O., Nogueira, I.S., Oliveira, I.B., Paula, J.C., Nunes, J.M.C., Lima, J.C., Santos, K.R.S., Ferreira, L.C., Gestinari, L.M.S., Cardoso, L.S., Figueiredo, M.A.O., Silva, M.H., Barreto, M.B.B.B., Henriques, M.C.O., Cunha, M.G.G.S., Bandeira-Pedrosa, M.E., Oliveira-Carvalho, M.F., Széchy, M.T.M., Azevedo, M.T.P., Oliveira, MC., Cabezudo, M.M., Santiago, M.F., Bergesh, M., Fujii, M.T., Bueno, N.C., Necchi Jr., O., Jesus, P.B., Bahia, R.G., Khader, S., Alves-da-Silva, S.M., Guimarães, S.M.P.B., Pereira, S.M.B., Caires, T.A., Meurer, T., Cassano, V., Werner, V.R., Gama Jr., W.A. & Silva, W.J. 2015. Update of the Brazilian floristic list of Algae and Cyanobacteria. Rodriguesia 66: 1047-1062.

Meurer, T., Biolo, S., Bortolini, J.C. & Bueno, N.C. 2008. Characeae (Chlorophyta) do reservatório de Itaipu: *Chara braunii* Gmelin. Revista Brasileira de Biociências 6: 3-34.

Meurer, T. & Bueno, N.C. 2012. The genera *Chara* and *Nitella* (Chlorophyta, Characeae) in the subtropical Itaipu Reservoir, Brazil. Brazilian Journal of Botany 35(2): 219-232.

Mezzalira, S. 1959. Nota preliminary sobre as recentes descobertas paleontológicas no Estado de São Paulo no período 1958-1959. Notas prévias do Departamento de Geografia e Geologia de São Paulo 2: 1-7.

Mezzalira, S. 1966. Os fósseis do Estado de São Paulo. Boletim do Instituto Geográfico e Geológico do Estado de São Paulo 45: 1-132.

Migula, W. 1897. Die Characeen Deutschlands, Österreichs und der Schweiz: unter Berücksichtigung aller Arten Europas. *In*: Rabenhorst, L. (Ed.), Kryptogamenflora von Deutschland, Österreich und der Schweiz. Verlag Eduard Kummer, Leipzig.

Moore, J.A. 1986. Charophytes of Great Britain and Ireland. Botanical Society of the British Isles, London.

Necchi Jr., O., Branco, C.C.Z. & Branco, L.H.Z. 2000. Distribution of stream macroalgae in São Paulo State, southeastern Brazil. Algological Studies 97: 43-57.

Necchi Jr., O., Branco, C.C.Z. & Simões, R.C.G. 1995. Distribution of stream macroalgae in the northwest region of São Paulo state, southeastern Brazil. Hydrobiologia 299: 219-230.

Nowak, P., Schubert, H. & Schaible, R. 2016. Molecular evaluation of the validity of the morphological characters of three swedish *Chara* sections: *Chara*,

Grovesia and *Desvauxia* (Charales, Charophyceae). Aquatic Botany 134: 113-119.

Oliveira, R.C., Boas, L.K.V. & Branco, C.C.Z. 2016. Assessment of the potential toxicity of glyphosphate-based herbicides on the photosynthesis of *Nitella microcarpa* var. *wrightii* (Charophyceae). Phycologia 55(5): 577-584.

Olsen, S. 1944. Danish Charophyta: chronological, ecological, and biological investigations. Kongelige danske Videnskabernes Selskabs Skrifter 3(1): 1-230.

Pal, B.P., Kundu, B.C., Sundaralingam, U.S. & Venkataraman, G.S. 1962. Charophyta. The Times of India Press, Bombaim.

Parra, O. & González, M. 1977. Catálago de las algas dulceacuícolas de Chile: Pyrrophyta, Chrysophyta - Chrysophyceae, Chrysophyta - Xantophyceae, Rhodophyta, Euglenophyta y Chlorophyta. Gayana Botánica 33: 1-102.

Perreira, I., Reyes, G. & Kramm, V. 2000. Cyanophyceae, Euglenophyceae, Chlorophyceae, Zygnematophyceae y Charophyceae en arrozales de Chile. Gayana Botánica 57(1): 29-53.

Petri, S. 1955. Charophyta cretácicas de São Paulo (Formação Bauru). Boletim da Sociedade Brasileira de Geologia 4(1): 67-72.

Picelli-Vicentim, M.M. 1990. Characeae do Estado de São Paulo: inventário sistemático. Tese de Doutorado. Universidade Estadual Paulista, Rio Claro.

Picelli-Vicentim, M.M. 1992. *Nitella tolypeloides*, a new species of Characeae from southeastern Brazil. Algological Studies 66: 31-34.

Picelli-Vicentim, M.M. & Bicudo, C.E.M. 1990. *Nitella lhotzkyi* (Charophyceae): first discovery of the species outside Australia. Cryptogamic Botany 2: 30-32.

Picelli-Vicentim, M.M. & Bicudo, C.E.M. 1993. Criptógamos do Parque Estadual das Fontes do Ipiranga, São Paulo, SP. Algas, 4: Charophyceae. Hoehnea 20: 9-22.

Picelli-Vicentim, M. M., Bicudo, C.E.M. & Bueno, N.C. 2004. Flora ficológica do Estado de São Paulo, 5: Charophyceae. RiMa Editora, São Carlos.

Plinius Secundus, C. 1469. Historiae naturalis. J. Spira, Veneza. (355 páginas sem numeração)

Prado, J.F. 2003. Characeae do Rio Grande do Sul, Brasil. Tese de Doutorado. Universidade Federal do Rio Grande do Sul, Porto Alegre.

Prado, J.F. & Baptista, L.R.M. 2005. Novos registros de Characeae (Chlorophyta) para o Brasil. Iheringia, Série Botânica 60(2): 259-268.

Prescott, G.W. 1962. Algae of the Western Great Lakes area, with an illustrated key to the genera of desmids and freshwater diatoms. Iowa: Wm. C. Brown Company Publishers, Dubuque. (2ª edição revista).

Proctor, V.W. 1970. Taxonomy of *Chara braunii*: an experimental approach. Journal of Phycology 6(4): 317-321.

Proctor, V.W., Griffin III, D.G. & Hotchkiss, A.T. 1971. A synopsis of the genus *Chara*, series *Gymnobasalia* (Subsection *Willdenowia* RDW). American Journal of Botany 58: 894-901.

Proctor, V.W. & Wyman, F.H. 1971. An experimental approach to the systematics of the monoecious-conjoined members of the genus *Chara*, series *Gymnobasalia*. American Journal of Botany 58(10): 885-893.

Rantzien, H.H. 1949. Charophyta reported from Latin America. Arkiv för Botanik 2: 355-411.

Rennó, L.R. 1958. Contribuição ao estudo das Characeae para o combate à esquistossomose. Revista de Arquitetura e Engenharia 8(51): 35-37.

Ribeiro, C.A., Ramos, G.J.P., Bueno, N.C., Prado, J.F. & Moura, C.W.N. 2018. O gênero *Chara* (Charophyceae, Characeae) das regiões metropolitanas de Salvador e de Feira de Santana, Bahia, Brasil. Rodriguesia 69(4): 1987-2017.

Robinson, C.B. 1906. The Chareae of North America. Bulletin of the New York Botanical Garden 4(13): 244-308.

Rodrigues, A. 1964. Novas Characeae na região amazônica. Ciência e Cultura 16(2): 154.

Romanov, R.E., Zhakova, L.V., Bazarova, B.B. & Kipriyanova, L.M. 2014. The charophytes (Charales, Charophyceae) of Mongolia: a checklist and synopsis of localities, incluiding new records. Nova Hedwigia 98(1-2): 127-150.

Roxo, M.G.O. 1924. Breve notícia sobre os fósseis terciários do Alto Amazonas. Boletim do Serviço Geológico e Mineralógico do Brasil 11: 41-52.

Sakayama, H. 2008. Taxonomy of *Nitella* (Charales, Charophyceae) based on comparative morphology of oospores and multiple DNA marker phylogeny using cultured material. Phycological Research 56: 202-215.

Sakayama, H., Arai, S., Nozaki, H., Kasai, F. & Watanabe, M.M. 2006 Morphology, molecular phylogeny and taxonomy of *Nitella comptonii* (Charales, Characeae). Phycologia 45(4): 417-421.

Sakayama, H., Hara, Y., Arai, S., Sato, H. & Nozaki, H. 2004a. Phylogenetic analyses of *Nitella* subgenus *Tieffallenia* (Charales, Charophyceae) using nuclear ribosomal DNA internal transcribed spacer sequences. Phycologia 43: 672-681.

Sakayama, H., Kasai, F., Nozaki, H., Watanabe, M., Kawachi, M., Shigyo, M. & Ito, M. 2009. Taxonomic reexamination of *Chara globularis* (Charales, Charophyceae) from Japan based on oospore morphology and *rbc*l gene sequences, and the description of *Chara leptospora* sp. nov. 1. Journal of Phycology 45(4): 917-927.

Sakayama, H., Miyaji, K., Nagumo, T., Kato, M., Hara, Y. & Nozaki, H. 2005. Taxonomic reexamination of 17 species of *Nitella* subgenus *Tieffallenia* (Charales, Charophyceae) based on internal morphology of the oospore wall and multiple DNA marker sequences. Journal of Phycology 41(1): 195-211.

Sakayama, H., Nozaki, H., Kasaki, H. & Hara, Y. 2002 Taxonomic re-examination of *Nitella* (Charales, Charophyceae) from Japan, based on microscopical studies of oospore wall ornamentation and *rbc*L gene sequences. Phycologia 41: 397-408.

Sakayama, H., Nozaki, H., Kasaki, H. & Hara, Y. 2004b. Taxonomic re-examination of *Nitella* (Charales, Charophyceae) from Japan, based on microscopical studies of the oospore wall ornamentation and *rbc*L and *atp*B gene sequences. Phycologia 43: 91-104.

Schneider, S.C., Rodrigues, A., Moe, T.F. & Ballot, A. 2015. DNA barcoding the genus *Chara*: molecular evidence recovers fewer taxa than the classical morphological approach. Journal of Phycology 51(2): 367-380.

Schubert, H. & Blindow, I. 2004. Charophytes of the Baltic Sea. Gantner Verlag Kommanditgesellschaft, Ruggell.

Schubert, H., Marquardt, R., Schories, D. & Blindow, I. 2014. Biogeography of Chilean charophytes. Aquatic Botany 120: 129-141.

Schwarzbold, A. 1982. *Influência da morfologia no balanço de substâncias e na distribuição de macrófitos aquáticos nas Lagoas Costeiras do Rio Grande do Sul. Dissertação de Mestrado.* Universidade Federal do Rio Grande do Sul, Porto Alegre.

Scribailo, R.W. & Alix, M.S. 2010. A checklist of North American Characeae: Charophytes 2: 38-52.

Siqueira-Filho, J.A. & Bueno, N.C. 2012. Flora of caatingas of the São Francisco River. *In*: Siqueira Filho, J.A. (Org.), Flora of caatingas of the São Francisco River: natural history and conservation. Andrea Jakobsson Estúdio Editorial Ltda, Rio de Janeiro, v. 1, p. 446-542. (1ª edição).

Tell, G. 1985. Catálogo de las algas de agua dulce de la República Argentina. Bibliotheca Phycologica 70: 1-283.

Thomaz, S.M., Bini, L.M., Souza, M.C., Kita, K.K. & Camargo, A.F.M. 1999. Aquatic macrophytes of Itaipu Reservoir, Brazil: survey of species and ecological considerations. Brazilian Archives of Biology and Technology 42: 15-22.

Torgan, L.C., Barreda, K.A. & Fortes, D.F. 2001. Catálago das algas Chlorophyta de águas continentais e marinhas do Rio Grande do Sul, Brasil. Iheringia, Série Botânica 56: 147-183.

Turpin, M.P.J.F. 1826. Dictionaire des Sciences Naturelles. F.G. Levrault, Libraire-Editeur, Paris. Vol. 8.

Urbaniak, J. 2007. Distribution of *Chara braunii* Gmelin 1826 (Charophyta) in Poland. Acta Societatis Botanicorum Poloniae 76: 313-320.

Urbaniak, J. 2009. Oospore variation in *Nitella gracilis* and *Nitella mucronata* (Charales, Charophyceae) from Poland. Biologia 64: 252-260.

Vieira Jr., J. & Necchi Jr., O. 2002. Microhabitat and plant structure of Characeae (Chlorophyta) populations in streams from São Paulo State, southeastern Brazil. Cryptogamie Algologie 23(1): 51-63.

Vieira Jr., J., Necchi Jr., O., Branco, C.C.Z. & Branco, L.H.Z. 2002. Characeae (Chlorophyta) em ecossistemas lóticos do Estado de São Paulo, Brasil: gênero *Nitella*. Hoehnea 29(3): 249-266.

Vieira Jr., J., Necchi Jr., O., Branco, C.C.Z. & Branco, L.H.Z. 2003. Characeae (Chlorophyta) em ecossistemas lóticos do Estado de São Paulo, Brasil: gênero *Chara* e distribuição ecológica. Hoehnea 30(1): 53-70.

Wallman, J. 1853. Essai d'une exposition systématique de la famille des Characées. Acta de la Société Linneénne de Bordeaux 21(1): 1-90.

Warming, E. 1892. Lagoa Santa: et Bidrag til den biologiske Plantegeographi. Kongelige Danske videnskabernes selskabs skrifter: nat. math. 6(3): 153-488 (Algae 414-415).

Wehr, J.D., Sheath, R.G. & Kocioleck, J.P. (Eds). 2015. Freshwater Algae of North America. Second Academic Preston, Boston.

Wood, R.D. 1948. A revision of the genus *Nitella* (Characeae) of North America. Farlowia 3: 331-398.

Wood, R.D. 1962. New combinations and taxa in the revision of Characeae. Taxon 11(1): 7-25.

Wood, R.D. 1978. Charophyta. *In*: Leistner O.A. (Ed.), Flora of Southern Africa: Cryptogams. Botanical Research Institute 9: 1-56.

Wood, R.D. & Imahori, K. 1965. A revision of the Characeae, 1: monograph of the Characeae. J. Cramer, Weinhen.

Zaneveld J.S. 1940. The Charophyta of Malaysia and adjacent countries. Blumea 4: 1-224.

5. ILUSTRAÇÕES

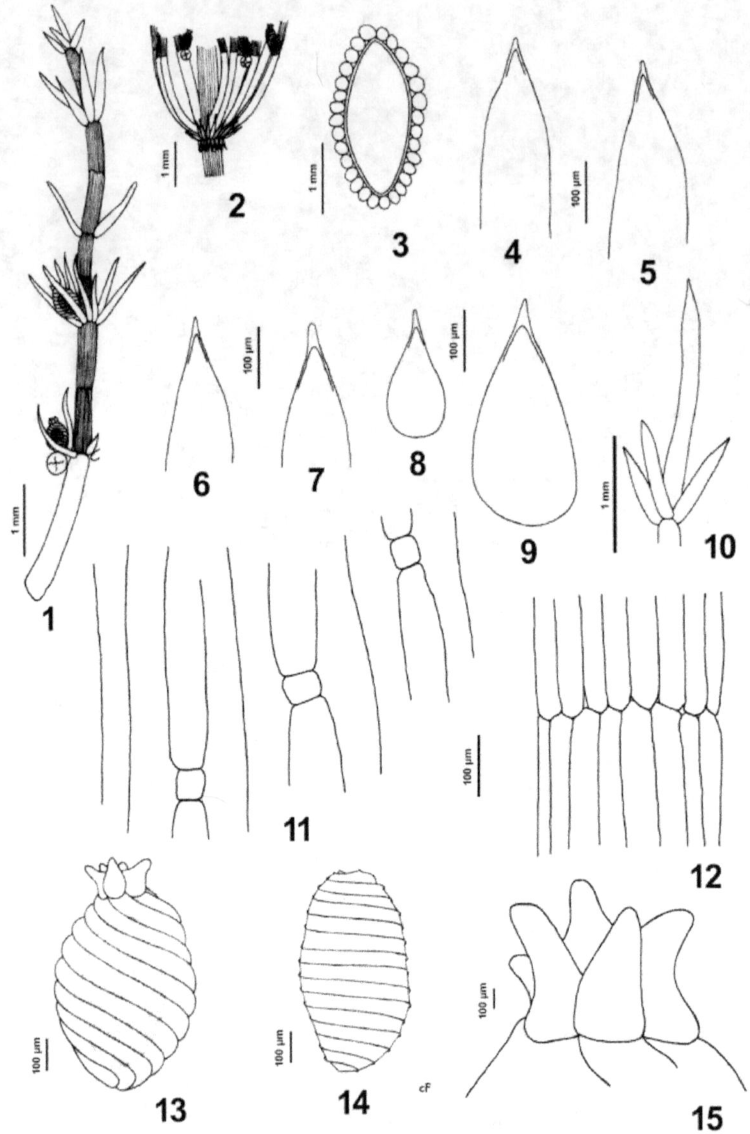

Figuras 1-15. *Chara angolensis*. Fig. 1. Râmulo com 2 nós férteis, 3 segmentos corticados. Fig. 2. Base de verticilo, estipuloides diplostéfanos, segmento basal alongado, nó basal fértil. Fig. 3. Corte transversal de córtex axial. Fig. 4-5. Ápice acuminado de brácteas. Fig. 6-7. Ápice acuminado de estipuloides. Fig. 8-9. Célula espiniforme. Fig. 10. Segmento apical ecorticado 1-celulado. Fig. 11. Córtex axial triplóstico, vista lateral. Fig. 12. Córtex de râmulo, células corticais encontrando-se em linha reta. Fig. 13. Núcula com 11 convoluções. Fig. 14. Oósporo com 14 estrias. Fig. 15. Corônula com células de ápices divergentes.

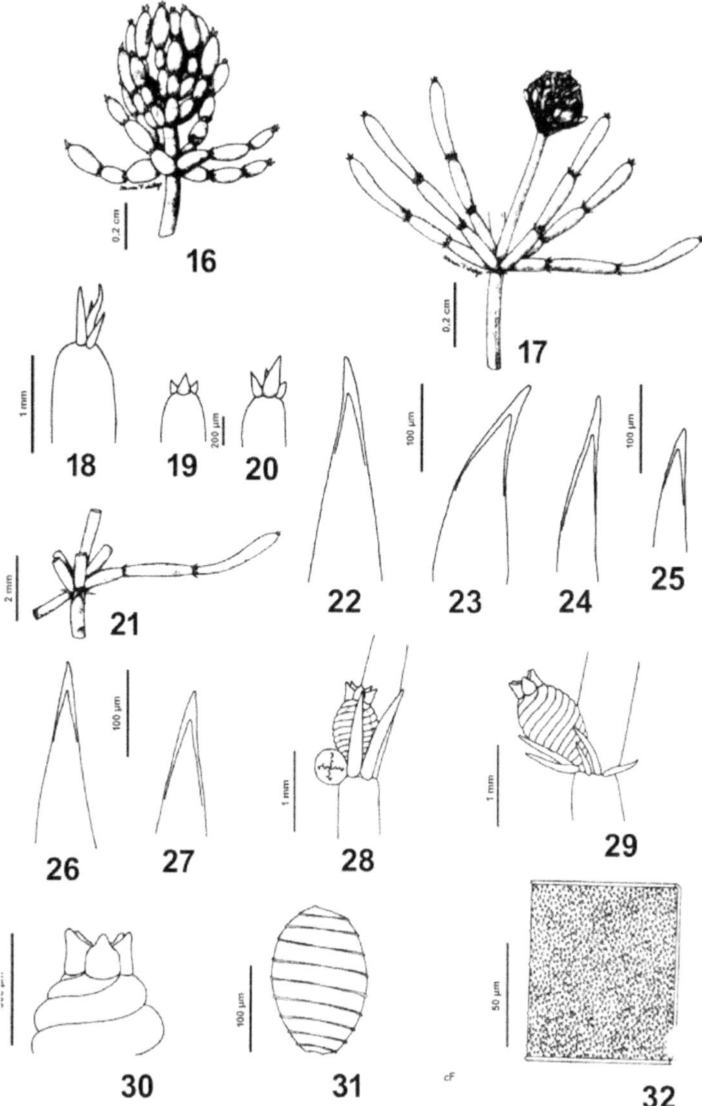

Figuras 16-32. *Chara braunii* var. *braunii*. Fig. 16. Hábito, porção apical com verticilos imbricados. Fig. 17. Hábito, verticilo de porção intermediária da planta, pequeno ramo com verticilos envoltos em muco. Fig. 18-20. Segmento apical, coroa de brácteas. Fig. 21. Base de verticilo, estipuloides haplostéfanos alternos, râmulo ecorticado. Fig. 22-23. Ápice de estipuloides. Fig. 24-25. Ápice acuminado de brácteas. Fig. 26-27. Ápice acuminado de bractéolas. Fig. 28. Nó fértil, gametângios conjuntos. Fig. 29. Nó fértil, núcula. Fig. 30. Corônula com células de ápices divergentes. Fig. 31. Oósporo com 9 estrias. Fig. 32. Parede de oósporo com membrana granulosa.

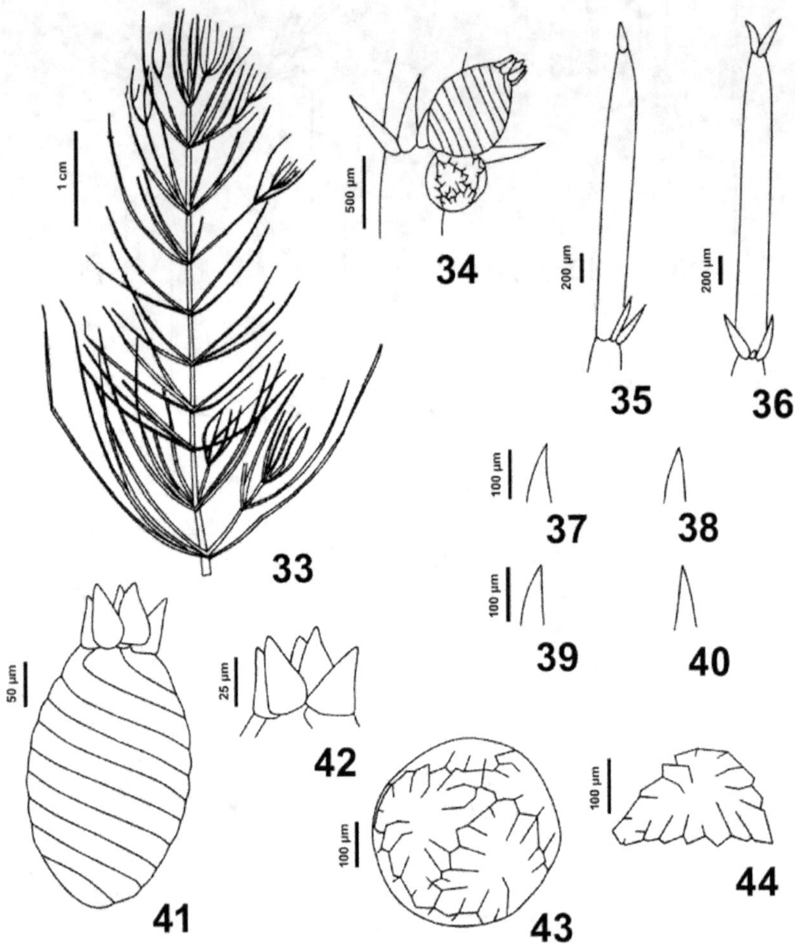

Figuras 33-44. *Chara braunii* var. *brasiliensis*. Fig. 33. Hábito. Fig. 34. Nó fértil, gametângios conjuntos. Fig. 35-36. Ápice de râmulos. Fig. 37-38. Ápice de estipuloides. Fig. 39-40. Ápice de brácteas. Fig. 41. Núcula. Fig. 42. Corônula com ápice convergente. Fig. 43. Glóbulo. Fig. 44. Escudo triangular.

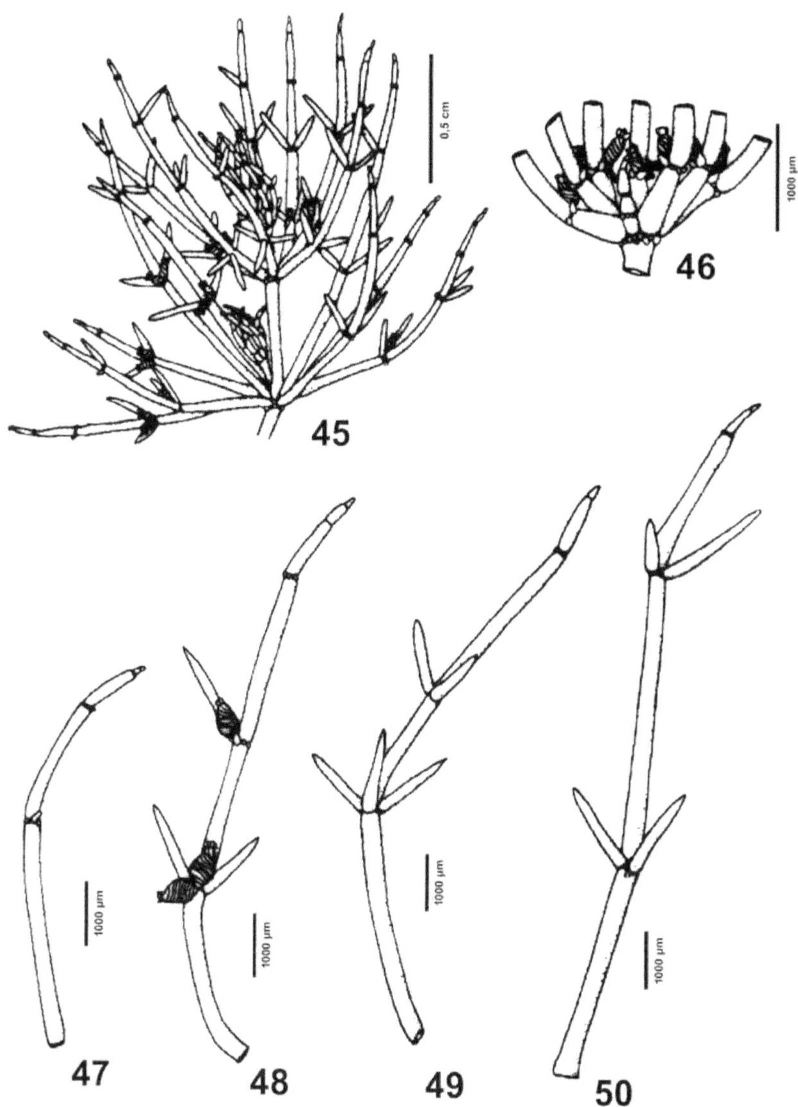

Figuras 45-50. *Chara bulbillifera*. Fig. 45. Hábito, planta feminina. Fig. 46. Base de verticilo. Fig. 47, 49-50. Râmulos 4-segmentados. Fig. 48. 1º e 2º nós férteis. (Fonte: Prado & Baptista 2005).

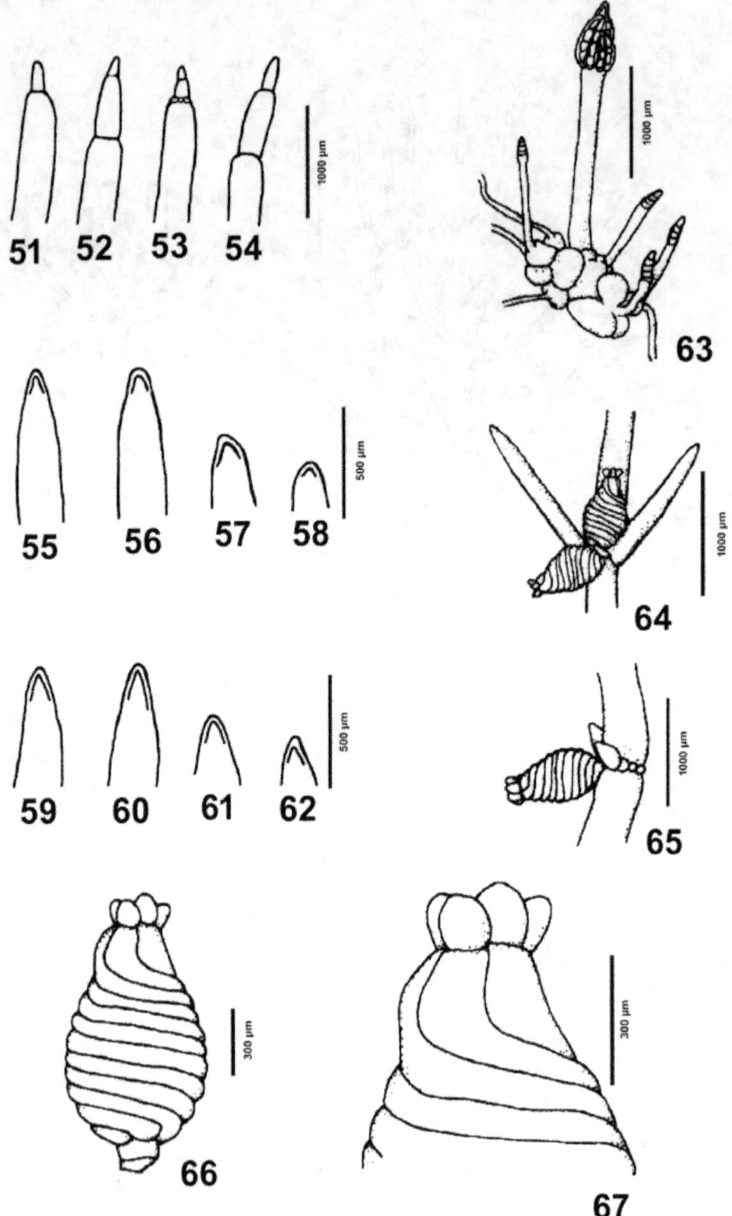

Figuras 51-67. *Chara bulbillifera*. Fig. 51-54. Ápice de râmulos 2-3-celulados. Fig. 55-62. Ápice de brácteas. Fig. 63. Bulbilhos, ramos jovens e rizoides. Fig. 64-65. Nós férteis. Fig. 64. Núculas geminadas, bractéolas geminadas. Fig. 66. Núcula com 10 convoluções. Fig. 67. Corônula. (Fonte: Prado & Baptista 2005).

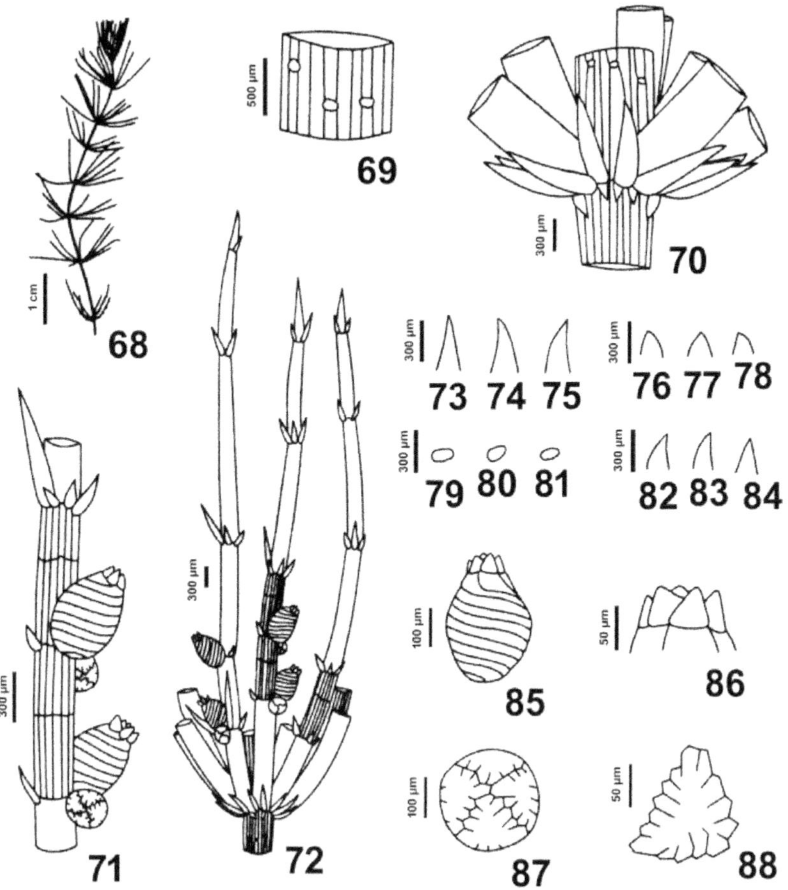

Figuras 68-88. *Chara diaphana*. Fig. 68. Hábito. Fig. 69. Córtex triplóstico. Fig. 70. Estipuloides diplostéfanos. Fig. 71. Râmulo com segmento basal fértil. Fig. 72. Râmulos com 0-2 segmentos corticados. Fig. 73-75. Ápice de estipuloides superiores. Fig. 76-78. Ápice de estipuloides inferiores. Fig. 79-81. Células espiniformes. Fig. 82-84. Ápice de brácteas. Fig. 85. Núcula. Fig. 86. Corônula. Fig. 87. Glóbulo. Fig. 88. Escudo triangular.

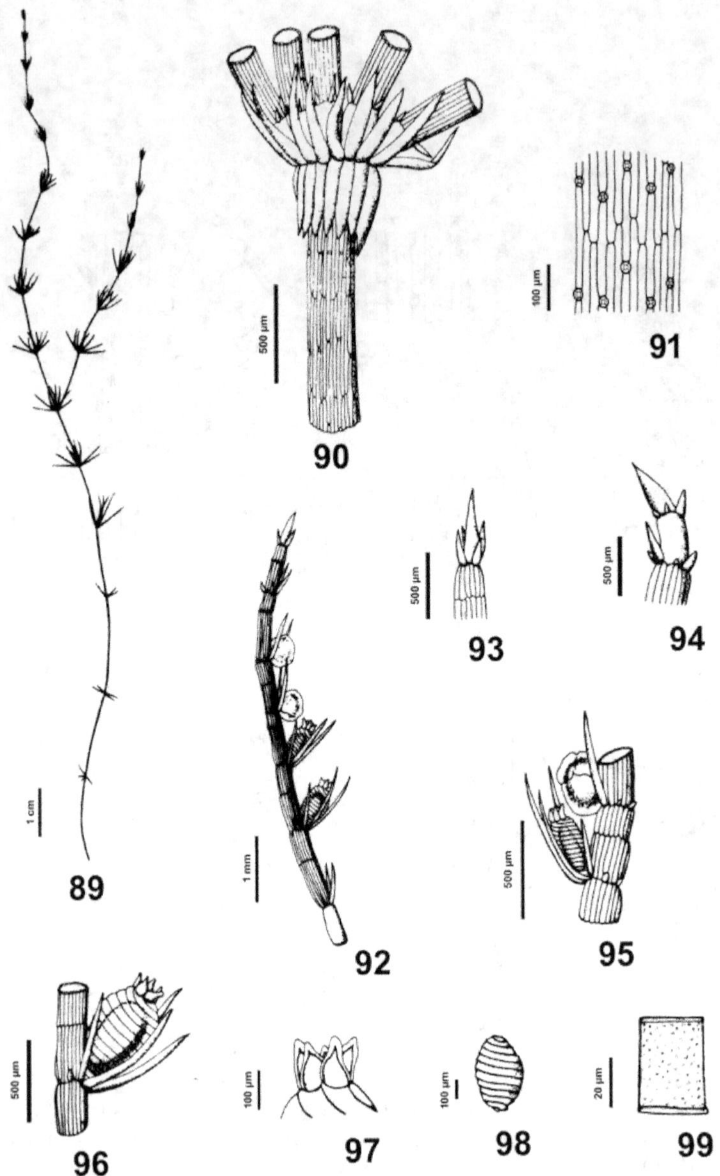

Figuras 89-99. *Chara drouetii.* Fig. 89. Hábito. Fig. 90. Base de verticilo, estipuloides diplostéfanos. Fig. 91. Córtex triplóstico. Fig. 92. Râmulo com segmento basal nu, segmento intercalar corticado, gametângios sejuntos. Fig. 93-94. Segmento apical nu. Fig. 95. Gametângios sejuntos. Fig. 96. Núcula. Fig. 97. Corônula. Fig. 98. Oósporo. Fig. 99. Parede de oósporo com membrana finamente granulosa.

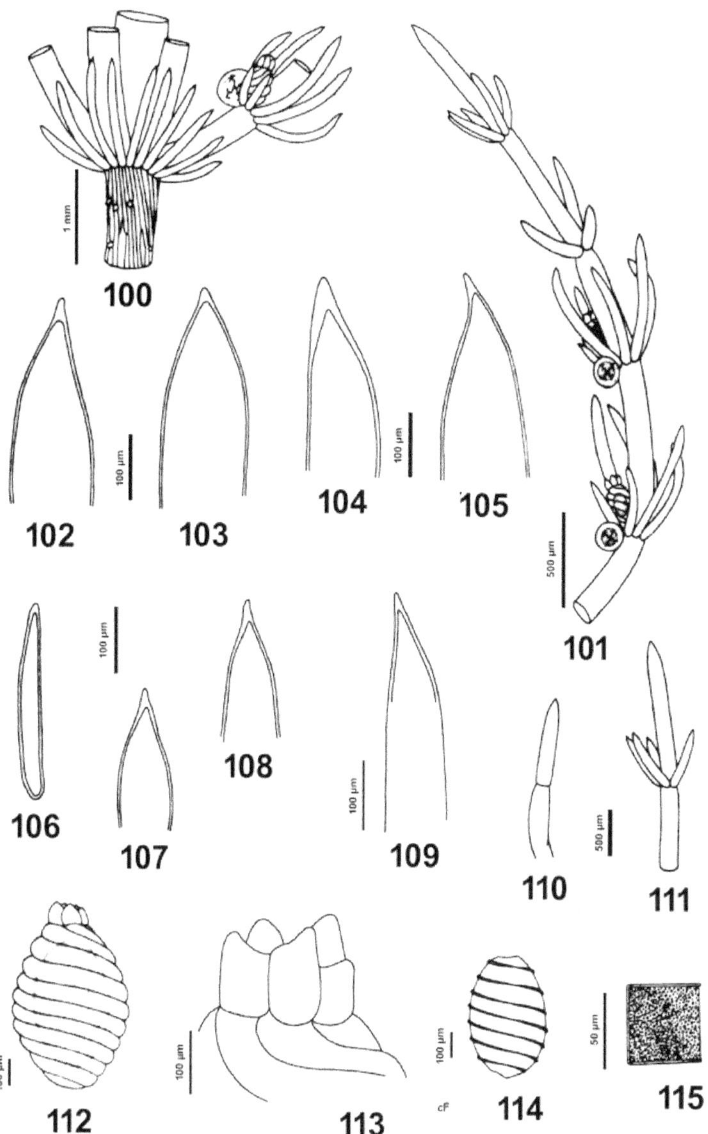

Figuras 100-115. *Chara fibrosa*. Fig. 100. Base de verticilo, estipuloides haplostéfanos, nó basal fértil. Fig. 101. Râmulo com nós basais férteis e estéreis, gametângios conjuntos. Fig. 102-103. Ápice acuminado de bráctea. Fig. 104-105. Ápice acuminado de bractéola. Fig. 106. Célula espiniforme com ápice levemente arredondado. Fig. 107-109. Ápice acuminado de estipuloide. Fig. 110. Segmento apical 2-celulado. Fig. 111. Segmento apical 1-celulado. Fig. 112. Núcula com 11 convoluções. Fig. 113. Corônula com células de ápices divergentes. Fig. 114. Oósporo com 7 estrias. Fig. 115. Parede de oósporo com membrana granulosa.

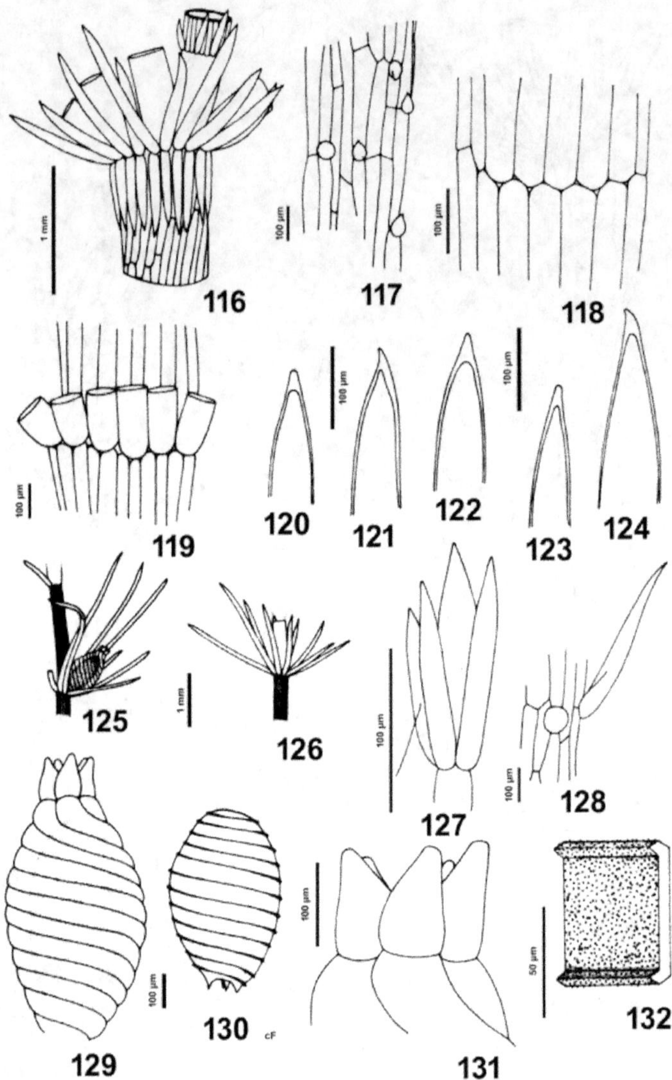

Figuras 116-132. *Chara formosa*. Fig. 116. Base de verticilo, estipuloides diplostéfanos. Fig. 117. Córtex triplóstico. Fig. 118. Células de córtex em linha reta. Fig. 119. Base das brácteas de um râmulo mostrando duas células corticais por râmulo. Fig. 120-121. Ápice de estipuloides. Fig. 122-123. Ápice acuminado de células espiniformes. Fig. 124. Ápice de bráctea. Fig. 125. Núcula. Fig. 126. Nó estéril, brácteas longas. Fig. 127. Segmento apical nu rodeado por brácteas. Fig. 128. Córtex axial, célula espiniforme desenvolvida. Fig. 129. Núcula com 12 convoluções. Fig. 130. Oósporo com 9 estrias. Fig. 131. Corônula. Fig. 132. Parede de oósporo com membrana granulosa.

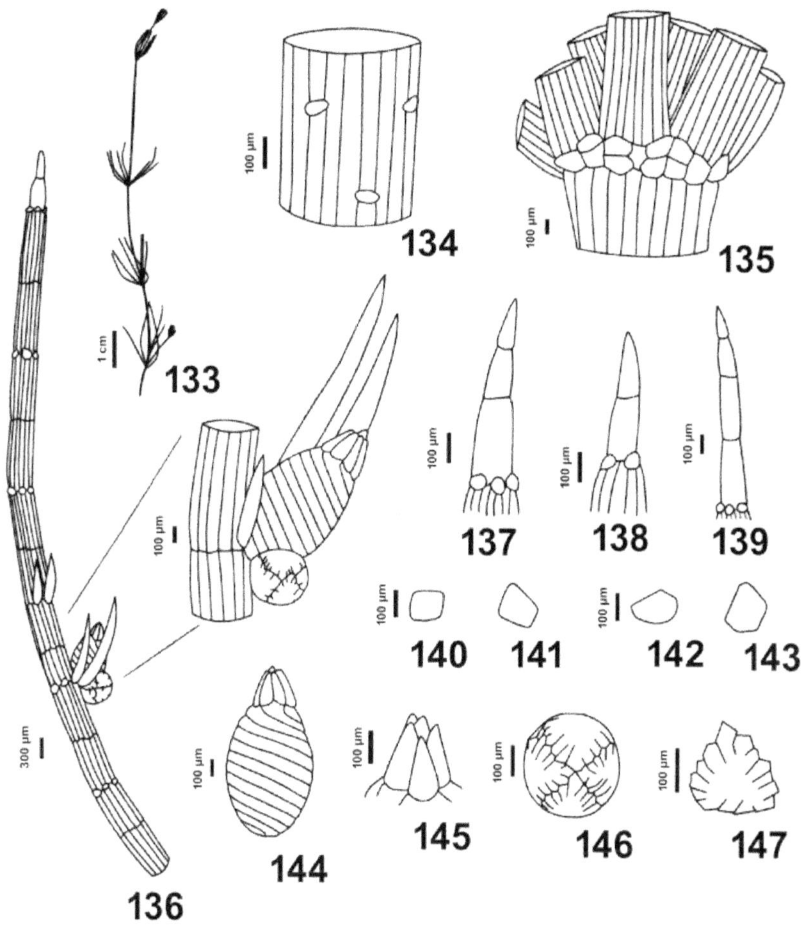

Figuras 133-147. *Chara globularis*. Fig. 133. Hábito. Fig. 134. Córtex triplóstico. Fig. 135. Estipuloides diplostéfanos. Fig. 136. Râmulo fértil. Fig. 137-139. Segmento apical ecorticado. Fig. 140-141. Ápice de estipuloides inferiores. Fig. 142-143. Ápice de estipuloides superiores. Fig. 144. Núcula. Fig. 145. Corônula. Fig. 146. Glóbulo. Fig. 147. Escudo triangular.

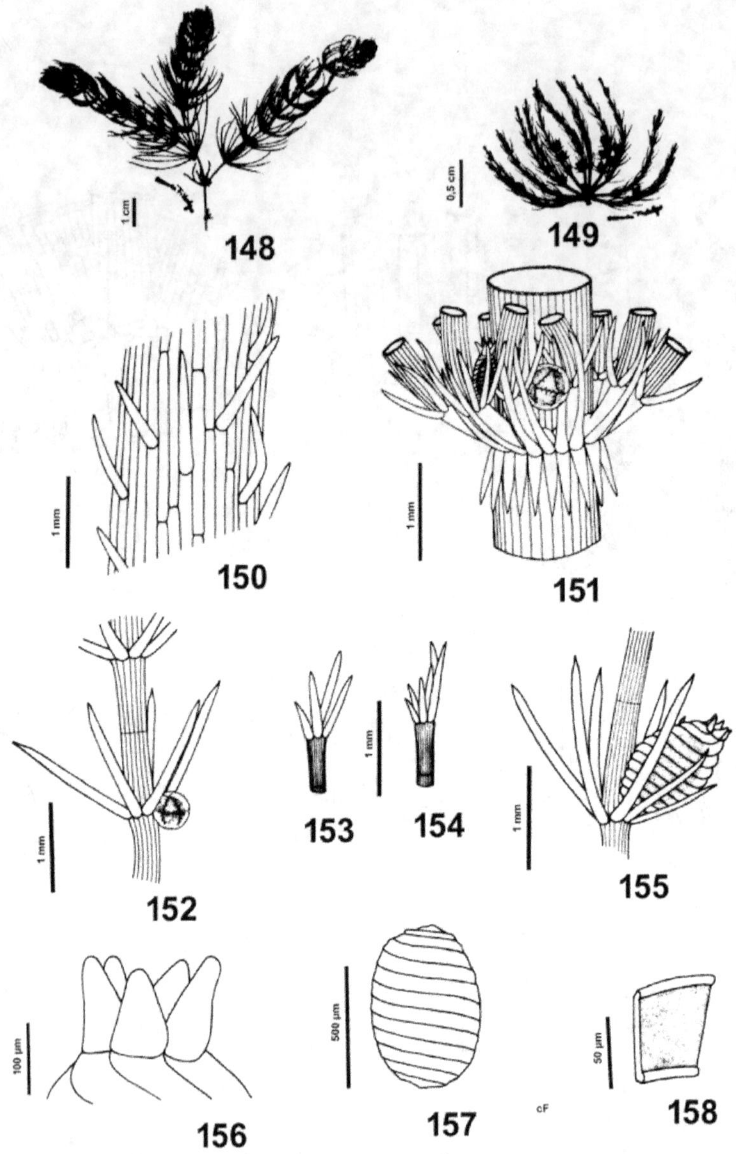

Figuras 148-158. *Chara guairensis.* Fig. 148. Hábito. Fig. 149. Verticilo com 11 râmulos. Fig. 150. Córtex triplóstico. Fig. 151. Estipuloides diplostéfanos, segmento basal ecorticado, nó basal fértil. Fig. 152. Nó fértil, glóbulo. Fig. 153-154. Ápice de râmulo com segmento apical nu rodeado por brácteas desenvolvidas. Fig. 155. Nó fértil com núcula. Fig. 156. Corônula com células de ápices divergentes. Fig. 157. Oósporo com 12 estrias. Fig. 158. Parede de oósporo com membrana granulosa.

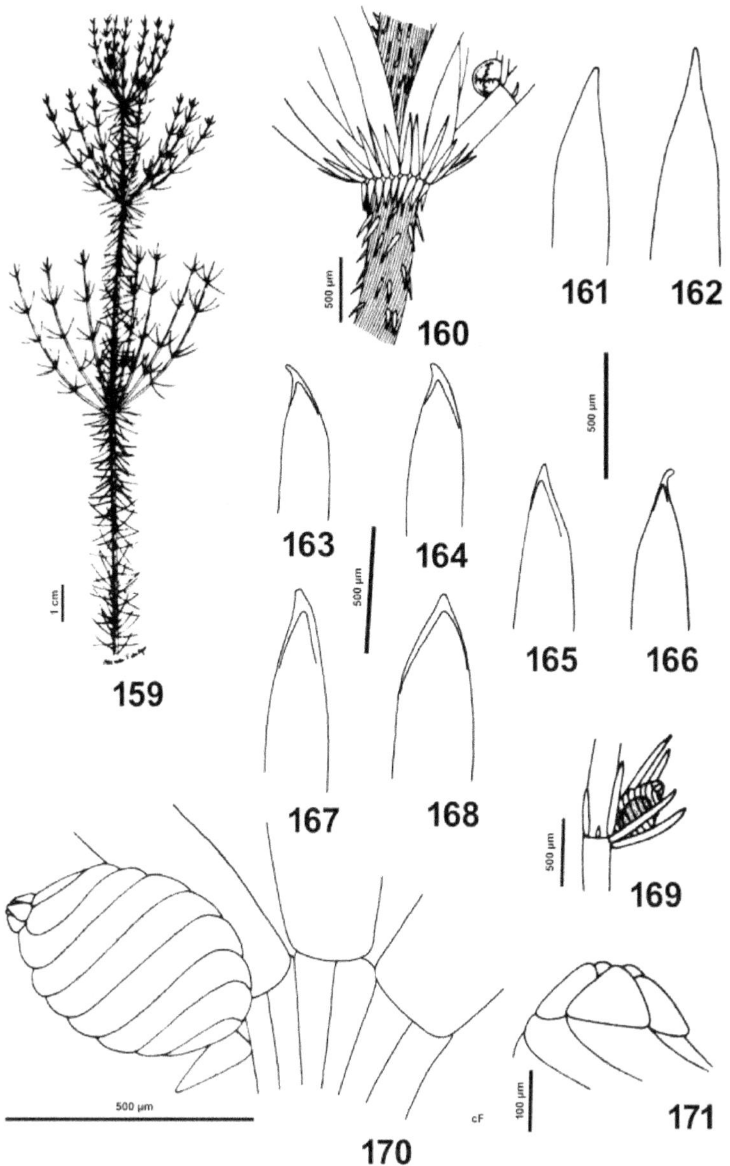

Figuras 159-171. *Chara hornemanii*. Fig. 159. Hábito. Fig. 160. Verticilo com estipuloides diplostéfanos, segmento basal ecorticado. Fig. 161-162. Ápice acuminado de estipuloides. Fig. 163-164. Ápice acuminado de bractéolas. Fig. 165-166. Ápice acuminado de brácteas. Fig. 167. Ápice acuminado de células espiniformes. Fig. 168. Ápice agudo de célula espiniforme. Fig. 169. Nó fértil, núcula. Fig. 170. Nó fértil com núcula, bracteleta minúscula na base da núcula. Fig. 171. Corônula com células de ápices divergentes.

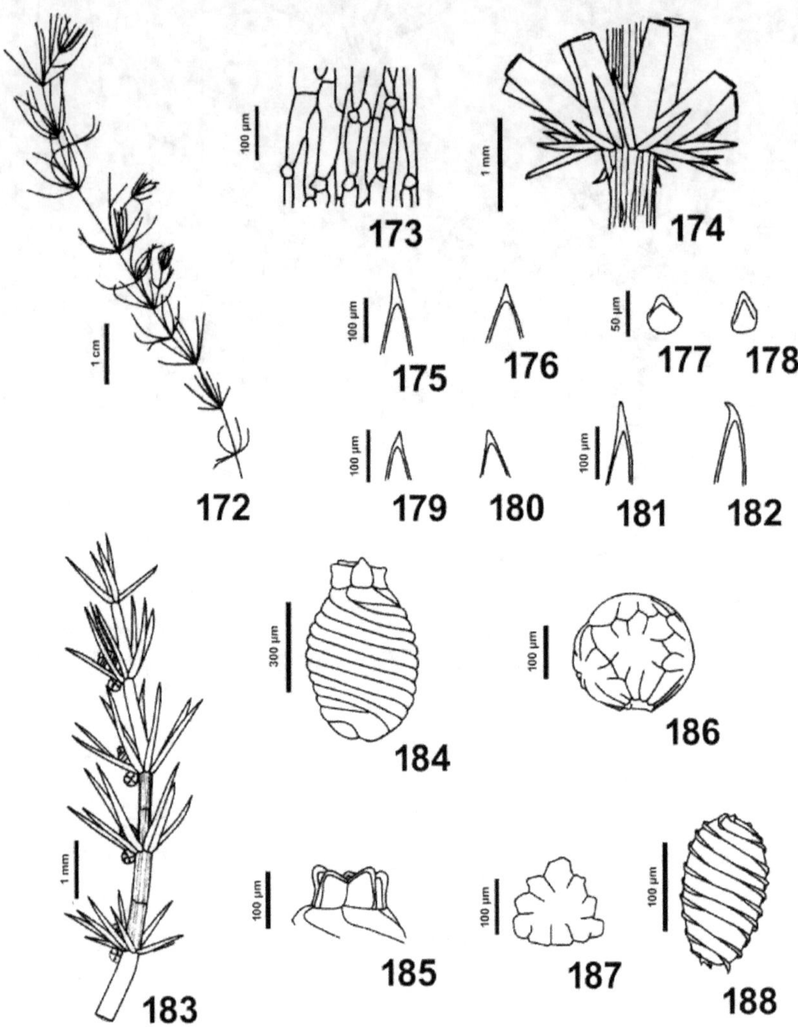

Figuras 172-188. *Chara hydropitys*. Fig. 172. Hábito. Fig. 173. Córtex triplóstico. Fig. 174. Estipuloides diplostéfanos. Fig. 175-176. Ápice de brácteas. Fig. 177-178. Células espiniformes. Fig. 179-180. Ápice de brácteas. Fig. 181-182. Ápice de bractéolas. Fig. 183. Râmulo fértil. Fig. 184. Núcula. Fig. 185. Corônula. Fig. 186. Glóbulo. Fig. 187. Escudo triangular. Fig. 188. Oósporo.

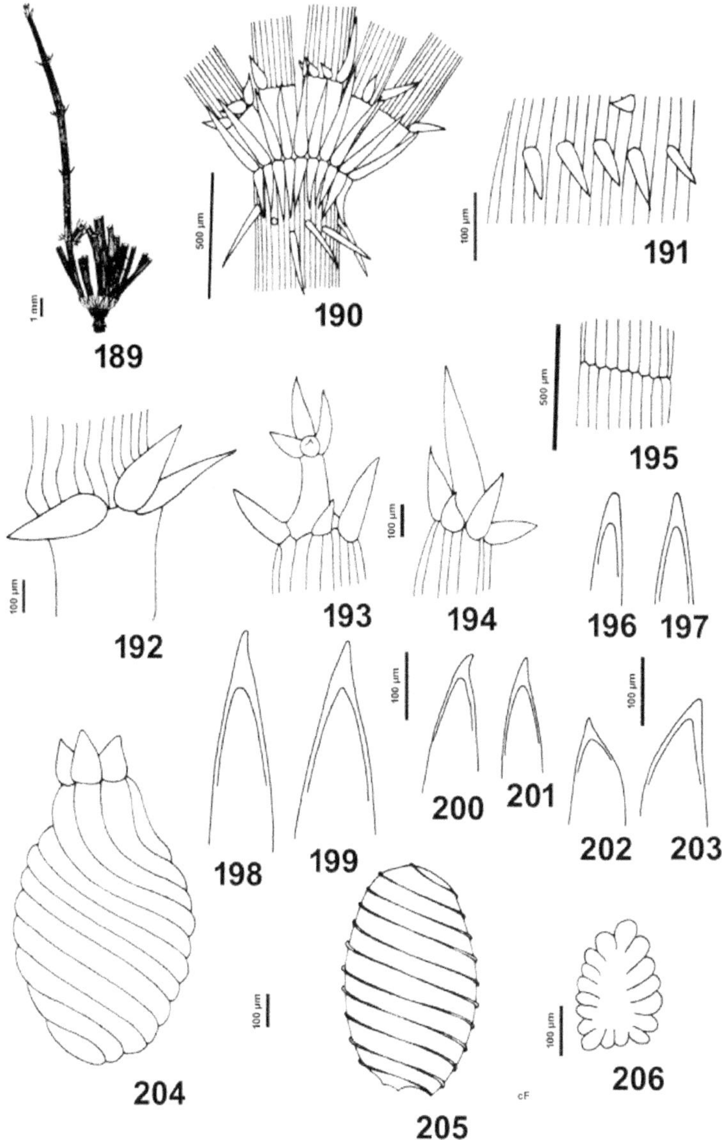

Figuras 189-206. *Chara indica*. Fig. 189. Verticilo e râmulo com 8 segmentos. Fig. 190. Base de verticilo com estipuloides diplostéfanos. Fig. 191. Córtex triplóstico. Fig. 192. Base de râmulo com segmento basal ecorticado e brácteas verticiladas. Fig. 193-194. Segmento apical ecorticado. Fig. 195. Célula do córtex em linha reta. Fig. 196-197. Ápice acuminado de células espiniformes. Fig. 198-199. Ápice acuminado de bractéolas. Fig. 200-201. Ápice acuminado de brácteas. Fig. 202-203. Ápice acuminado de estipuloides. Fig. 204. Núcula com 11 convoluções. Fig. 205. Oósporo com 11 estrias. Fig. 206. Escudo triangular.

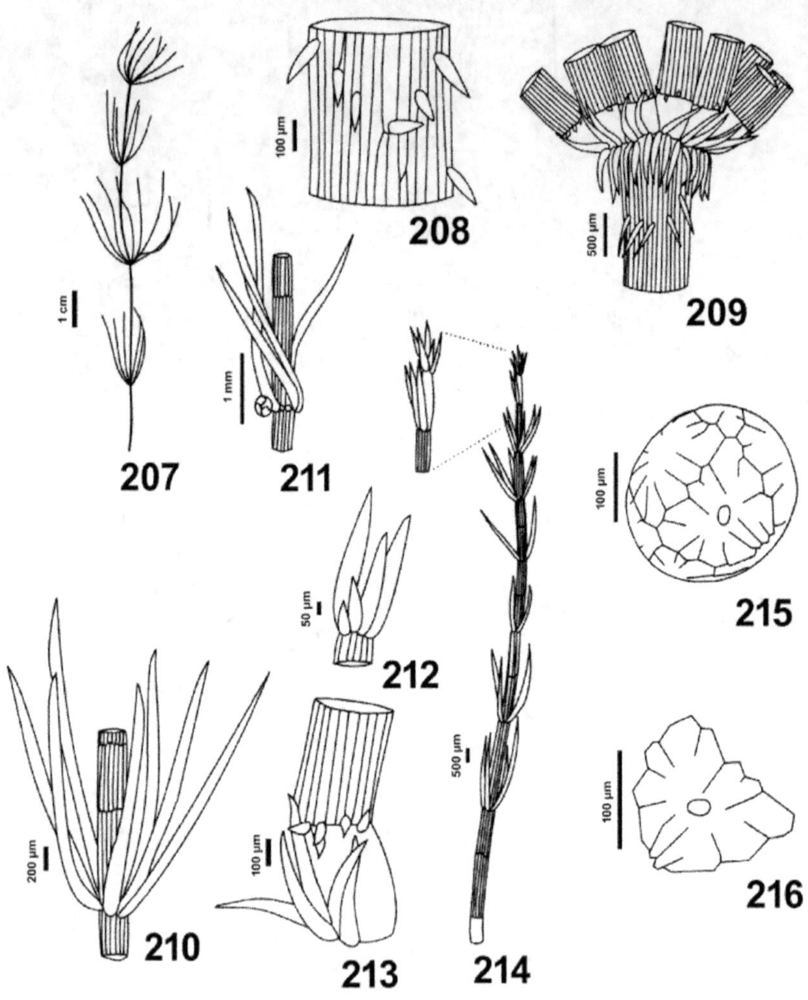

Figuras 207-216. *Chara kenoyeri*. Fig. 207. Hábito. Fig. 208. Córtex triplóstico. Fig. 209. Estipuloides diplostéfanos. Fig. 210. Nó estéril. Fig. 211. Nó fértil com glóbulo. Fig. 212. Segmento apical ecorticado. Fig. 213. Nó basal estéril. Fig. 214. Râmulo corticado. Fig. 215. Glóbulo. Fig. 216. Escudo triangular.

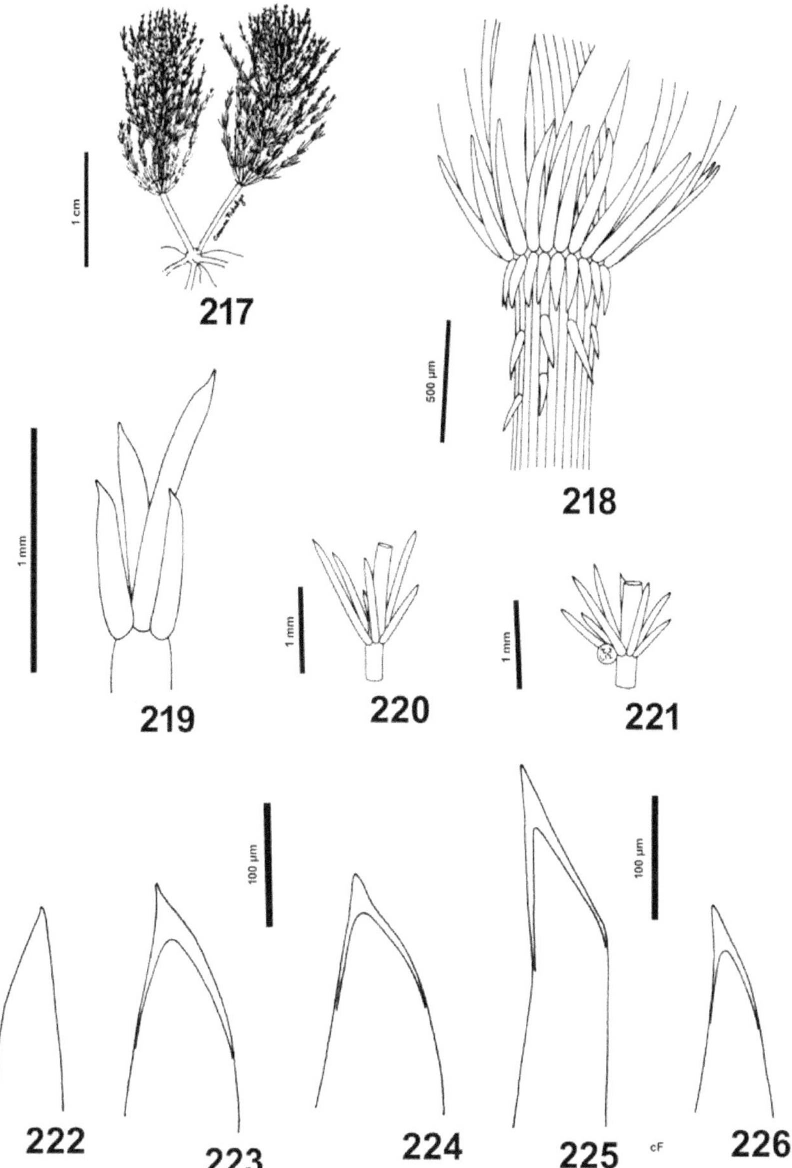

Figuras 217-226. *Chara linharensis*. Fig. 217. Hábito. Fig. 218. Verticilo com estipuloides diplostéfanos. Fig. 219. Segmento apical ecorticado rodeado por brácteas. Fig. 220. Nó estéril. Fig. 221. Nó fértil, glóbulo. Fig. 222. Ápice acuminado de segmento apical. Fig. 223-224. Ápice acuminado de brácteas. Fig. 225. Ápice acuminado de estipuloide. Fig. 226. Ápice de célula espiniforme.

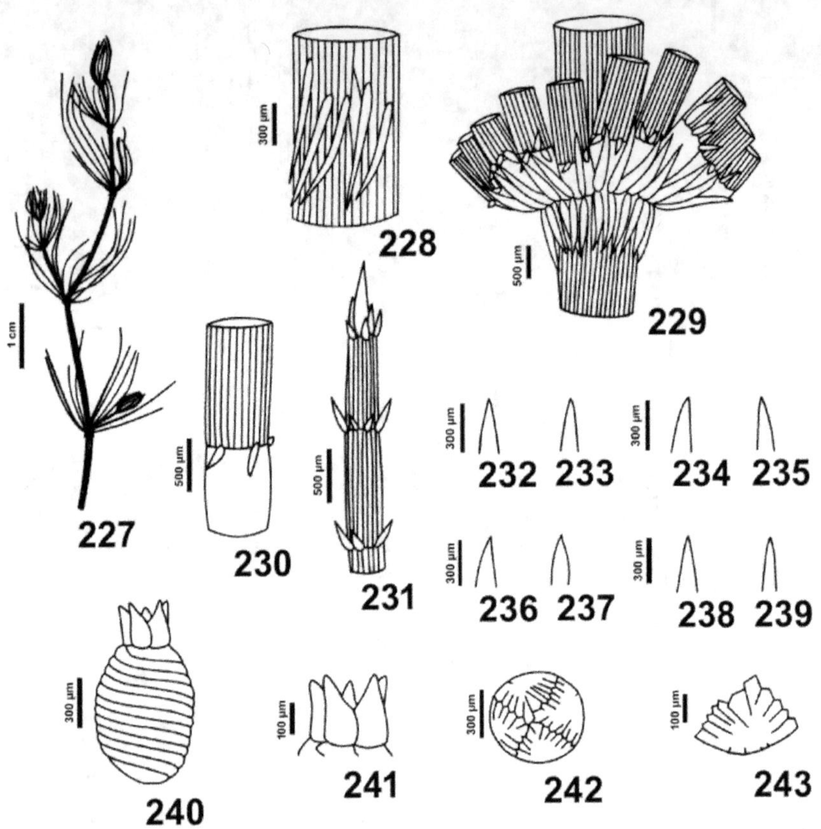

Figuras 227-243. *Chara martiana*. Fig. 227. Hábito. 2. Fig. 228. Córtex triplóstico. Fig. 229. Estipuloides diplostéfanos. Fig. 230. Segmento basal ecorticado. Fig. 231. Segmento apical ecorticado. Fig. 232-233. Ápice de estipuloides superiores. Fig. 234-235. Ápice de estipuloides inferiores. Fig. 236-237. Ápice de brácteas. Fig. 238-239. Ápice de bractéolas. Fig. 240. Núcula. Fig. 241. Corônula. Fig. 242. Glóbulo. Fig. 243. Escudo triangular.

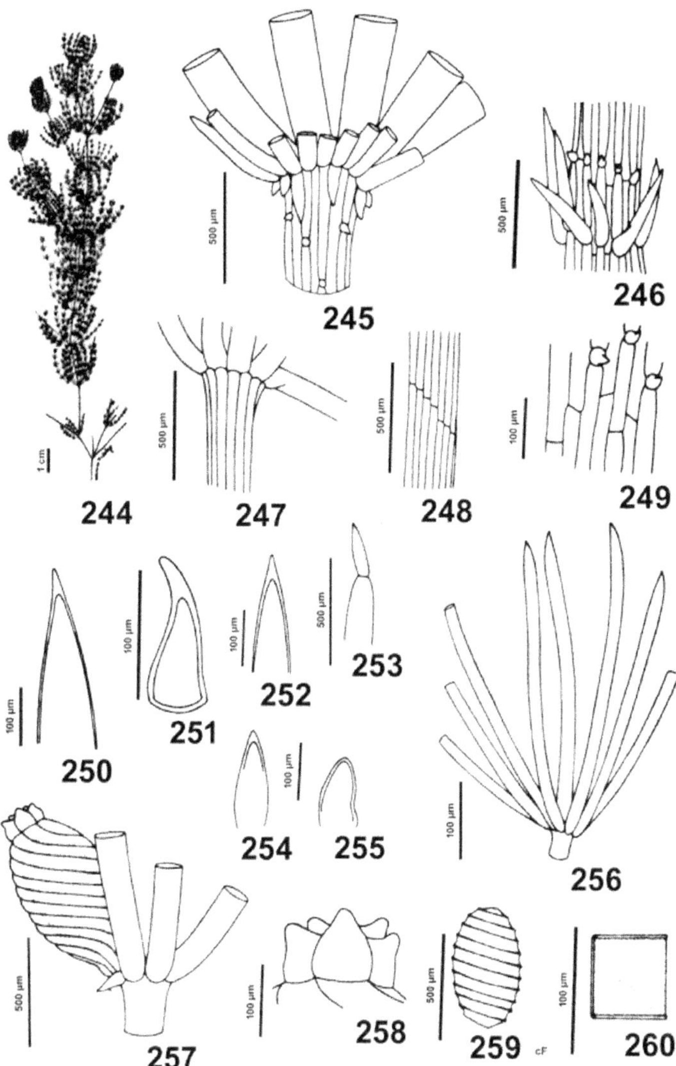

Figuras 244-260. *Chara pseudohydropitys*. Fig. 244. Hábito. Fig. 245. Base de verticilo com estipuloides diplostéfanos. Fig. 246. Córtex diplóstico. Fig. 247. Nó mostrando base de brácteas e córtex diplóstico. Fig. 248. Células do córtex em plano inclinado. Fig. 249. Córtex diplóstico, células espiniformes. Fig. 250. Ápice de bráctea. Fig. 251. Células espiniformes de tamanho reduzido. Fig. 252. Ápice acuminado de célula espiniforme. Fig. 253. Segmento apical 2-celulado. Fig. 254. Ápice acuminado de estipuloide. Fig. 255. Ápice arredondado de estipuloide. Fig. 256. Segmento apical ecorticado, brácteas alongadas. Fig. 257. Nó fértil com núcula. Fig. 258. Corônula. Fig. 259. Oósporo com 10 estrias. Fig. 260. Parede de oósporo com membrana finamente granulosa.

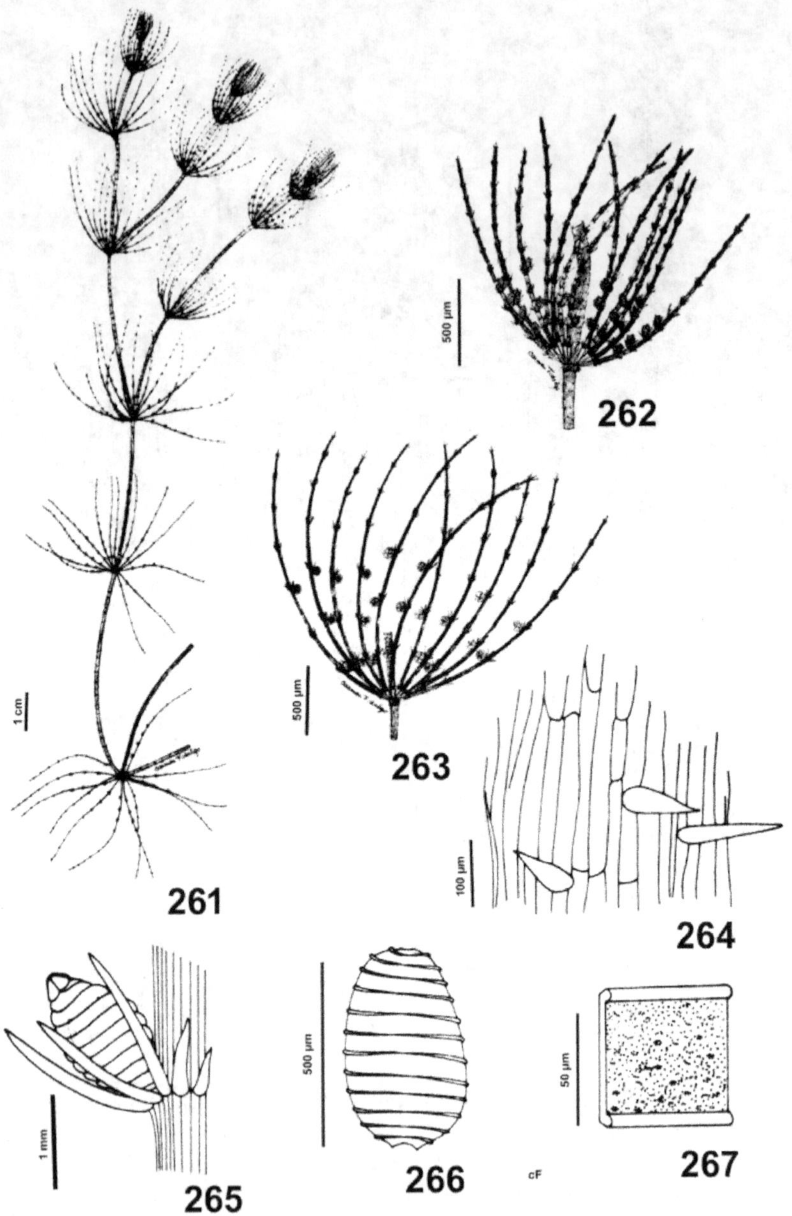

Figuras 261-267. *Chara rushyana*. Fig. 261. Hábito. Fig. 262. Verticilo com núculas, estipuloides diplostéfanos e segmento basal ecorticado. Fig. 263. Verticilo com glóbulo. Fig. 264. Córtex triplóstico. Fig. 265. Nó fértil com núcula. Fig. 266. Oósporo com 12 estrias. Fig. 267. Parede de oósporo finamente granulosa.

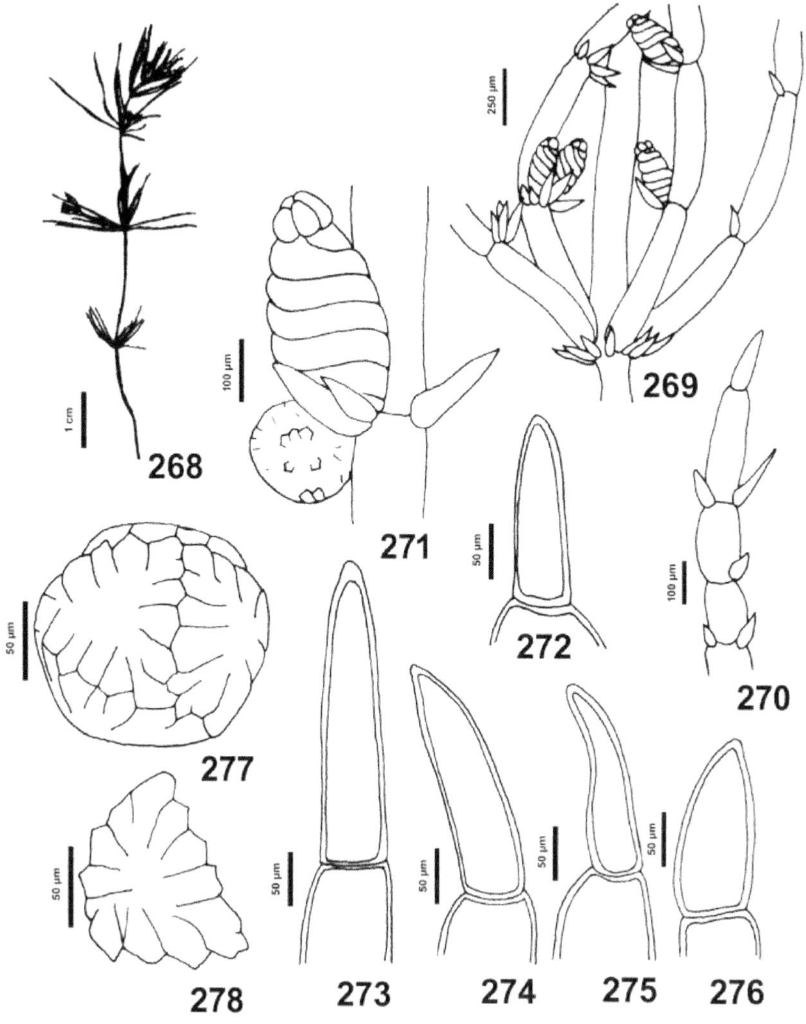

Figuras 268-278. *Chara socotrensis*. Fig. 268. Hábito. Fig. 269. Verticilo fértil, estipuloides haplostéfanos. Fig. 270. Râmulo estéril ecorticado. Fig. 271. Nó fértil com gametângios conjuntos. Fig. 272. Ápice de râmulo verticilado. Fig. 273-276. Segmento apical de râmulos acuminados. Fig. 277. Glóbulo. Fig. 278. Escudo triangular.

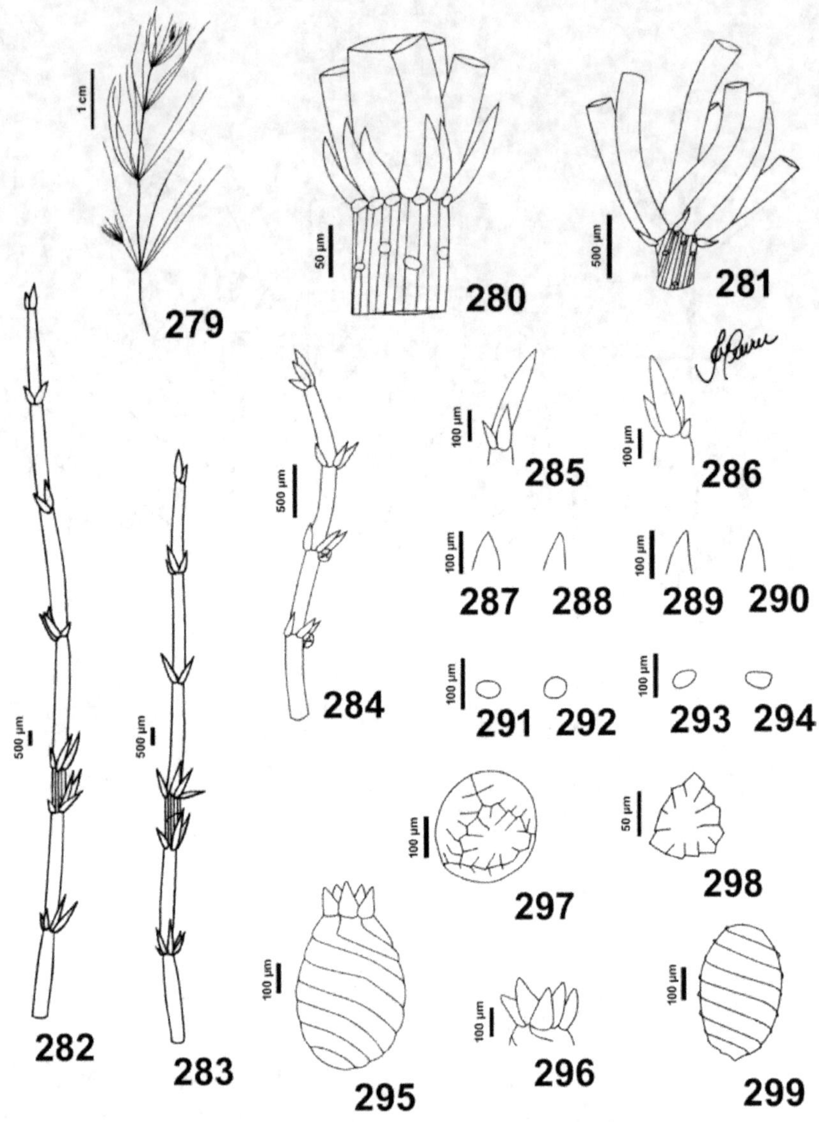

Figuras 279-299. *Chara virgata*. Fig. 279. Hábito. Fig. 280. Córtex triplóstico. Fig. 281. Estipuloides diplostéfanos. Fig. 282-284. Râmulo com 0-1 segmento corticado. Fig. 285-286. Râmulo com segmento apical ecorticado. Fig. 287-288. Ápice de estipuloides inferiores. Fig. 289-290. Ápice de brácteas. Fig. 291-292. Ápice de estipuloides inferiores. Fig. 293-294. Células espiniformes. Fig. 295. Núcula. Fig. 296. Corônula. Fig. 297. Glóbulo. Fig. 298. Escudo triangular. Fig. 299. Oósporo.

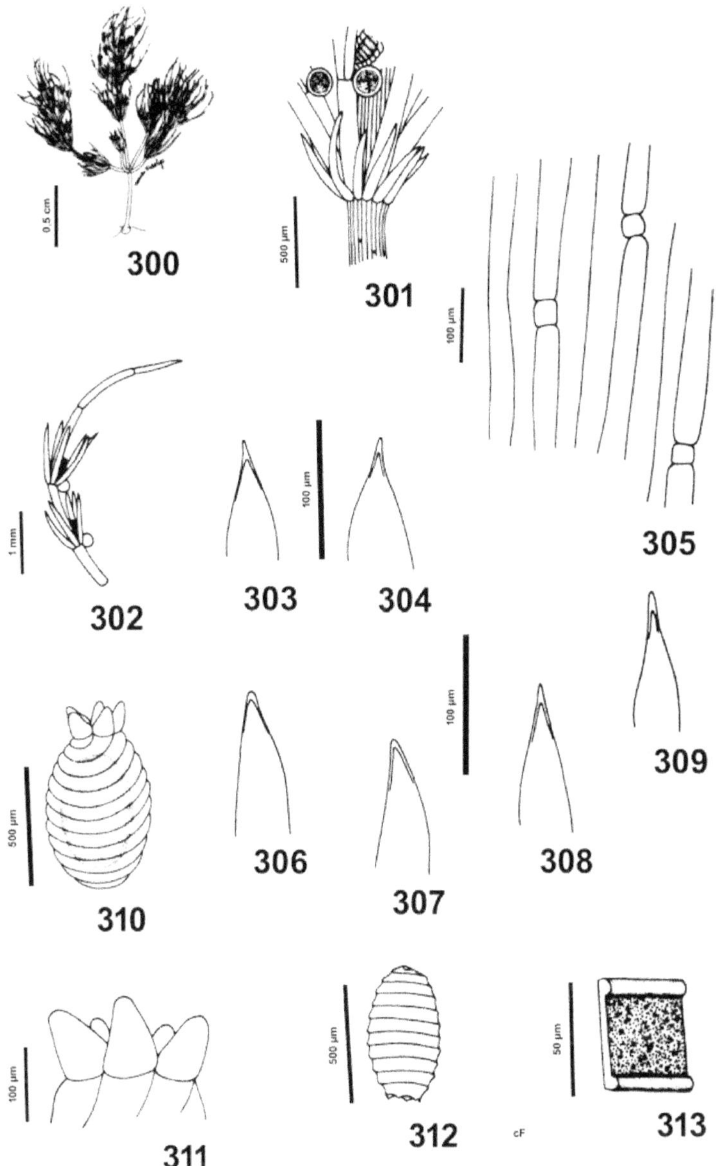

Figuras 300-313. *Chara vitalii*. Fig. 300. Hábito. Fig. 301. Verticilo com núculas, estipuloides haplostéfanos e segmento basal ecorticado. Fig. 302. Verticilo com gametângios conjuntos. Fig. Fig. 303-304. Ápice acuminado de brácteas. 305. Córtex triplóstico. Fig. 306-307. Ápice acuminado de bracteolas. Fig. 308-309. Ápice acuminado de estipuloides. Fig. 310. Núcula. Fig. 311. Corônula. Fig. 312. Oósporo. Fig. 313. Parede de oósporo.

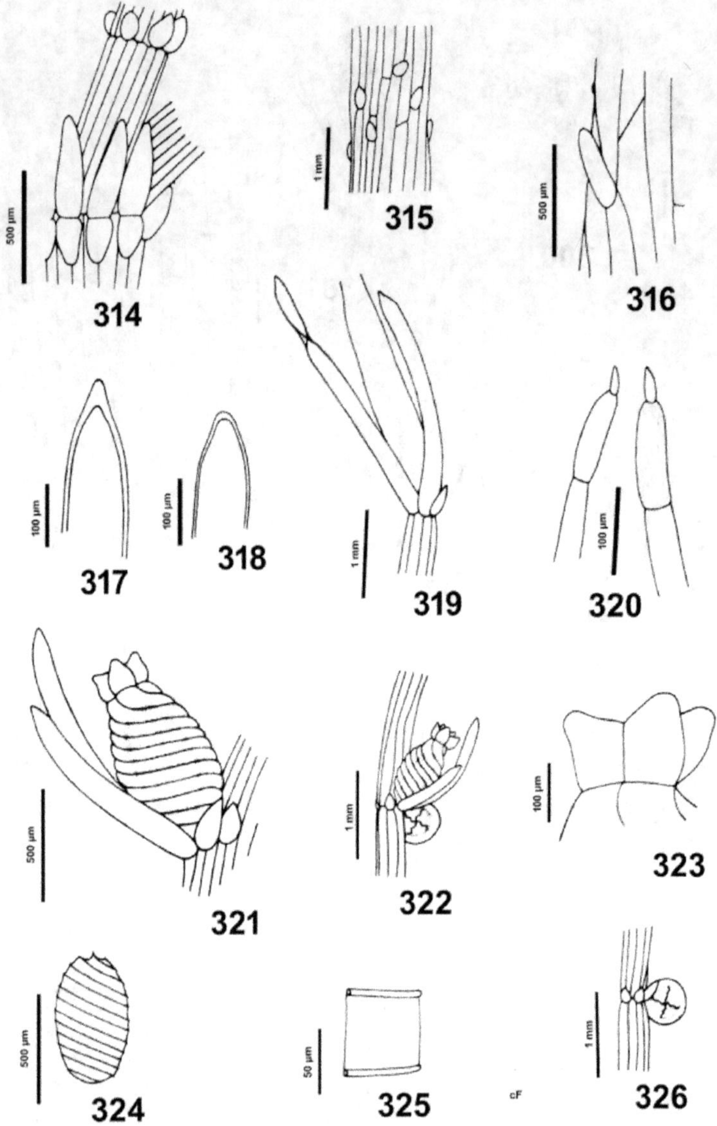

Figuras 314-326. *Chara vulgaris. var. vulgaris.* Fig. 314. Base de verticilo com estipuloides diplostéfanos de ápices arredondados, segmento basal corticado. Fig. 315. Córtex diplóstico com células espiniformes. Fig. 316. Célula espiniforme isolada, ápice arredondado. Fig. 317-318. Ápice de bractéola. Fig. 319. Nó intermediário entre segmentos corticados superiores e inferiores. Fig. 320. Ápice de segmento apical. Fig. 321. Núcula. Fig. 322. Gametângios conjuntos. Fig. 323. Corônula. Fig. 324. Oósporo. Fig. 325. Parede de oósporo. Fig. 326. Nó fértil, glóbulo.

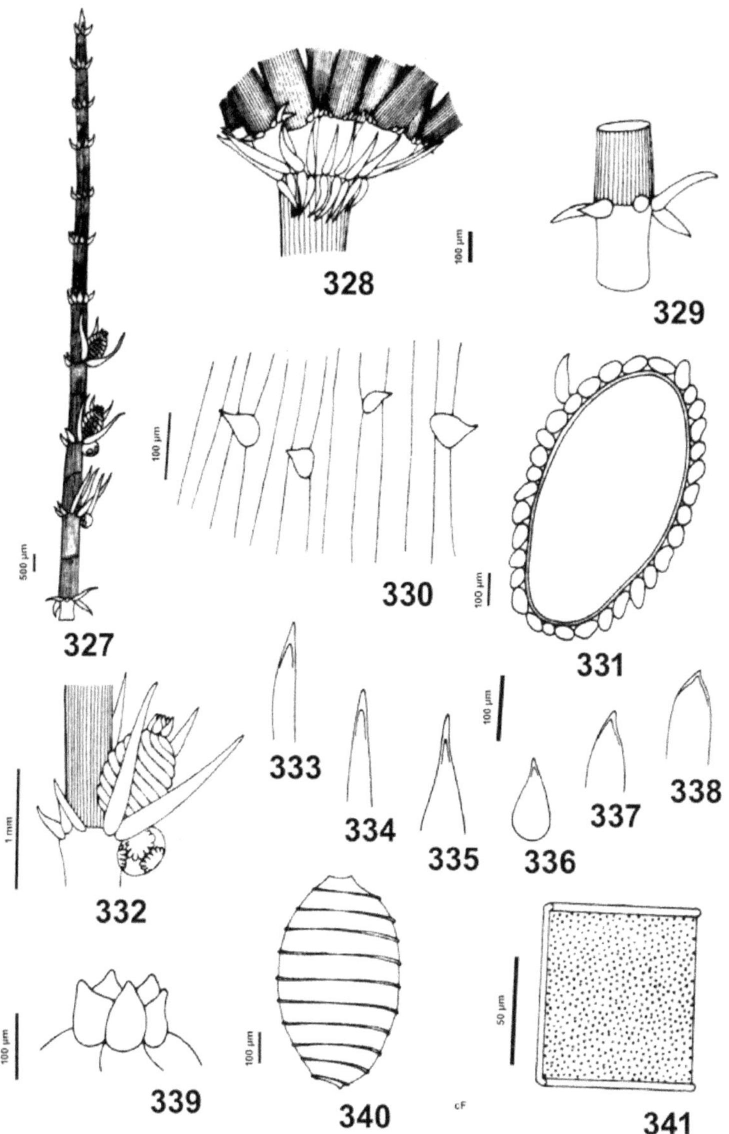

Figuras 327-341. *Chara zeylanica*. Fig. 327. Râmulo fértil com segmentos corticados. Fig. 328. Estipuloides diplostéfanos. Fig. 329. Segmento basal ecorticado. Fig. 330. Córtex triplóstico, células espiniformes. Fig. 331. Córtex axial em corte transversal. Fig. 332. Nó fértil, gametângios conjuntos. Fig. 333-334. Ápice acuminado de bractéola. Fig. 335. Ápice acuminado de bráctea. Fig. 336. Bráctea reduzida. Fig. 337. Ápice acuminado de estipuloide. Fig. 338. Ápice agudo de estipuloide. Fig. 339. Corônula com ápices divergentes. Fig. 340. Oósporo com 10 estrias. Fig. 341. Parede de oósporo com minúsculas papilas.

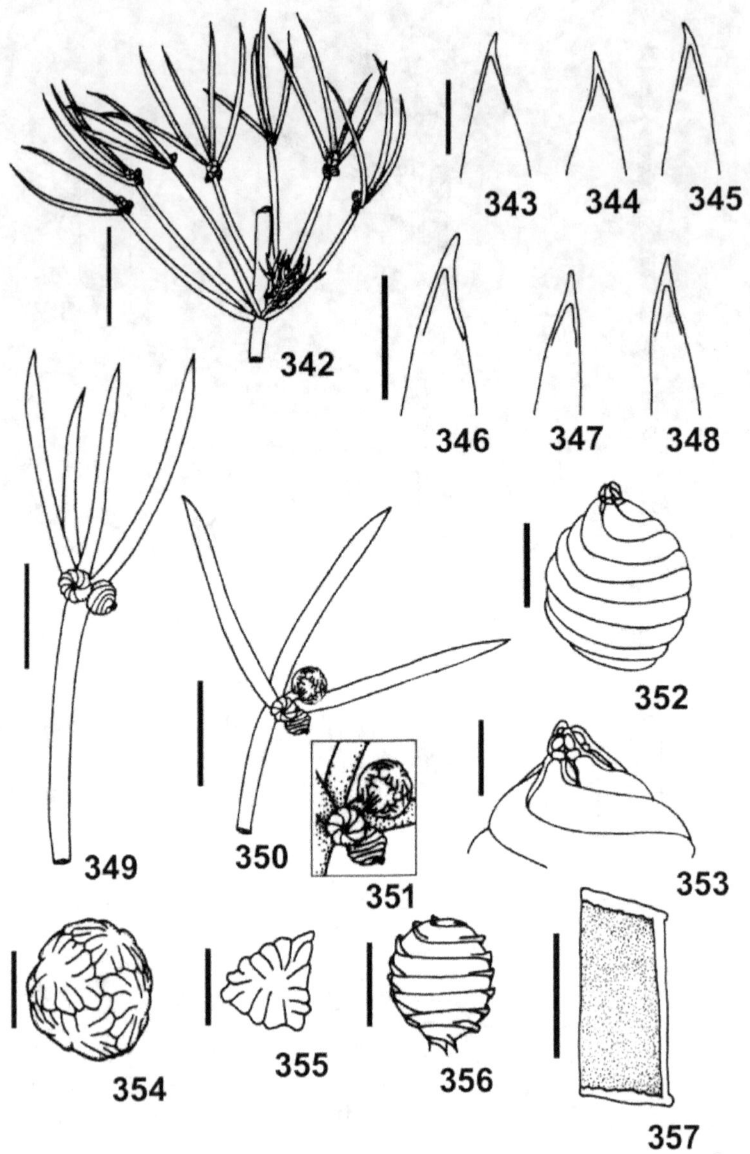

Figuras 342-357. *Nitella acuminata*. Fig. 342. Verticilo de râmulos férteis (escala 0,25 cm). Fig. 343-345. Ápice acuminado de râmulos estéreis (100 μm). Fig. 346-348. Ápice acuminado de râmulos férteis (200 μm). Fig. 349-351. Nós férteis (1 mm). Fig. 352. Núcula com 8 convoluções (200 μm). Fig. 353. Corônula (100 μm). Fig. 354. Glóbulo (200 μm). Fig. 355. Escudo triangular (200 μm). Fig. 356. Oósporo com 7 estrias (200 μm). Fig. 357. Parede de oósporo finamente granulosa (30 μm).

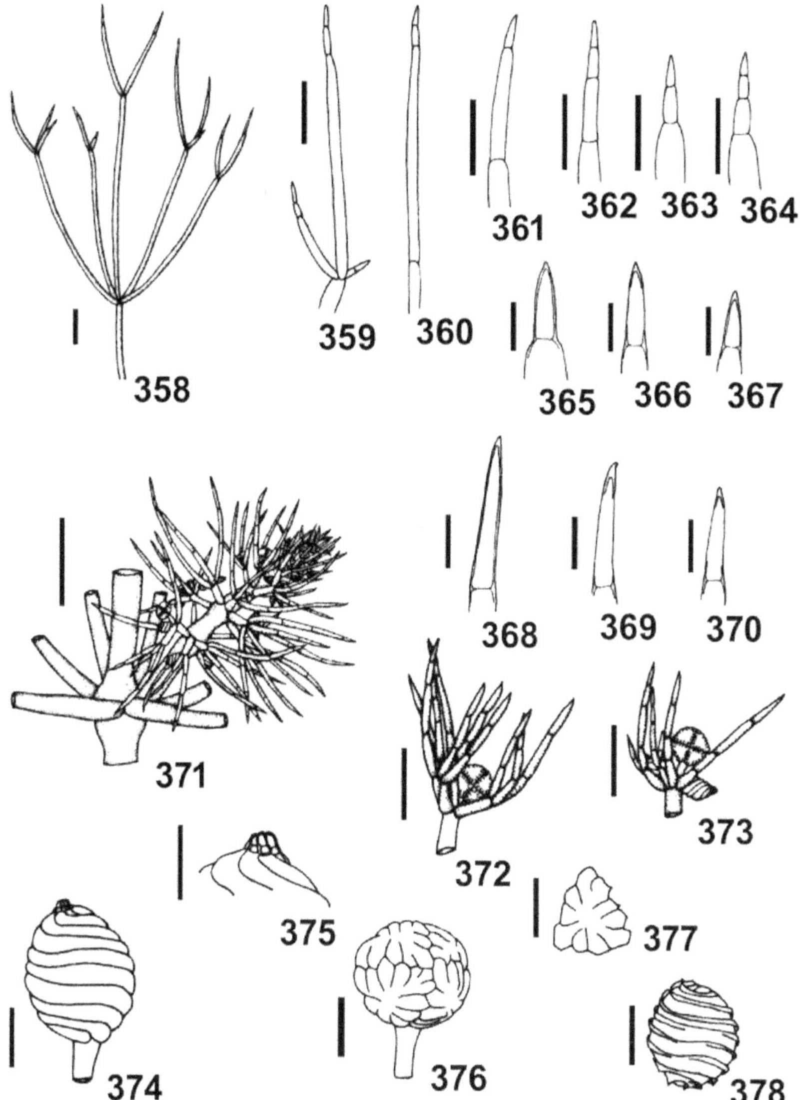

Figuras 358-378. *Nitella arechavaletae*. Fig. 358. Râmulo estéril 2-furcado (escala 1 mm). Fig. 359. Dáctilos 2-3-celulados (500 μm). Fig. 360. Dáctilo 4-celulado (500 μm). Fig. 361-364. Dáctilos 3-4-celulados de râmulos estéreis (300 μm). Fig. 365-367. Ápice de dáctilos estéreis (100 μm). Fig. 368-370. Ápice de dáctilos férteis (100 μm). Fig. 371. Capítulo axilar (1 mm). Fig. 372-373. Râmulos férteis (500 μm). Fig. 374. Núcula pedunculada com 8 convoluções (150 μm). Fig. 375. Corônula convergente (100 μm). Fig. 376. Glóbulo 8-escudado, pedunculado (100 μm). 377. Escudo triangular (100 μm). Fig. 378. Oósporo com 7 estrias (50 μm).

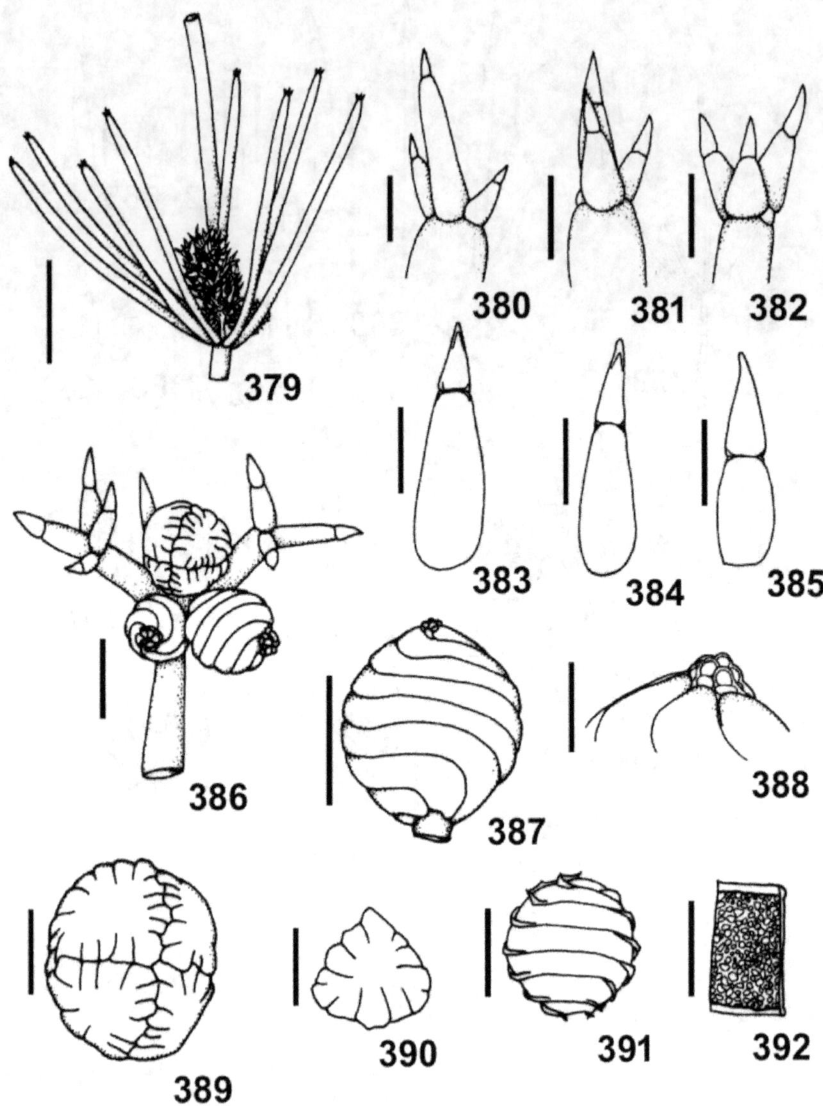

Figuras 379-392. *Nitella axillaris*. Fig. 379. Verticilo com râmulos estéreis 1-furcados, capítulos axilares (escala 0,25 cm). Fig. 380. Dáctilos 2-celulados (300 μm). Fig. 381-382. Coroa de dáctilos 2-celulados (400 μm). Fig. 383-385. Dáctilos 2-celulados (100 μm). Fig. 386. Râmulo fértil (200 μm). Fig. 387. Núcula curto-pedunculada com 7 convoluções (350 μm). Fig. 388. Corônula (100 μm). Fig. 389. Glóbulo 8-escudado (100 μm). Fig. 390. Escudo triangular (100 μm). Fig. 391. Oósporo com 6 estrias (250 μm). Fig. 392. Parede de oósporo reticulada (50 μm).

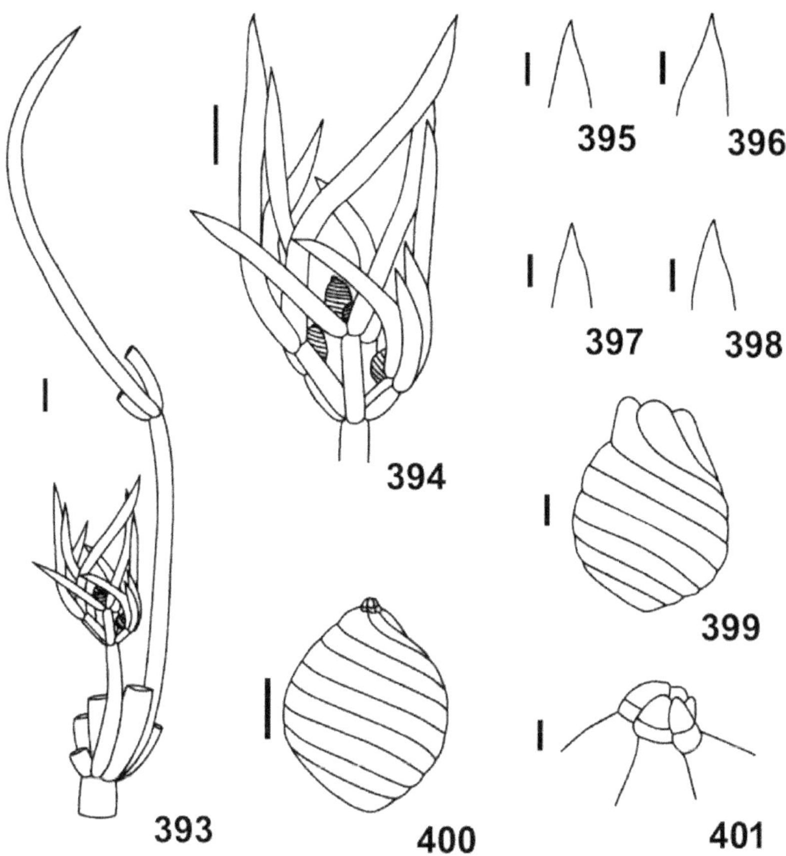

Figuras 393-401. *Nitella blankinshipii*. Fig. 393. Hábito (escala 500 μm). Fig. 394. Verticilo fértil (500 μm). Fig. 395-398. Ápice acuminado de dáctilos estéreis (100 μm). Fig. 399. Núcula com corônula decídua (100 μm). Fig. 400. Núcula (500 μm). Fig. 401. Corônula (50 μm).

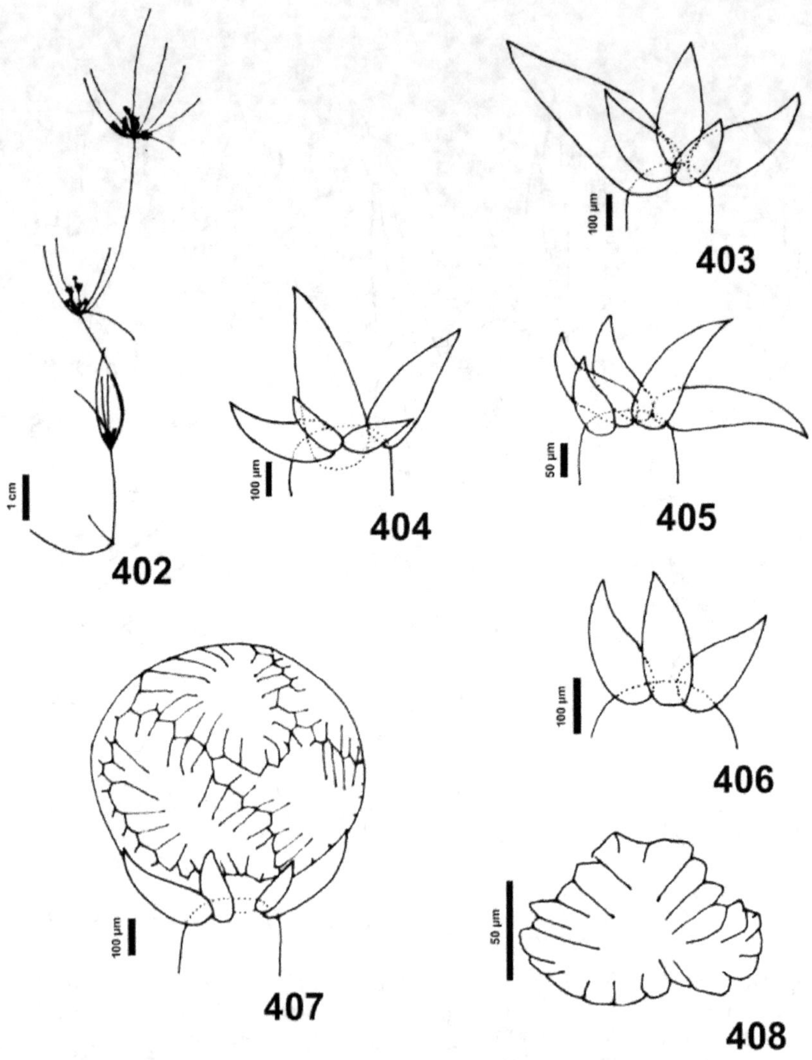

Figuras 402-408. *Nitella cernua*. Fig. 402. Hábito. Fig. 403-406. Ápice acuminado de dáctilos. Fig. 407. Glóbulo. Fig. 408. Escudo triangular.

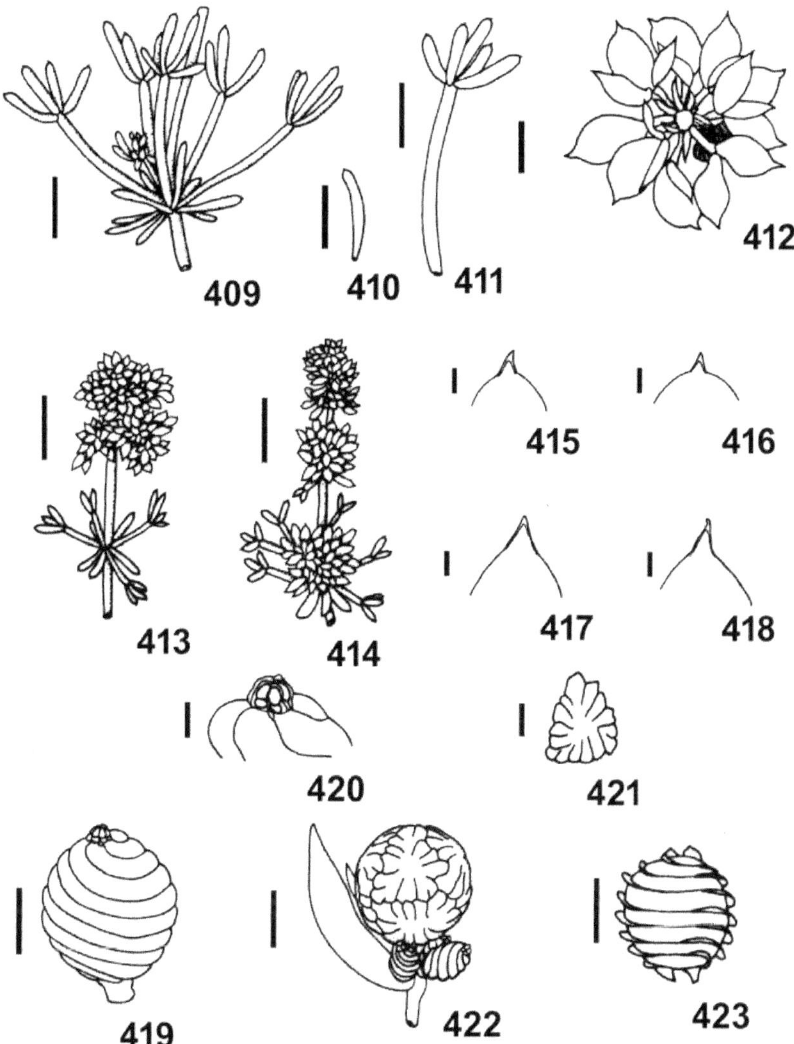

Figuras 409-423. *Nitella clavata*. Fig. 409. Verticilo estéril com capítulo jovem (escala 0,5 cm). Fig. 410. Râmulo acessório simples (0,5 cm). Fig. 411. Râmulo verticilado estéril (0,5 cm). Fig. 412. Vista apical de capítulo (1 mm). Fig. 413-414. Capítulos (0,5 cm). Fig. 415-416. Ápice de dáctilos estéreis (200 µm). Fig. 417-418. Ápice de dáctilos férteis (50 µm). Fig. 419. Núcula (200 µm). Fig. 420. Corônula (50 µm). Fig. 421. Escudo triangular (100 µm). Fig. 422. Nó fértil (200 µm). Fig. 423. Oósporo (200 µm).

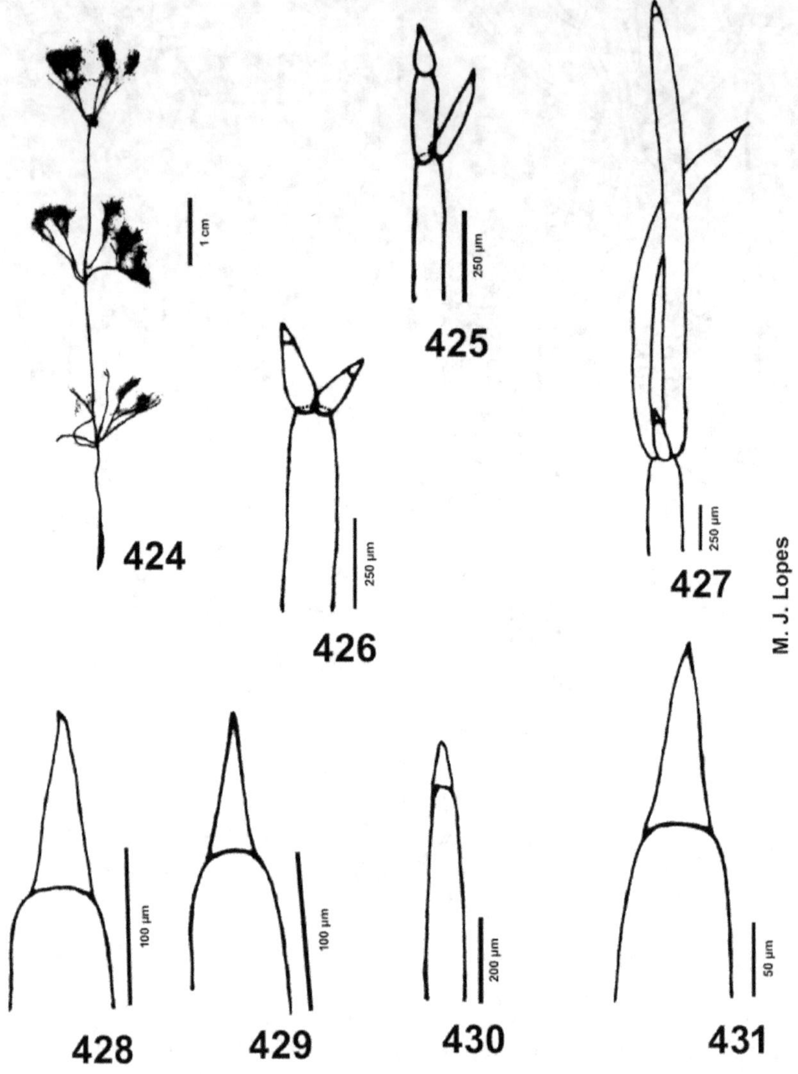

Figuras 424-431. *Nitella elegans*. Fig. 424. Hábito. Fig. 425. Ápice de râmulos com dáctilos alongados 1-2-celulados. Fig. 426. Ápice de râmulos com dáctilos abreviados 2-celulados. Fig. 427. Ápice de râmulos com dáctilos alongados 1-2-celulados. Fig. 428-431. Ápice de dáctilos.

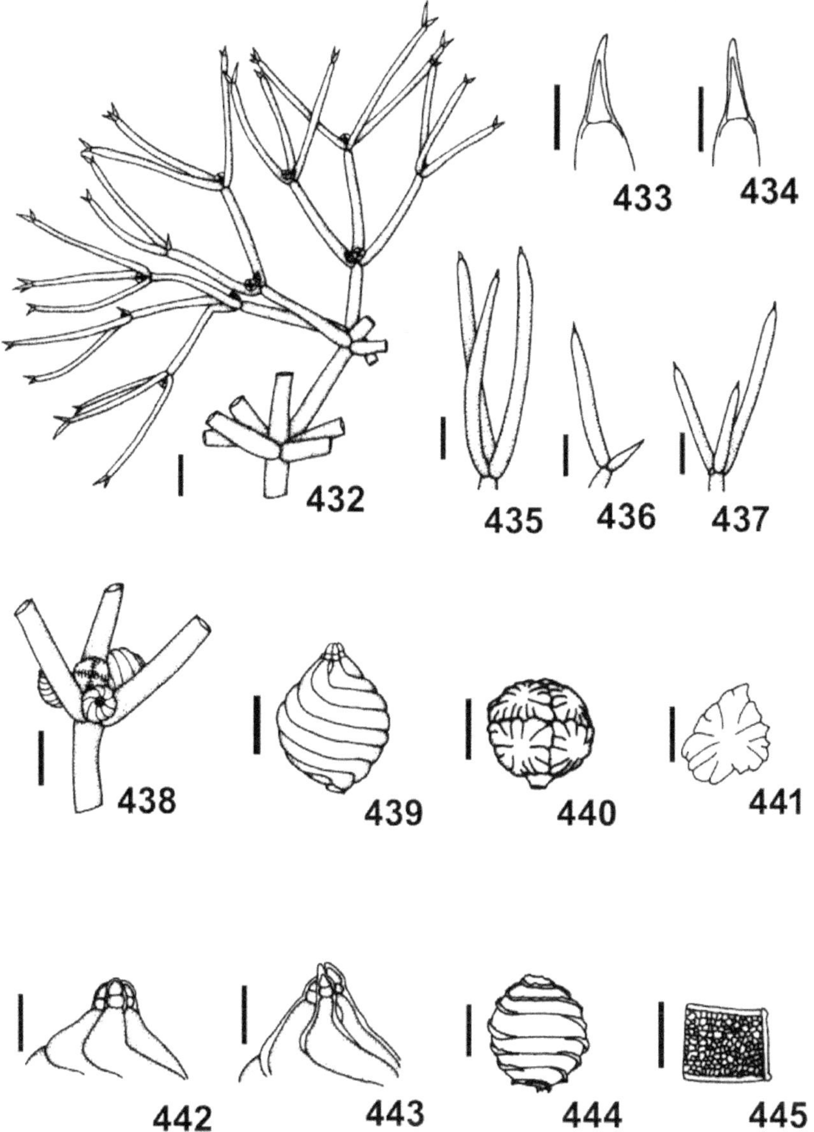

Figuras 432-445. *Nitella flagellifera*. Fig. 432. Verticilo fértil com râmulos 3-4-furcados (escala 1 mm). Fig. 433-434. Ápice de dáctilos (100 μm). Fig. 435-437. Dáctilos 1-celulados (500 μm). Fig. 438. Nó fértil (400 μm). Fig. 439. Núcula (200 μm). Fig. 440. Glóbulo (150 μm). Fig. 441. Escudo triangular (100 μm). Fig. 442-443. Corônula (100 μm). Fig. 444. Oósporo (150 μm). Fig. 445. Parede de oósporo reticulada (50 μm).

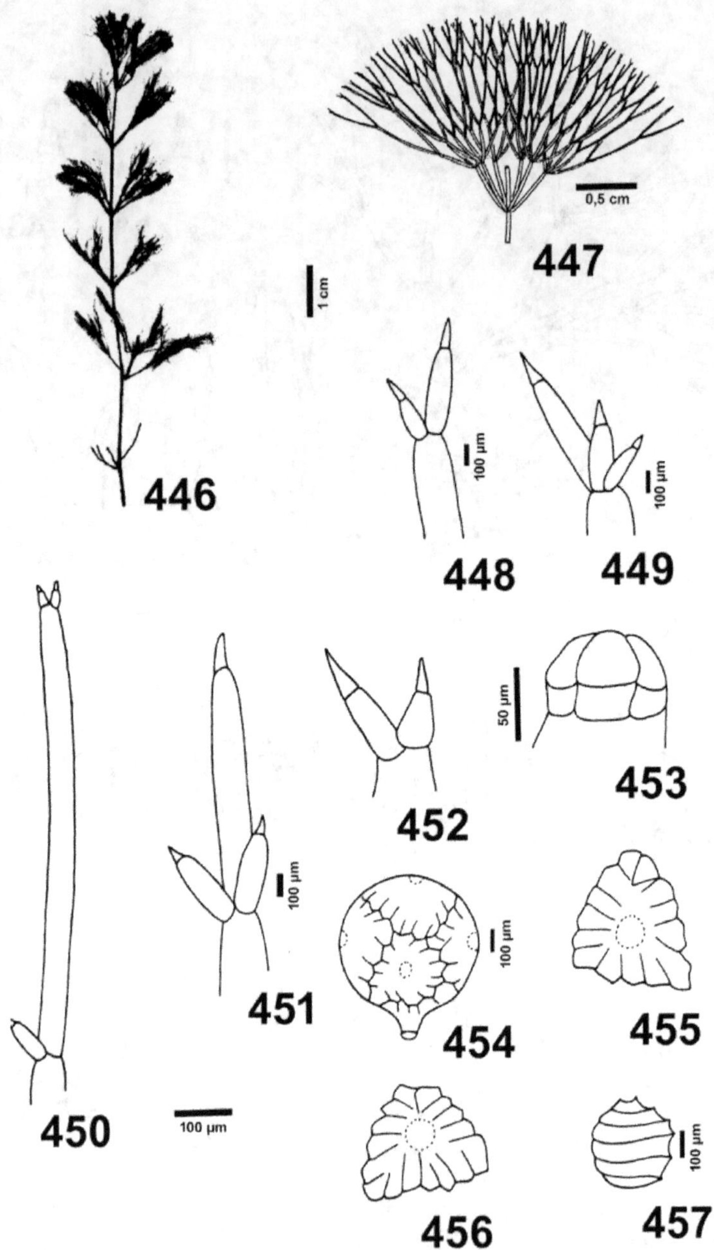

Figuras 446-457. *Nitella flagelliformis*. Fig. 446. Hábito. Fig. 447. Verticilo estéril com 6 râmulos 4-furcados. Fig. 448-452. Dáctilos 2-celulados (500 μm). Fig. 453. Corônula (100 μm). Fig. 454. Glóbulo com 8 escudos. Fig. 455-456. Escudos triangulares. Fig. 457. Oósporo com 5 estrias.

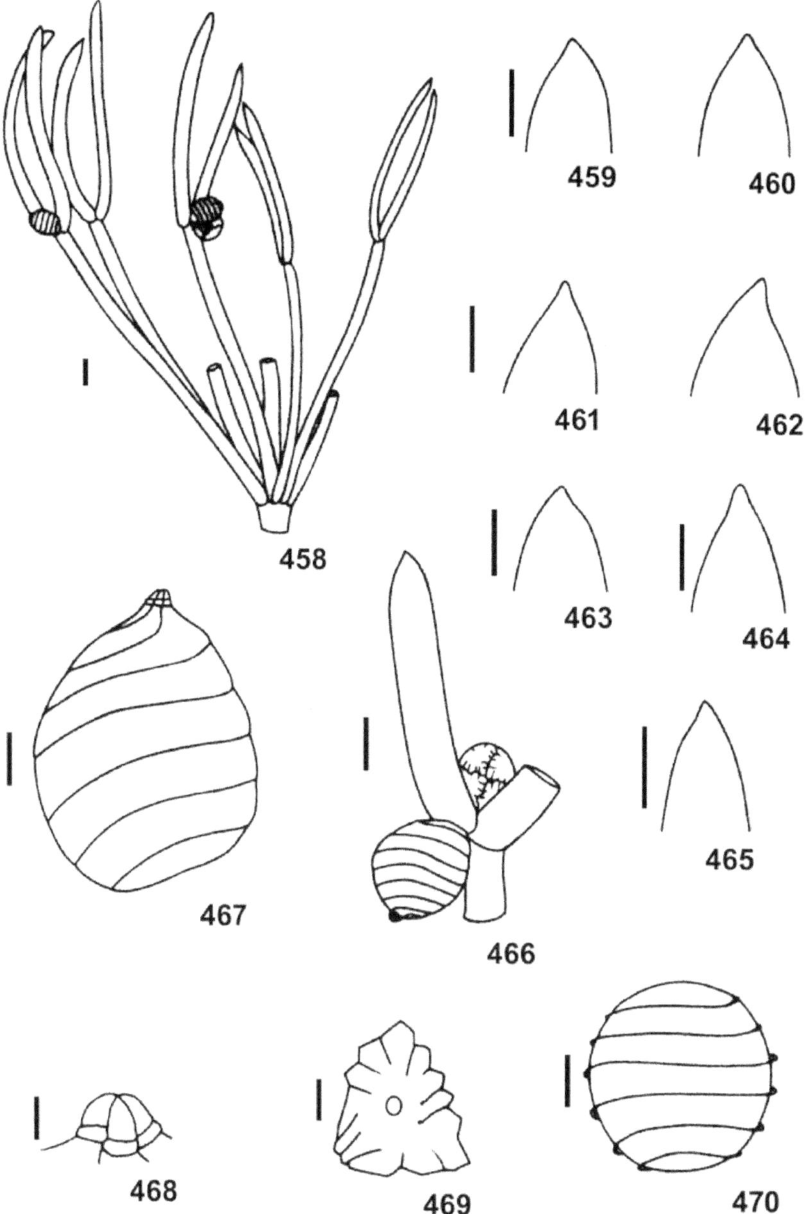

Figuras 458-470. *Nitella flexilis*. Fig. 458. Verticilo com râmulos férteis e estéreis (escala 500 μm). Fig. 459-465. Ápice de dáctilos (50 μm). Fig. 466. Nó fértil (250 μm). Fig. 467. Núcula (100 μm). Fig. 468. Corônula (25 μm). Fig. 469. Escudo triangular (25 μm). Fig. 470. Oósporo (100 μm).

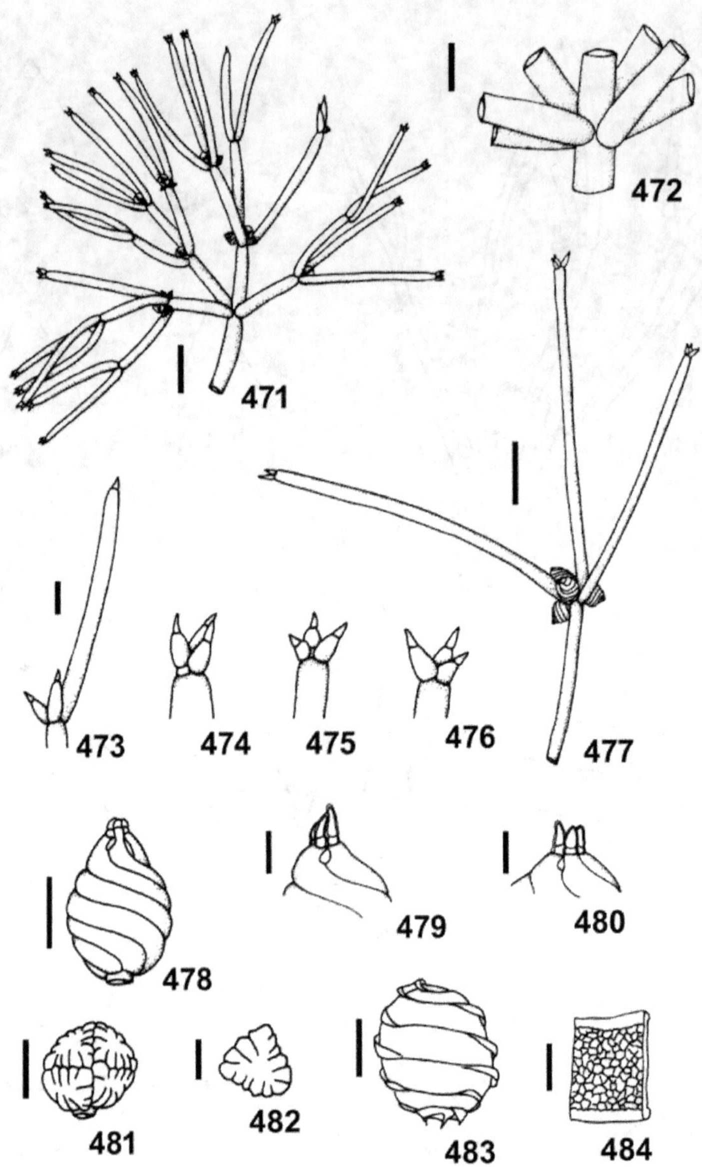

Figuras 471-484. *Nitella furcata.* Fig. 471. Verticilo com râmulos férteis 3-4-furcados (escala 1 mm). Fig. 472. Base de verticilo (500 μm). Fig. 473-476. Dáctilos (100 μm). Fig. 477. Nó fértil (1 mm). Fig. 478. Núculas (200 μm). Fig. 479-480. Corônulas (100 μm). Fig. 481. Glóbulo 8-escudado (150 μm). Fig. 482. Escudo triangular (100 μm). Fig. 483. Oósporo (100 μm). Fig. 484. Parede de oósporo reticulada (20 μm).

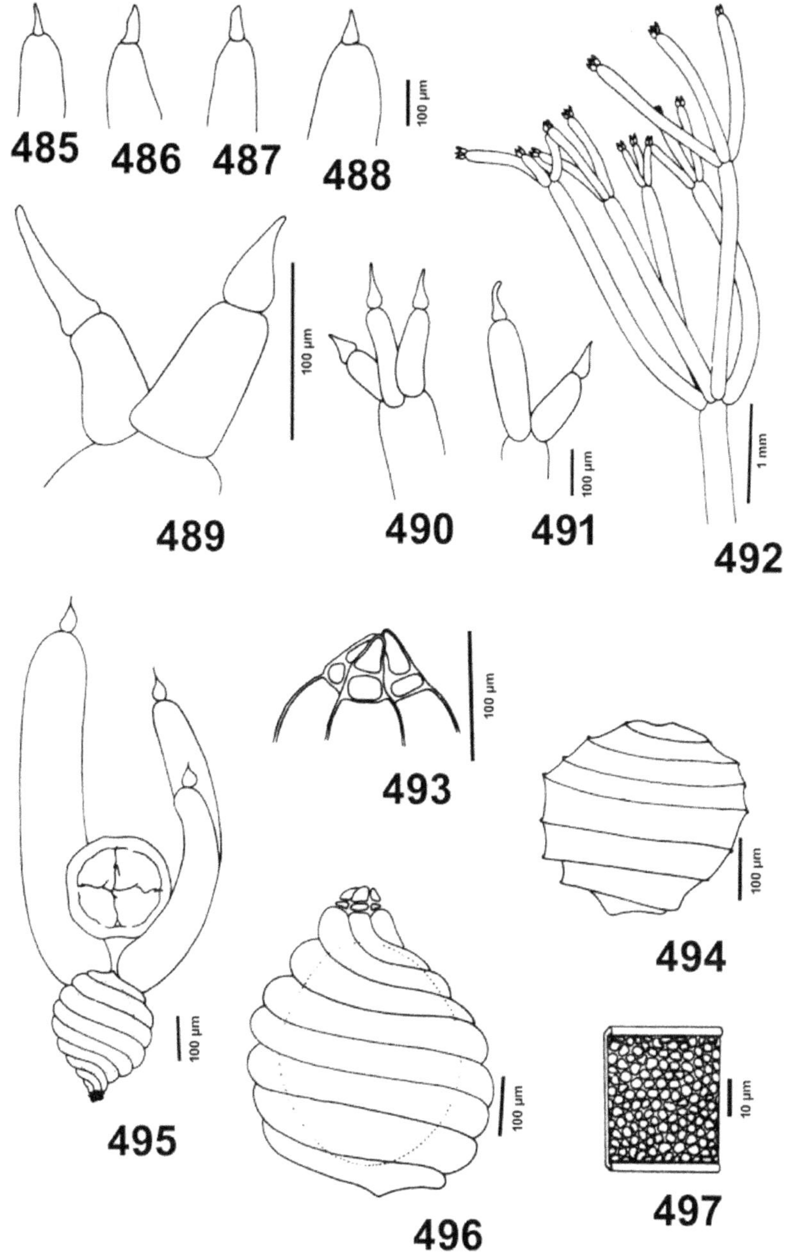

Figuras 485-497. *Nitella glaziovii*. Fig. 485-488. Ápice de dáctilos. Fig. 489-491. Ápice de râmulos estéreis. Fig. 492. Râmulos estéreis. Fig. 493. Corônula. Fig. 494. Oósporo. Fig. 495. Ápice de râmulos férteis. Fig. 496. Núcula. Fig. 497. Membrana de oósporo.

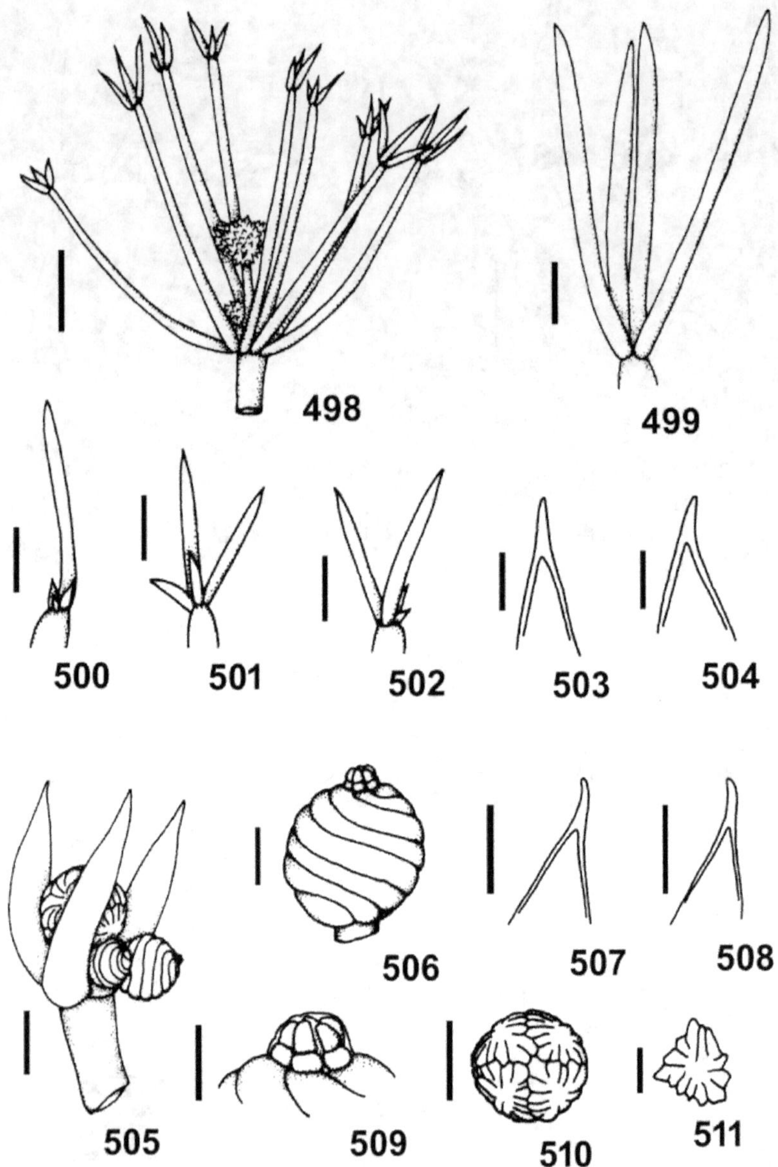

Figuras 498-511. *Nitella gollmeriana*. Fig. 498. Verticilo com râmulos estéreis e capítulos (escala 1 mm). Fig. 499-502. Dáctilos 1-celulados (1000 mm). Fig. 503-504. Ápice de dáctilos estéreis (100 μm). Fig. 505. Nó fértil (100 μm). Fig. 506. Núcula (300 μm). Fig. 507-508. Ápice de dáctilos férteis (150 μm). Fig. 509. Corônula (100 μm). Fig. 510. Glóbulo (200 μm). Fig. 511. Escudo triangular (100 μm).

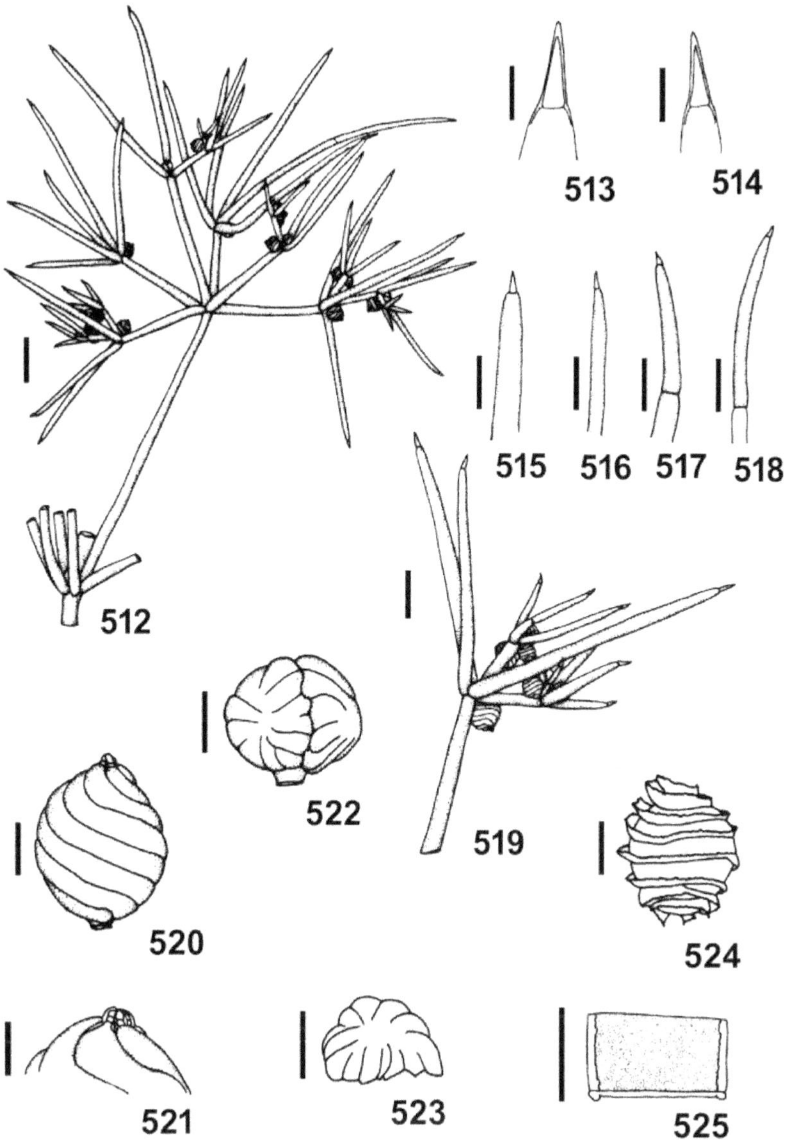

Figuras 512-525. *Nitella gracilis.* Fig. 512. Verticilo com râmulos férteis 2-4-furcados (escala 1 mm). Fig. 513-514. Ápice de dáctilos (100 μm). Fig. 515-518. Dáctilos 2-3-celulados. Fig. 519. Râmulo fértil (500 μm). Fig. 520. Núcula (150 μm). Fig. 521. Corônula (100 μm). Fig. 522. Glóbulo com 4 escudos (100 μm). Fig. 523. Escudo (100 μm). Fig. 524. Oósporo (150 μm). Fig. 525. Parede de oósporo finamente granulosa (30 μm).

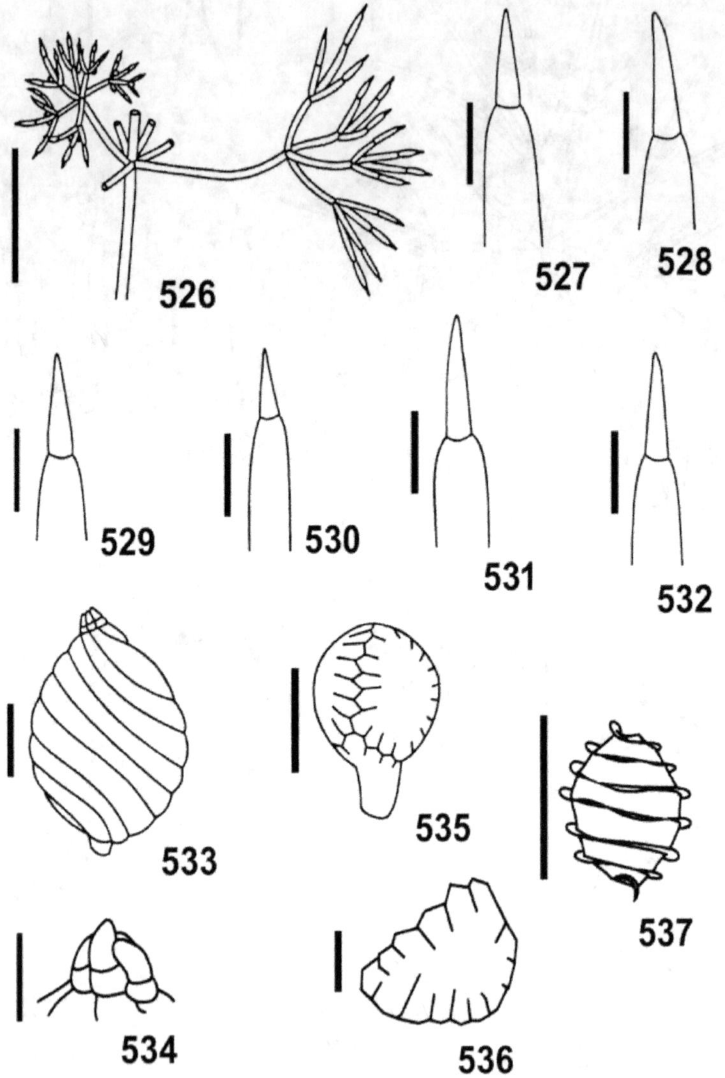

Figuras 526-537. *Nitella havaiensis*. Fig. 526. Verticilo (escala 1 cm). Fig. 527-532. Ápice de dáctilos (100 µm). Fig. 533. Núcula (100 µm). Fig. 534. Corônula (50 µm). Fig. 535. Glóbulo (100 µm). Fig. 536. Escudo (25 µm). Fig. 537. Oósporo (250 µm).

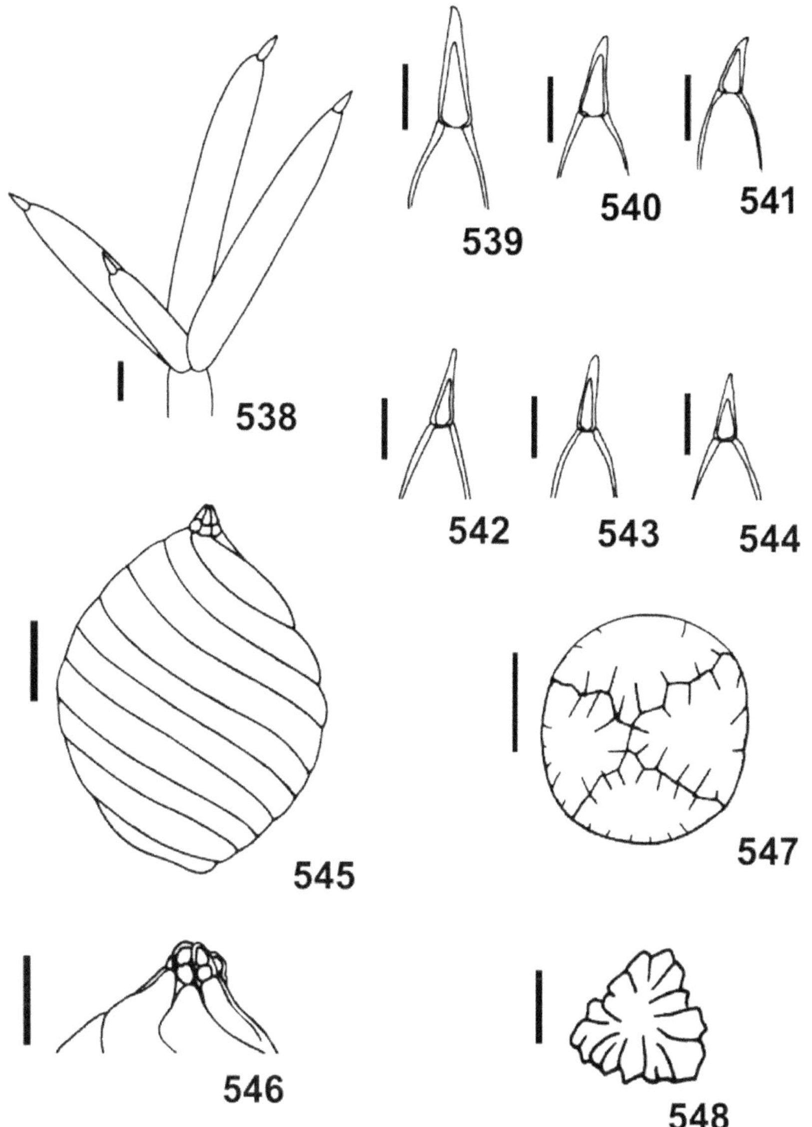

Figuras 538-548. *Nitella hyalina*. Fig. 538. Dáctilos 2-celulados (escala 200 μm). Fig. 539-544. Ápice de dáctilos (100 μm). Fig. 545. Núcula (100 μm). Fig. 546. Corônula (50 μm). Fig. 547. Glóbulo (100 μm). Fig. 548. Escudo (100 μm).

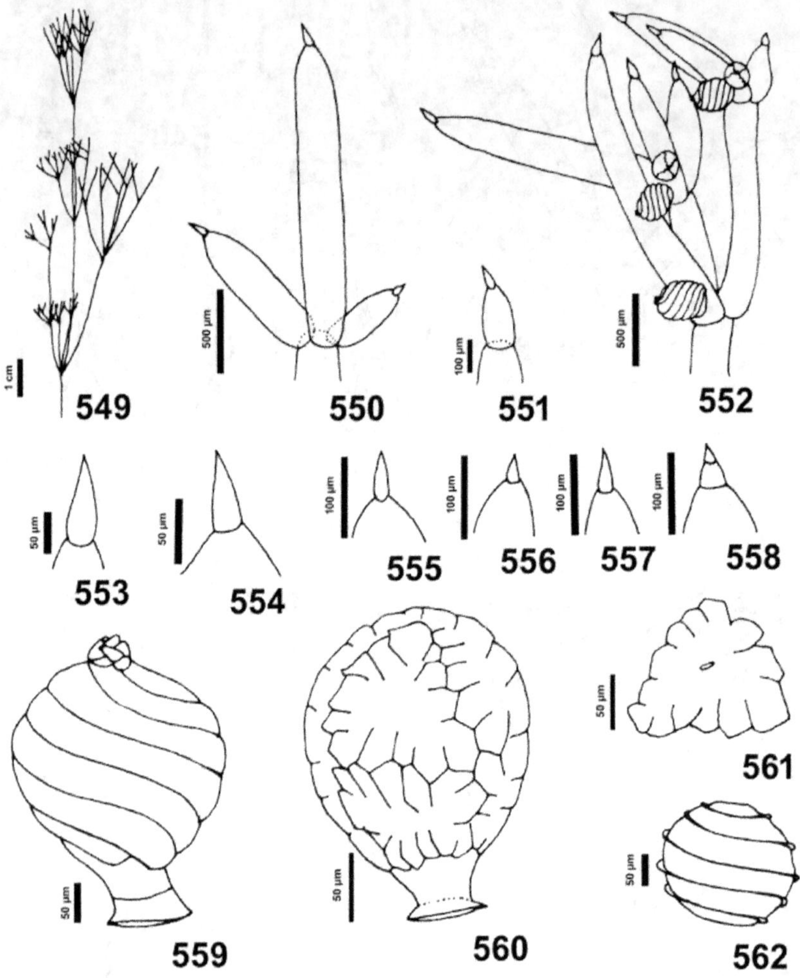

Figuras 549-562. *Nitella intermedia*. Fig. 549. Hábito. Fig. 550-551. Dáctilos 2-3-celulados. Fig. 552. Râmulo verticilado fértil. Fig. 553-558. Ápice de dáctilos. Fig. 559. Núcula pedunculada. Fig. 560. Glóbulo pedunculado. Fig. 561. Escudo triangular. Fig. 562. Oósporo.

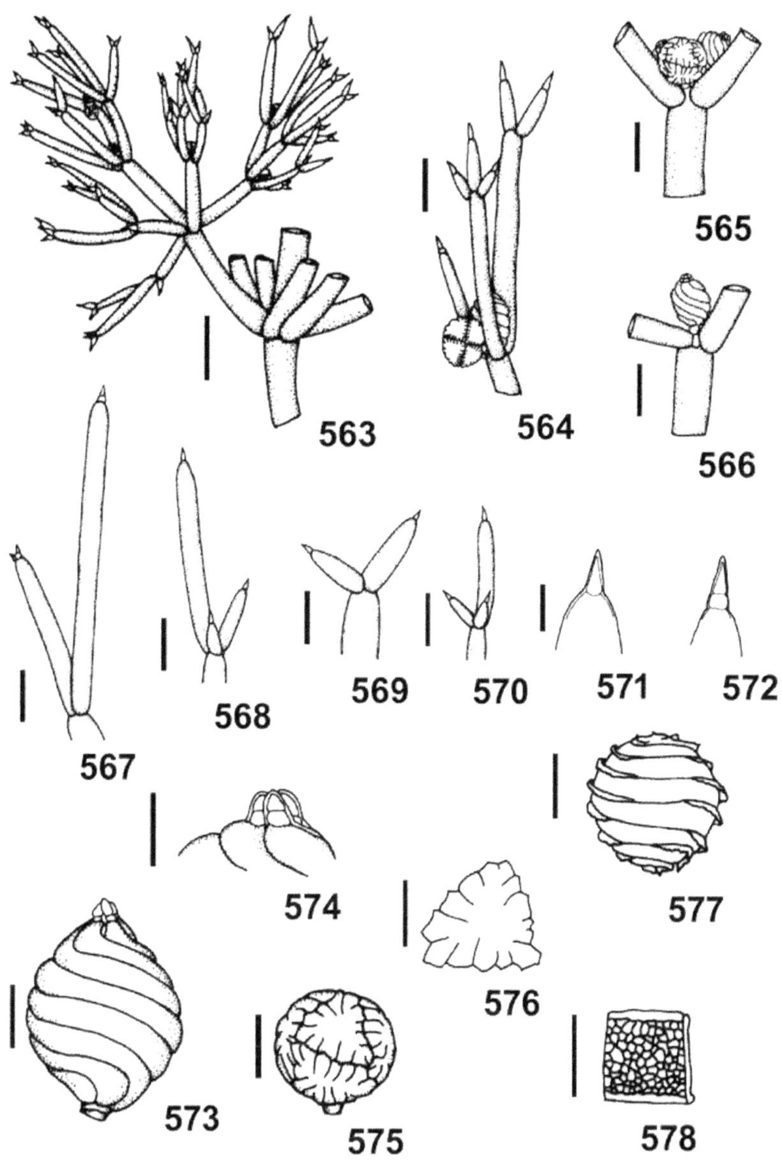

Figuras 563-578. *Nitella inversa*. Fig. 563. Verticilo (escala 1 mm). Fig. 564. Râmulo fértil (400 μm). Fig. 565-566. Nós férteis (300 μm). Fig. 567-570. Dáctilos (200 μm). Fig. 571-572. Ápice de dáctilos (100 μm). Fig. 573. Núcula (150 μm). Fig. 574. Corônula (100 μm). Fig. 575. Glóbulo (150 μm). Fig. 576. Escudo (100 μm). Fig. 577. Oósporo (150 μm). Fig. 578. Parede de oósporo reticulada (50 μm).

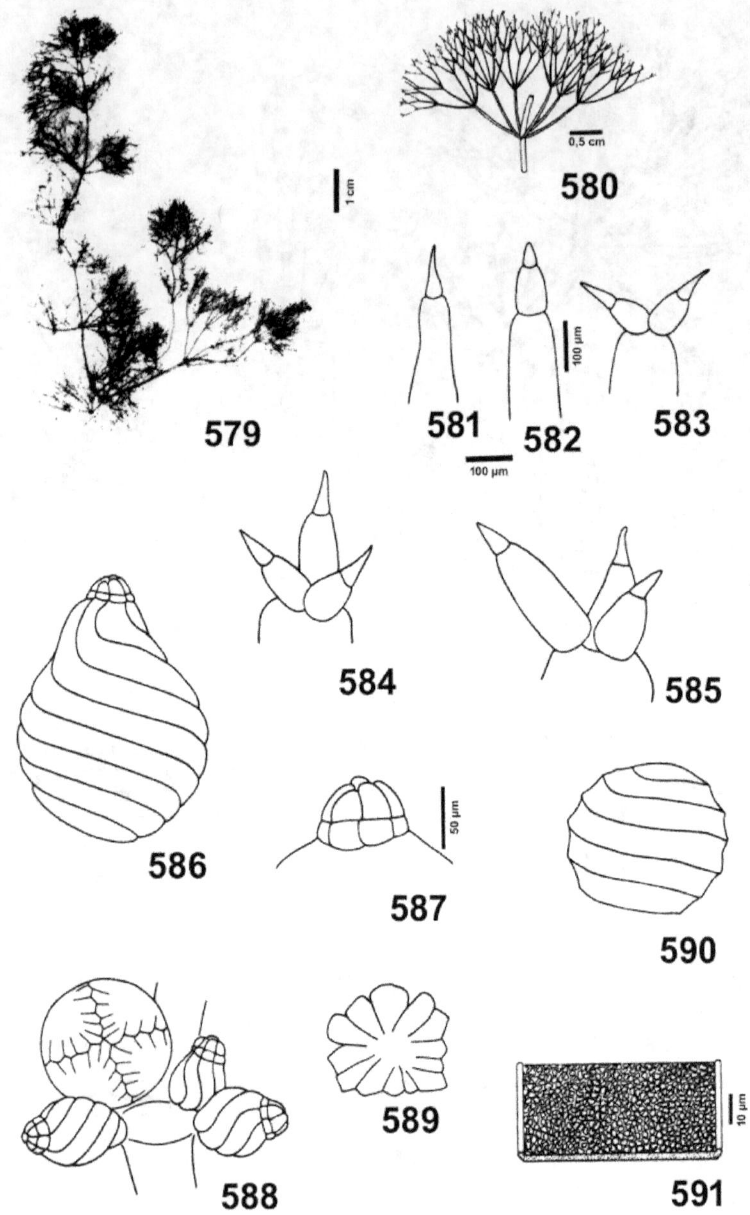

Figuras 579-591. *Nitella japonica*. Fig. 579. Hábito. Fig. 580. Verticilo fértil com 6 râmulos 3-furcados. Fig. 581-585. Dáctilos 2-3-celulados. Fig. 586. Núcula com 9 convoluções. Fig. 587. Corônula. Fig. 588. Gametângios conjuntos. Fig. 589. Escudo triangular. Fig. 590. Oósporo com 5 estrias. Fig. 591. Parede de oósporo reticulada.

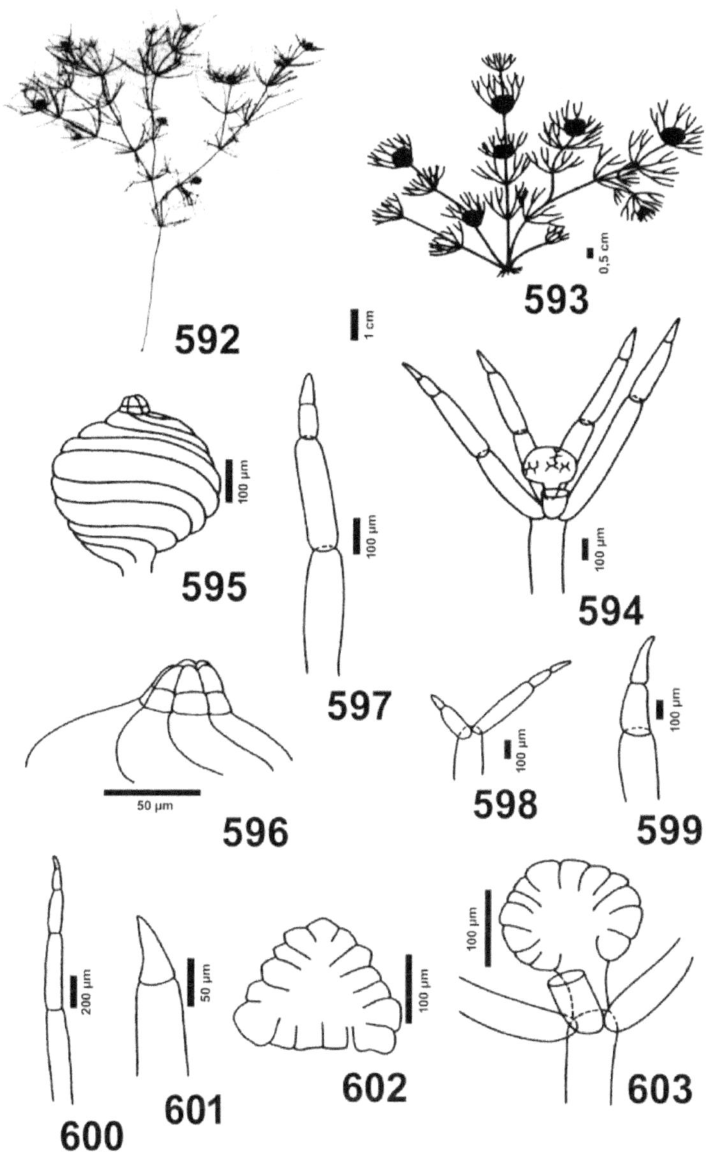

Figuras 592-603. *Nitella leptostachys*. Fig. 592-593. Planta fértil com capítulos envoltos em muco. Fig. 594. Verticilo fértil com glóbulo pedunculado. Fig. 595. Núcula com 10 convoluções. Fig. 596. Corônula. Fig. 597. Dáctilo 4-celulado. Fig. 598-599. Dáctilos 2 e 3-celulados. Fig. 600. Dáctilo 5-celulado. Fig. 601. Dáctilo 2-celulado. Fig. 602. Escudo triangular. Fig. 603. Glóbulo pedunculado.

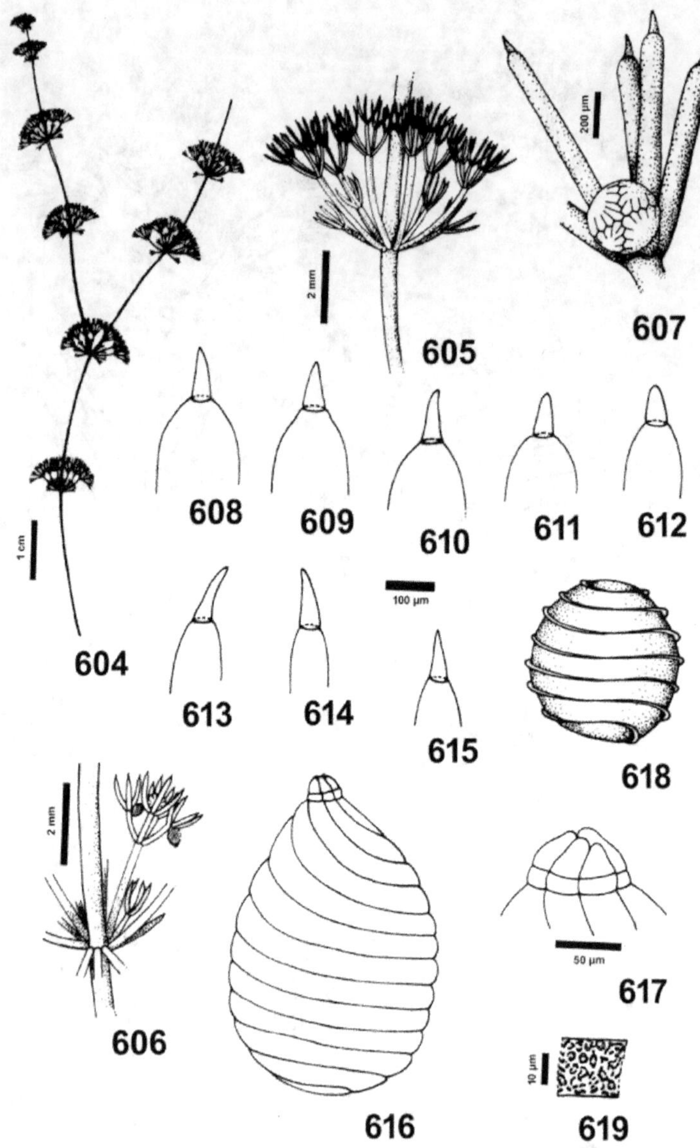

Figuras 604-619. *Nitella lhotzkyi.* Fig. 604. Hábito (escala 1 cm). Fig. 605. Râmulos verticilados normais com râmulos acessórios (2 mm). Fig. 606. Râmulos férteis (2 mm). Fig. 607. Glóbulo (200 μm). Fig. 608-615. Ápice de dáctilos mostrando variação na célula terminal (100 μm). Fig. 616. Núcula (100 μm). Fig. 617. Corônula (50 μm). Fig. 618. Oósporo (200 μm). Fig. 619. Parede de oósporo (10 μm).

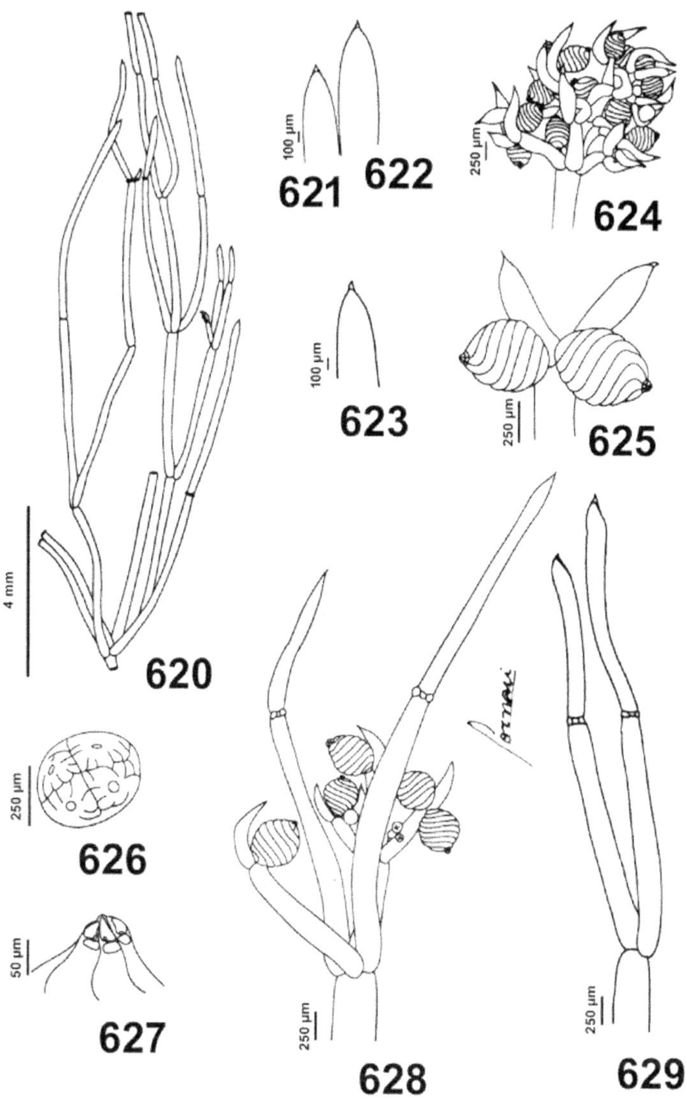

Figuras 620-629. *Nitella macounii*. Fig. 620. Râmulos verticilados estéreis. Fig. 621-623. Ápice de dáctilos. Fig. 624. Capítulo. Fig. 625. Nó fértil com 2 gametângios. Fig. 626. Glóbulo. Fig. 627. Corônula. Fig. 628. Râmulos com 2 e 3 furcações. Fig. 629. Dáctilos 2-celulados.

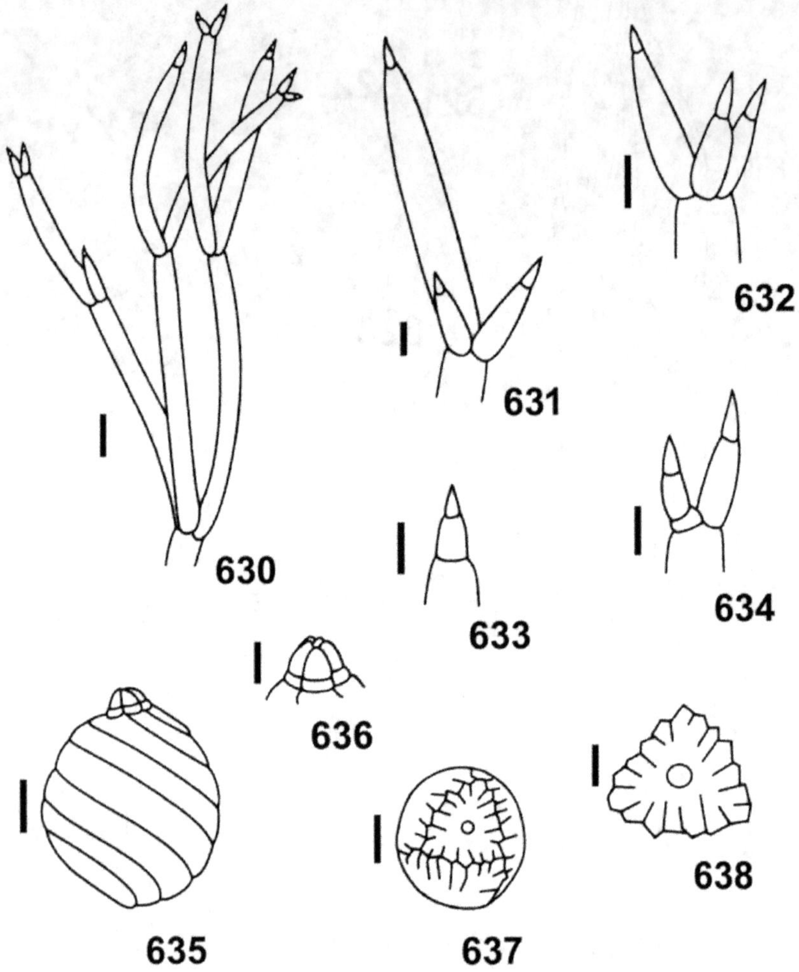

Figuras 630-638. *Nitella microcarpa*. Fig. 630. Verticilo (escala 500 μm). Fig. 631-633. Coroa de dáctilos (50 μm). Fig. 634. Dáctilos (100 μm). Fig. 635. Núcula (100 μm). Fig. 636. Corônula (50 μm). Fig. 637. Glóbulo com 8 escudos (100 μm). Fig. 638. Escudo triangular (50 μm).

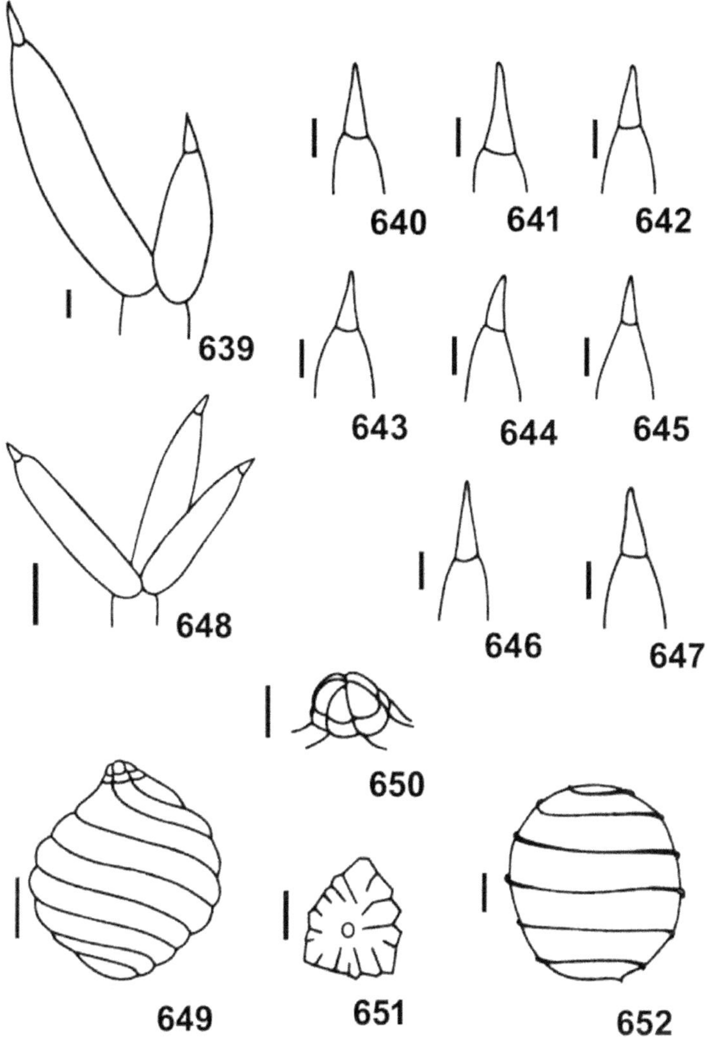

Figuras 639-652. *Nitella mucronata*. Fig. 639. Dáctilos 2-celulados (escala 100 µm). Fig. 640-647. Ápice de dáctilos (100 µm). Fig. 648. Coroa de 3 dáctilos (250 µm). Fig. 649. Núcula (100 µm). Fig. 650. Corônula (50 µm). Fig. 651. Escudo (100 µm). Fig. 652. Oósporo (100 µm).

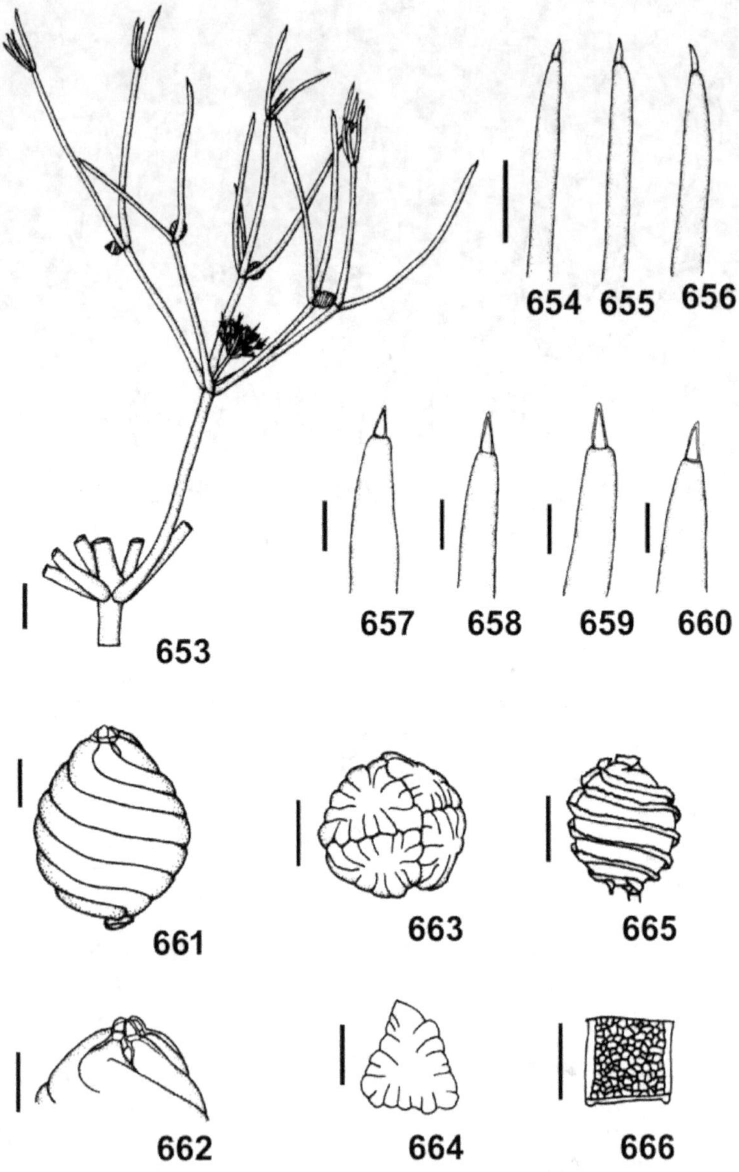

Figuras 653-666. *Nitella ogivalis.* Fig. 653. Verticilo com râmulos 2-3-furcados (escala 1 mm). Fig. 654-656. Ápice de dáctilos (300 μm). Fig. 657-660. Ápice de dáctilos (100 μm). Fig. 661. Núcula (150 μm). Fig. 662. Corônula (500 μm). Fig. 663. Glóbulo (100 μm). Fig. 664. Escudo triangular (100 μm). Fig. 665. Oósporo (150 μm). Fig. 666. Parede de oósporo reticulada (100 μm).

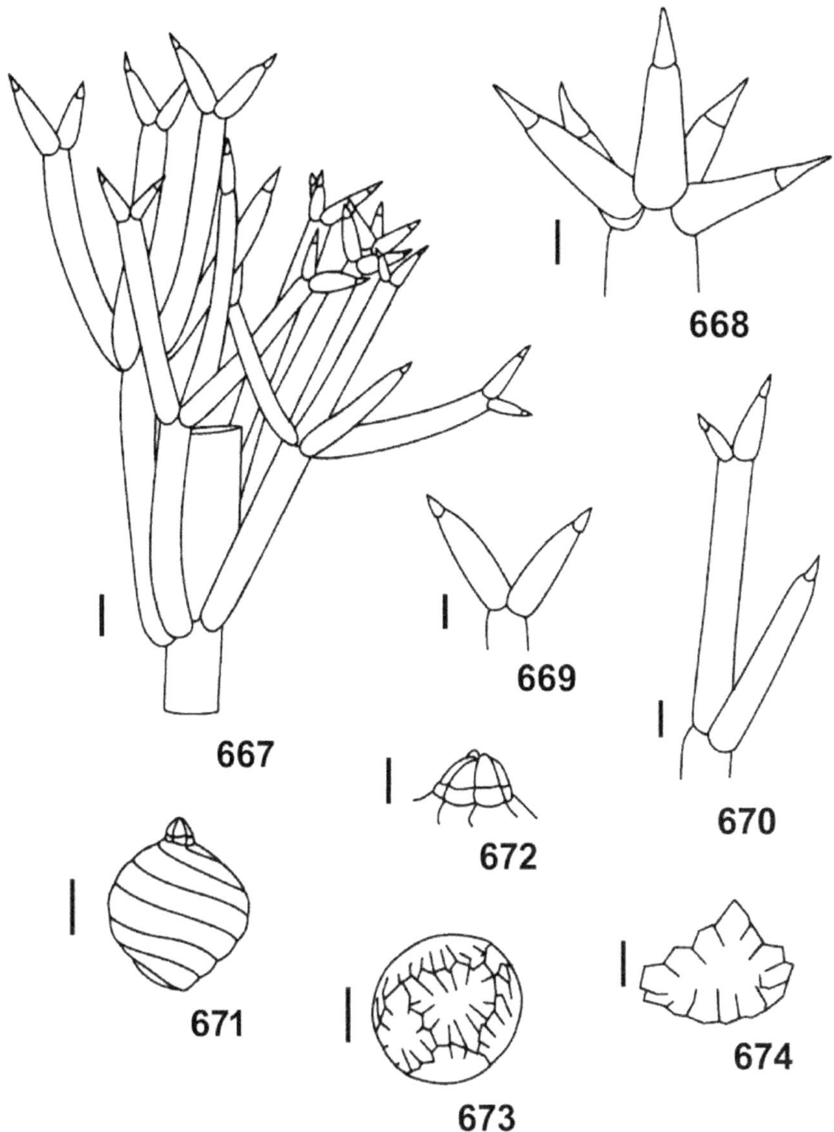

Figuras 667-674. *Nitella oligospira*. Fig. 667. Verticilo com râmulos (escala 100 μm). Fig. 668-670. Dáctilos (100 μm). Fig. 671. Núcula (100 μm). Fig. 672. Corônula (50 μm). Fig. 673. Glóbulo (100 μm). Fig. 674. Escudo (50 μm).

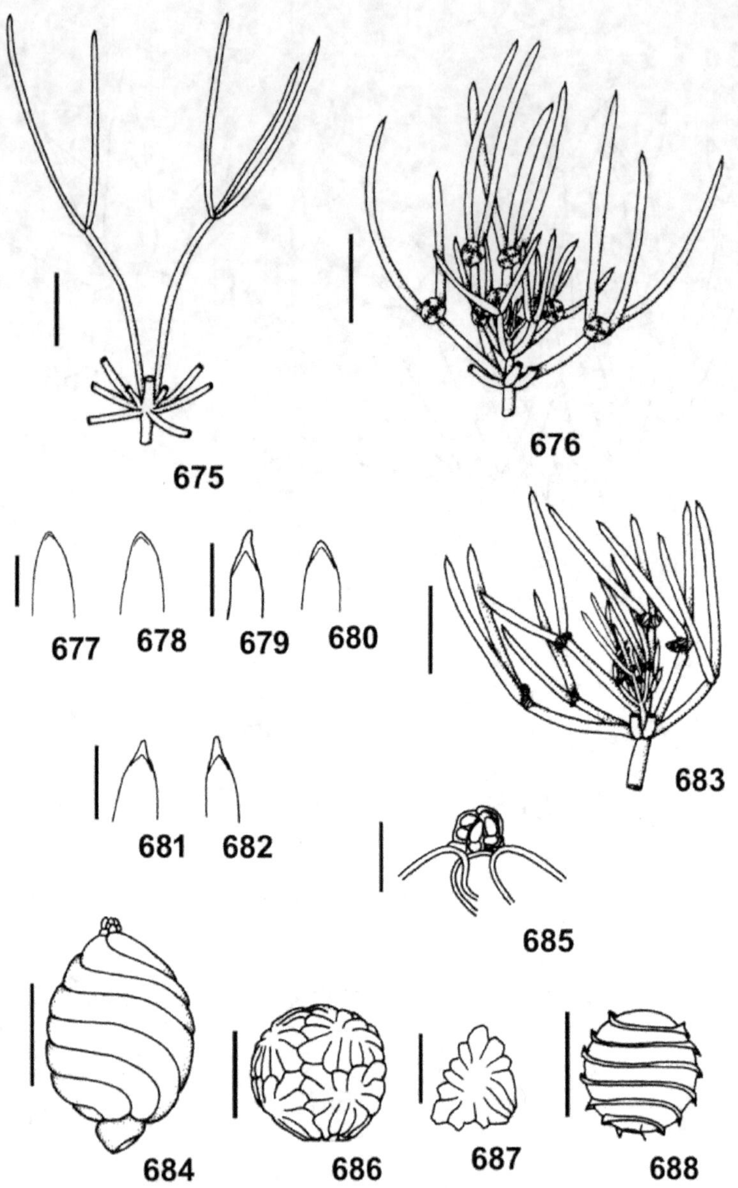

Figuras 675-688. *Nitella opaca.* Fig. 675. Verticilo de râmulos estéreis (escala 0,5 cm). 676. Râmulos férteis (0,25 cm). Fig. 677-682. Ápice de dáctilos (300 μm). Fig. 683. Râmulo fértil (0,25 cm). Fig. 684. Núcula (300 μm). Fig. 685. Corônula (100 μm). Fig. 686. Glóbulo (50 μm). Fig. 687. Escudo triangular (50 μm). Fig. 688. Oósporo (300 μm).

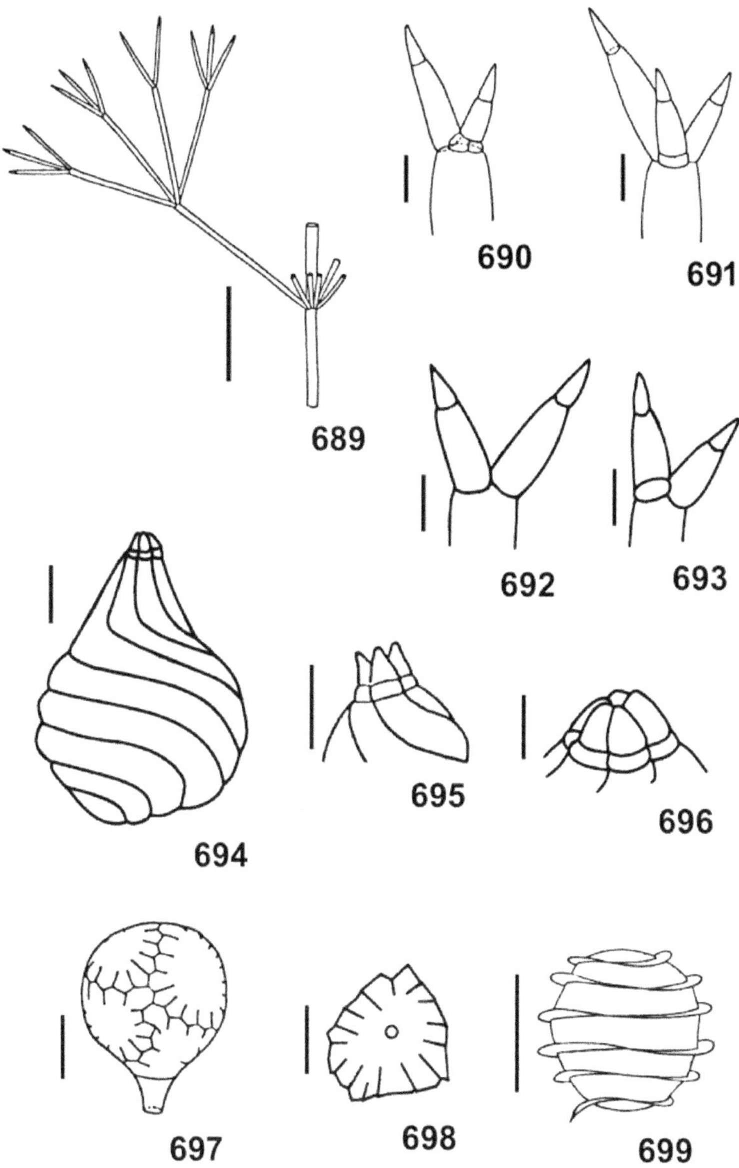

Figuras 689-699. *Nitella orientalis*. Fig. 689. Verticilo com râmulo estéril (escala 1 cm). Fig. 690-693. Dáctilos (100 μm). Fig. 694. Núcula (100 μm). Fig. 695-696. Corônula (100 μm). Fig. 697. Glóbulo curto-pedunculado (100 μm). Fig. 698. Escudo triangular (100 μm). Fig. 699. Oósporo (250 μm).

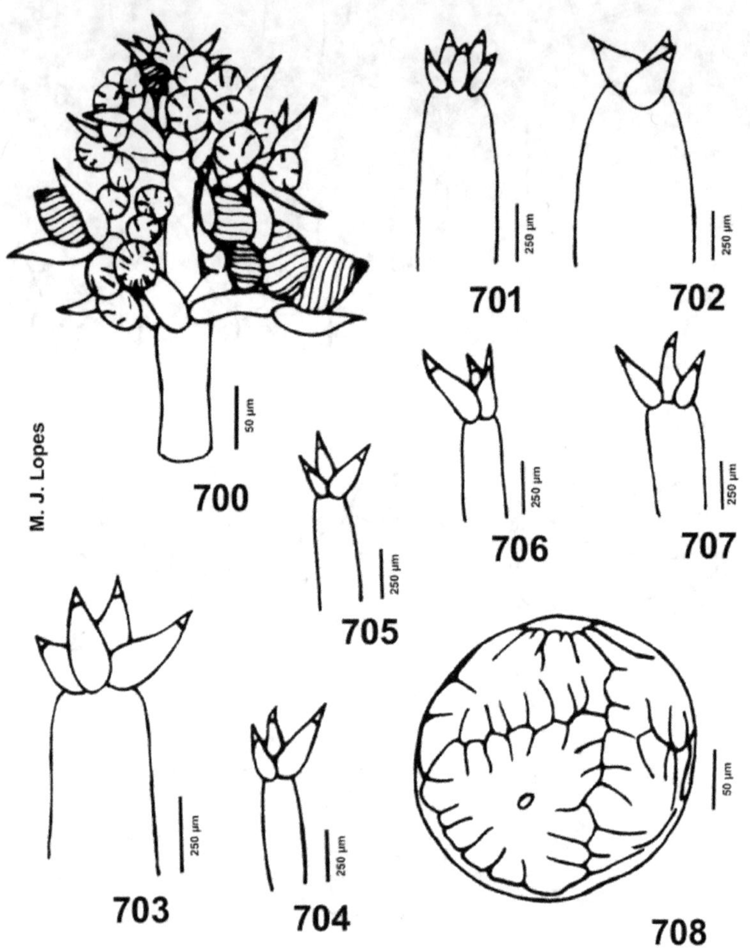

Figuras 700-708. *Nitella praelonga*. Fig. 700. Capítulos. Fig. 701-707. Ápice de râmulos estéreis. Fig. 708. Glóbulo com 8 escudos.

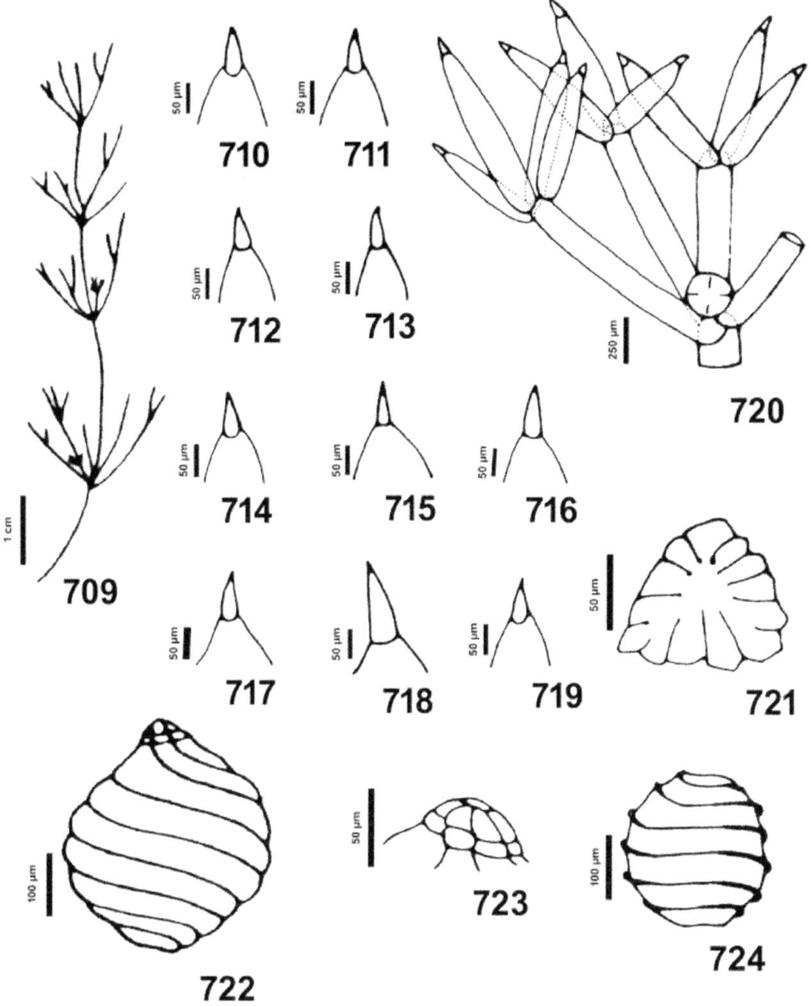

Figuras 709-724. *Nitella pygmaea.* Fig. 709. Hábito. Fig. 710-719. Dáctilos 2-celulados. Fig. 720. Râmulos verticilados férteis. Fig. 721. Escudo triangular. Fig. 722. Núcula. Fig. 723. Corônula. Fig. 724. Oósporo.

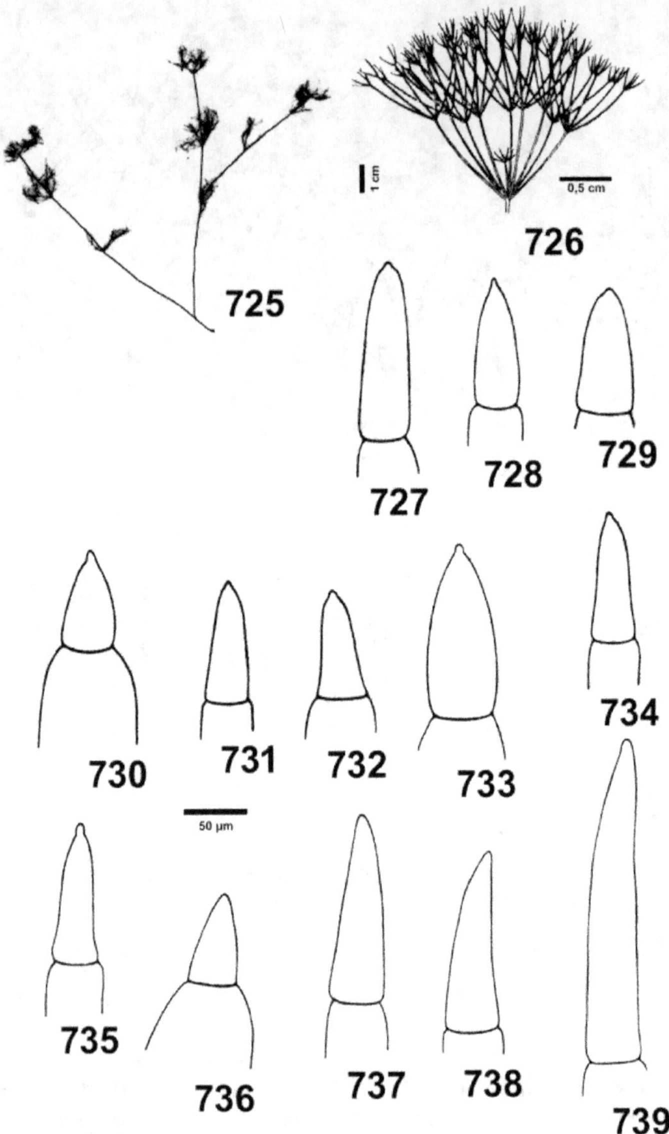

Figuras 725-739. *Nitella rosa-mariae*. Fig. 725. Hábito (SP113479). Fig. 726. Verticilo estéril com 9 râmulos 2-furcados. Fig. 727-739. Dáctilos 2-celulados.

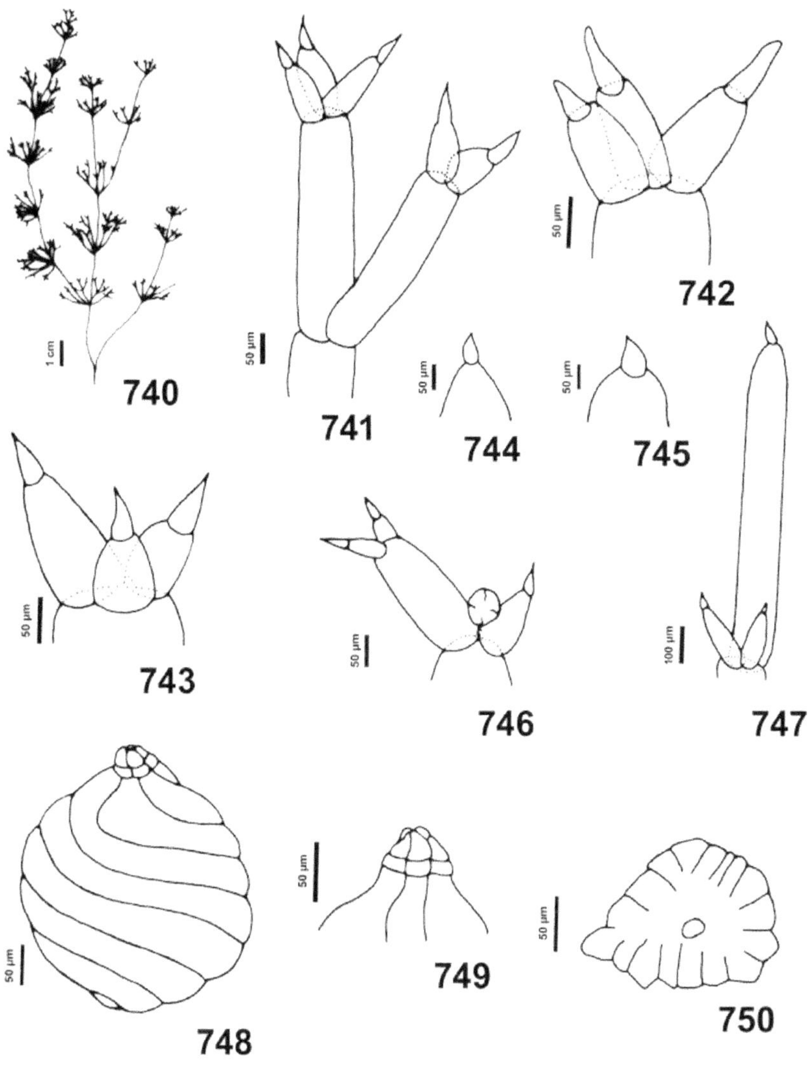

Figuras 740-750. *Nitella sieberi*. Fig. 740. Hábito. Fig. 741. Verticilo estéril. Fig. 742-743. Dáctilos 2-celulados. Fig. 744-745. Ápices de dáctilos. Fig. 746. Nó fértil. Fig. 747. Dáctilos 2-celulados. Fig. 748. Núcula. Fig. 749. Corônula. Fig. 750. Oósporo.

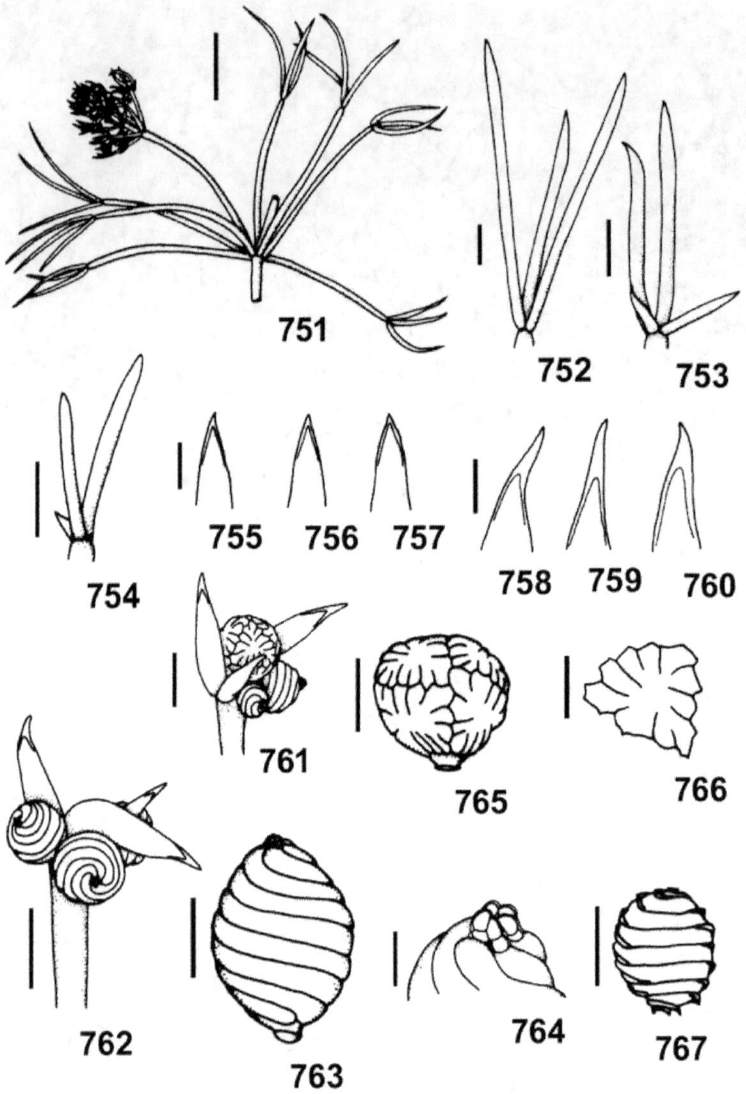

Figuras 751-767. *Nitella subglomerata*. Fig. 751. Verticilo com râmulos férteis e estéreis (escala 0,5 cm). Fig. 752-754. Dáctilos (1 mm). Fig. 755-757. Ápice de dáctilos estéreis (300 μm). Fig. 758-760. Ápice de dáctilos férteis (100 μm). Fig. 761. Nó fértil (300 μm). Fig. 762. Nó fértil (200 μm). Fig. 763. Núcula (200 μm). Fig. 764. Corônula (50 μm). Fig. 765. Glóbulo (200 μm). Fig. 766. Escudo (100 μm). Fig. 767. Oósporo (200 μm).

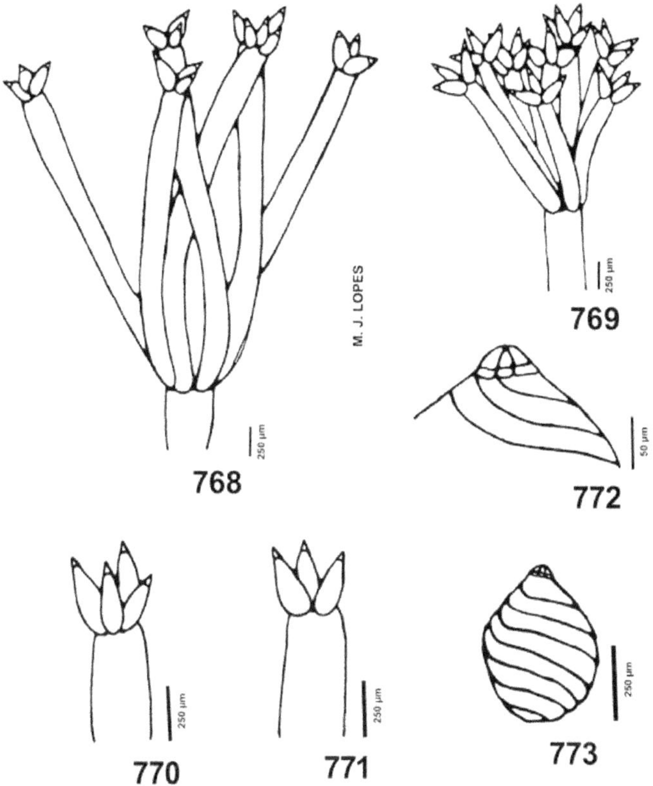

Figuras 768-773. *Nitella sublucens*. Fig. 768-769. Verticilo com râmulos estéreis. Fig. 770-771. Ápice de râmulos estéreis. Fig. 772. Corônula. Fig. 773. Núcula.

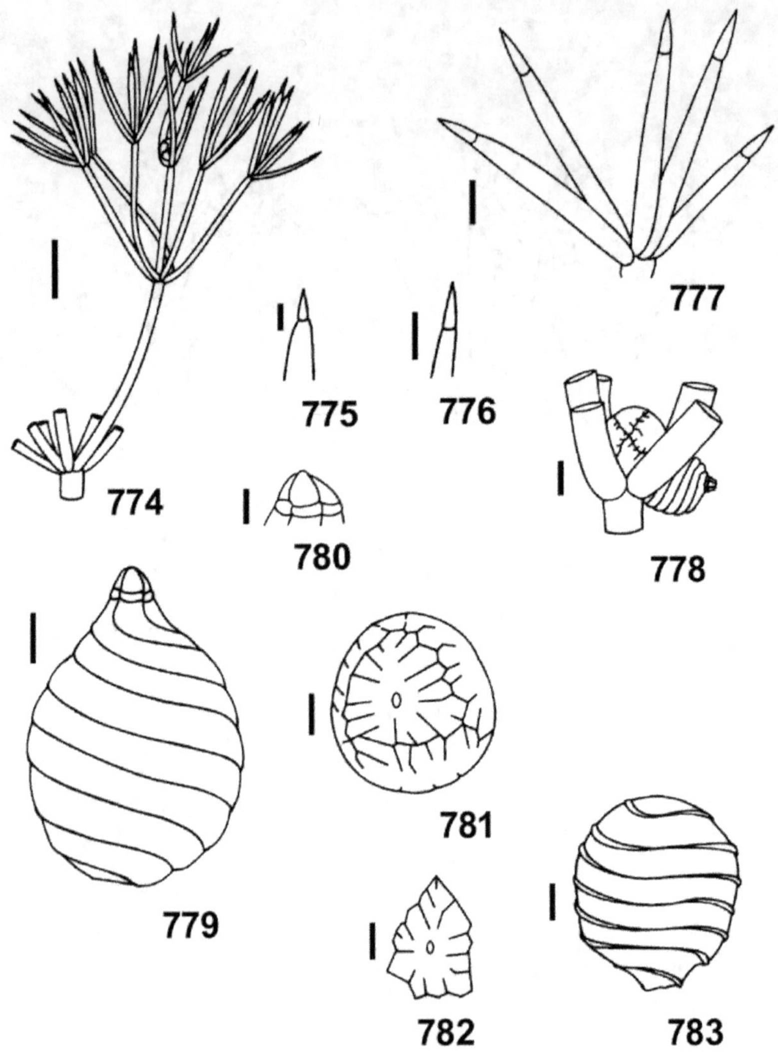

Figuras 774-783. *Nitella tenuissima*. Fig. 774. Verticilo com râmulos férteis e estéreis (500 μm). Fig. 775-776. Ápice de dáctilos. Fig. 777. Coroa de dáctilos (100 μm). Fig. 778. Nó fértil. Fig. 779. Núcula. Fig. 780. Corônula. Fig. 781. Glóbulo. Fig. 782. Escudo triangular. Fig. 783. Oósporo.

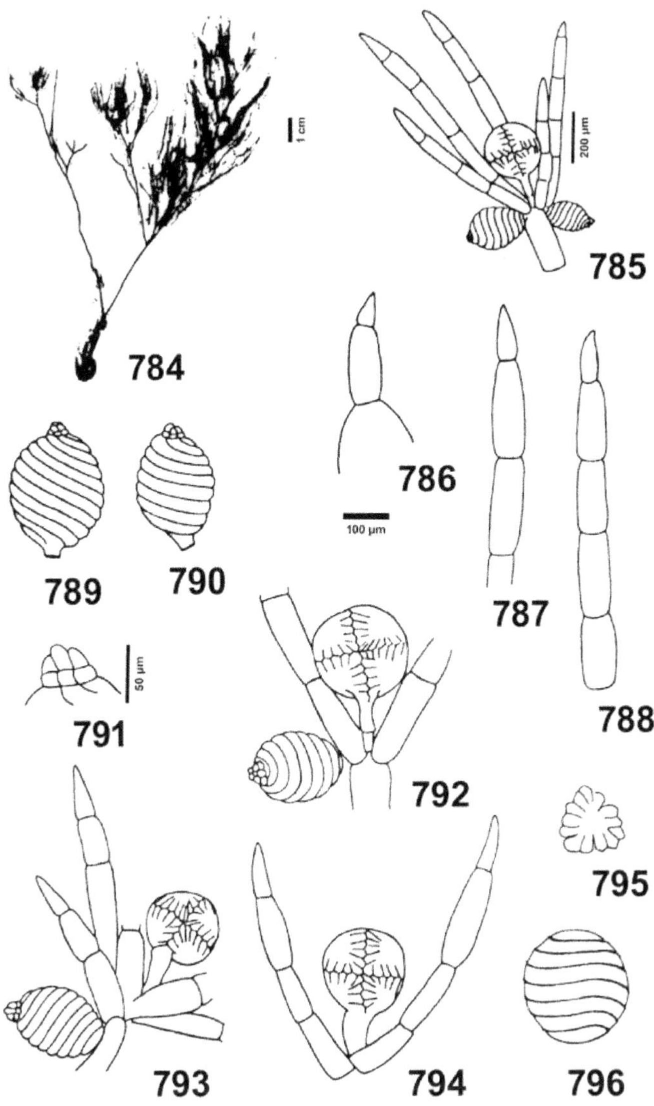

Figuras 784-796. *Nitella tolypelloides*. Fig. 784. Hábito (escala 1 cm). Fig. 785. Râmulos verticilados férteis (2 mm). Fig. 786. Dáctilos 3-celulados (2 mm). Fig. 787. Dáctilo 4-celulado (100 μm). Fig. 788. Dáctilo 5-celulado (100 μm). Fig. 789-790. Núculas pedunculadas com 9-12 convoluções. Fig. 791. Corônula (50 μm). Fig. 792-793. Gametângios pedunculados (100 μm). Fig. 794. Glóbulo pedunculado e dáctilos 4-celulados (100 μm). Fig. 795. Escudo triangular (100 μm). Fig. 796. Oósporo com 7 estrias (100 μm).

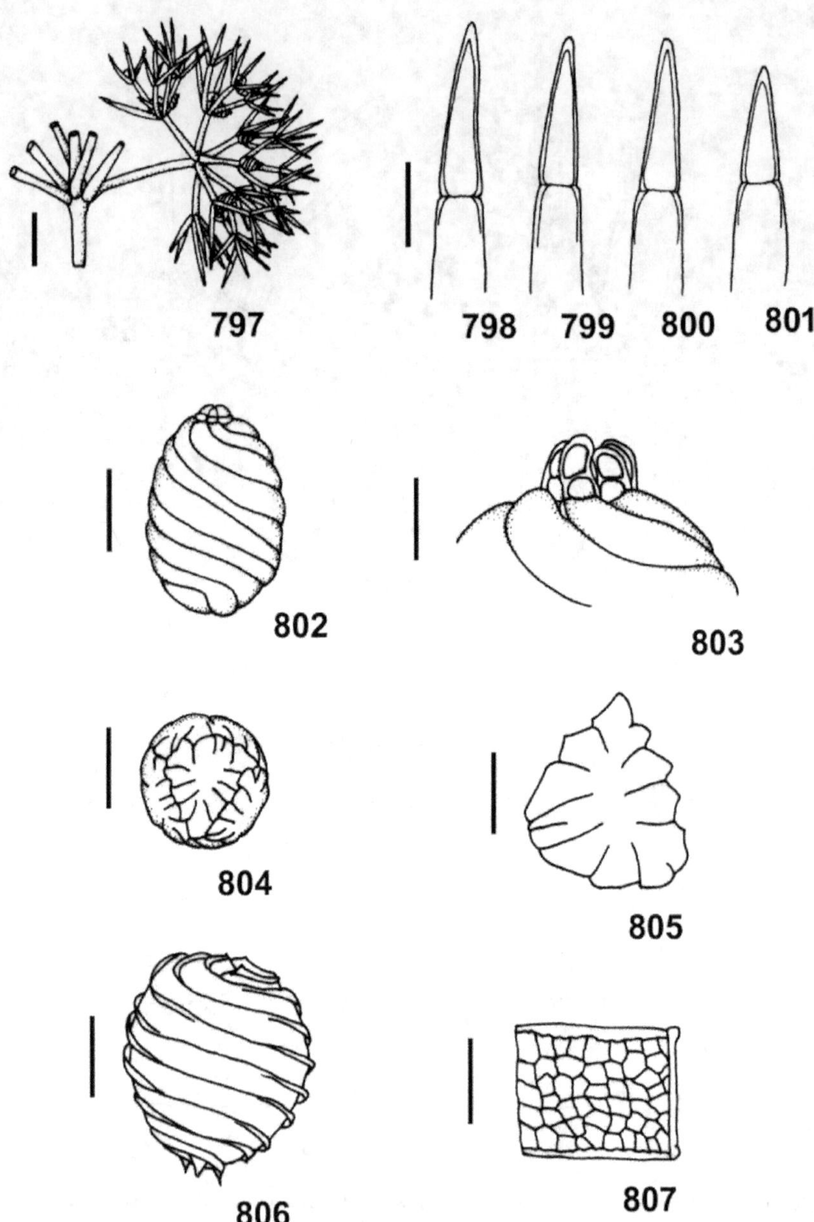

Figuras 797-807. *Nitella transilis.* Fig. 797. Verticilo com râmulos 2-3-furcados (escala 500 μm). Fig. 798-801. Ápice de dáctilos (50 μm). Fig. 802. Núcula (100 μm). Fig. 803. Corônula (50 μm). Fig. 804. Glóbulo (100 μm). Fig. 805. Escudo triangular (50 μm). Fig. 806. Oósporo (100 μm). Fig. 807. Parede de oósporo reticulada (25 μm).

6. GLOSSÁRIO

Reunimos este glossário para possibilitar o entendimento dos inúmeros termos utilizados na taxonomia das Charophyceae, que resultaram desde a primeira menção destas algas na literatura como *Equisetum*, no livro nº 37 do clássico "Historiae naturalis" (Plinius Secundus 1469), e cuja verdadeira peregrinação pela taxonomia foi muito bem resumida em Pal *et al.* (1962), que a sintetizou da seguinte maneira: as Charophyceae estiveram entre os *Equisetum*, em um grupo à parte (o "gênero" *Chara*), entre as Muscineae (Bryophyta), Pteridophyta, Monocotyledoneae e, por fim, entre as Dicotyledoneae. De todas essas situações, as Charophyceae herdaram termos relativos à sua morfologia e estrutura. Decorre daí, por exemplo, a quantidade de termos usualmente utilizados em fanerógamos e hoje adotados para as Charophyceae.

Segue em ordem alfabética crescente a relação dos termos utilizados nesta obra:

Anisóstico – (Adj.; Gr. *anisos* = desigual + *stikhòs* = linha + suf. *ico*) – o córtex do cauloide das Characeae quando as fileiras de células corticais primárias e secundárias são de diâmetros distintos.

Anterídio – (S.m.; Lat. *antheridium, i*; Gr. *antheros* = florido + suf. dimin. *idio*) – gametângio masculino das Charophyceae; nas Charophyceae os anterídios estão organizados em filamentos unisseriados simples e cada anterídio produz um anterozoide.

Aulacantado – (Adj.; Gr. *aulax, khos* = depressão + *ákantha* = espinho + suf. *ado*) – tipo de córtex do cauloide em que as células corticais secundárias são mais desenvolvidas do que as primárias e, consequentemente, as células espiniformes aparecem localizadas em sulcos.

Biestipulada – (Adj.; Gr. *bis* = duas vezes + Lat. *stipula, ae* = pequeno pedúnculo ou bexiga + suf. *ado*) – com duas estípulas; nome aplicado às *Chara* que possuem duas estípulas em um mesmo anel, na base de cada râmulo verticilado.

Bráctea – (S.f.; Lat. *bractea, ae* = fina placa de metal) – estrutura unicelular que parte das células periféricas dos nós dos râmulos formando verticilos e podem ser encontradas tanto em nós férteis quanto em nós estéreis; algumas brácteas podem aparecer como simples papilas e outras são bastante longas, ultra-passando o comprimento do segmento subjacente.

Bracteleta – (S.f.; Lat. *bractea, ae* = fina placa de metal + suf. dimin. *eta*) – apêndice unicelular espiniforme que substitui o glóbulo nas plantas femininas (dioicas).

Bracteola – (S.f.; Lat. *bractea*, *ae* = fina placa de metal + suf. dimin. *ola*) – processo espiniforme semelhante a brácteas, que se desenvolve aos pares imediatamente abaixo da núcula.

Bulbilho – (S.m.; Lat. *bulbulus*, *i* = pequeno bulbo) – aglomerado de células ricas em grãos de amido que se desenvolve nos nós subterrâneos do cauloide de algumas Characeae; pode, às vezes, apresentar formas características que colaboram na identificação de certos táxons.

Capítulo – (S.f.; Lat. *capitulus*, *i* = dimin. de cabeça) – termo aplicado ao conjunto de verticilos férteis isolados, reduzidos, condensados e, às vezes, envoltos em mucilagem de plantas de *Nitella* de talo heteromorfo; termo raramente aplicado às *Chara*; os capítulos podem ser axilares (quando situados na base dos râmulos férteis) ou terminais (na extremidade de râmulos férteis).

Cauloide – (S.m.; Lat. *caulis*, *is*; Gr. *kaulós* = tronco, talo, haste de planta + suf. *eidos* = com aspecto de, semelhante a) – parte de um todo que imita um caule em sua aparência e função sem, porém, possuir vasos lenhosos ou liberianos diferenciados.

Célula – (S.f.; Lat. *cellula*, *ae* (dimin.) = cubículo); —— **cortical** (S.f.; Lat. *cortex*, *cis* = casca de árvore + suf. *al*) – a célula que compõe o córtex; pode ser primária (as células que na disposição diplóstica ou triplóstica correspondem ao ponto central da inserção dos râmulos) ou secundária (as células originadas da divisão das células corticais primárias e que na disposição diplóstica correspondem aos intervalos que separam a inserção dos râmulos). —— **espiniforme** (S.f.; Lat. *spina*, *ae* = espinho + suf. *forme*) – célula mais ou menos alongada, isolada ou agrupada, com extremidade arredondada, apiculada, aguda ou acuminada, que se situa em vários pontos das células corticais primárias. As células corticais internodais dividem-se logitudinalmente isolando uma célula interna e outra externa. A célula externa dá origem a células espiniformes alongadas. —— **terminal** (S.f.; Lat. *terminalis*, *e* = relativo aos limites, terminal) – a célula disposta distalmente, que termina os râmulos verticilados.

Conjunto – (Adj.; Lat. *conjunctus*, *a*, *um* = junto, reunido, unido) – diz-se dos glóbulos e núculas quando situados em um mesmo nó.

Convergente – (Adj.; Lat. *convergo*, *is*, *ere* = convergir) – diz-se dos ápices das células da corônula quando se tocam.

Convolução – (S.f.; Lat. *convolutus*, *a*, *um* = enrolado, envolvido) – volta dada pelas células enroladas helicoidalmente que formam uma camada estéril em torno, envolvendo a núcula.

Coroa – (S.f.; Lat. *corona*, *ae* = coroa, diadema, grinalda) – estrutura formada por 2-4 pequenas brácteas que rodeiam o segmento apical também reduzido terminando um râmulo.

Corônula – (S.f.; Lat. *coronula*, *ae* = coroa pequena) – conjunto semelhante a uma coroa, porém pequeno, formado por cinco ou 10 células que encimam as células involucrais helicoidais da núcula.

Córtex – (S.m.; Lat. *cortex, cis* = casca de árvore) – bainha de células que envolvem os internós do cauloide e râmulos da maioria das *Chara*. São projeções das células nodais que permanecem presas à face externa das células internodais formando um revestimento monostromático (uma célula somente de espessura).

Dáctilo – (S.m.; Lat. *dactilus, i* = pequeno dedo) – célula ou células que terminam os râmulos férteis ou estéreis; podem ser curtos (microdáctilos) ou mais longos (macrodáctilos).

Destrógiro – (Adj.; Lat. *dextera, ae* = direita + *gyrus, i* = roda, círculo) – sentido horário de crescimento, ao passar de um suporte; diz-se das convoluções das células da núcula que envolvem a oosfera seguindo o movimento dos ponteiros de um relógio. Variação: **dextrógiro**.

Dimorfo – (Adj.; Gr. *di* = dois + *morphè* = forma) – de duas formas; diz-se quando os râmulos verticilados férteis diferem dos estéreis quanto à forma e/ou tamanho. Variação: **dimórfico**.

Dioico – (Adj.; Gr. *di* = dois + *oikos* = casa + suf. *ico*) – heterotálico, dois talos distintos; a planta que produz gametângios de um só sexo.

Diplostéfano – (Adj.; Gr. *diplóos* = duplo + *stéphanos* = coroa) – a condição em que a planta de *Chara* possui os estipulódios formando um anel duplo na base dos verticilos.

Diplóstico – (Adj.; Gr. *diplóos* = duplo + *stikhòs* = linha + suf. *ico*) – córtex em que existem duas fileiras de células corticais para cada râmulo ou bráctea.

Ecorticado – (Adj.; Lat. *e* ou *ex* = usado como prefixo dá a ideia de saída + *cortex, cis* = casca de árvore + suf. *ado*) – sem córtex, diz-se do cauloide ou râmulos de *Chara* cujos internós e râmulos são nus, isto é, destituídos de córtex.

Erva de pato – (S.f.; Lat. *herba, ae* = erva, relva) – único nome popular que as Charophyceae receberam no Brasil e são utilizados pelas comunidades mais ribeirinhas e pelos sertanejos do nordeste do País.

Escudo (S.m.; Lat. *scutum, i* = couro, escudo) – cada uma das quatro ou oito células achatadas e parcialmente lobadas que revestem o glóbulo das Charophyceae.

Espiciforme – (Adj.; Lat. *spica, ae* = espiga + suf. *forme*) – que tem a forma de uma espiga.

Espinescente – (Adj.; Lat. *spinescens, tis* = coberto de espinhos) – transformado em espinho; refere-se ao talo de certas *Chara* em que as células espiniformes, estípulas, brácteas e bractéolas são numerosas e desenvolvidas, oferecendo à planta aparência espinhosa.

Espiniforme – (Adj.; Lat. *spina, ae* = espinho + suf. *forme*) – com a forma de espinho; diz-se da forma de certas células, brácteas ou bractéolas das Charophyceae.

Estipulódio – (S.m.; Lat. *stipula, ae* = haste de cereais + *eidos* = semelhante a) – cada uma das pequenas células dispostas em um círculo simples ou duplo situado na base dos râmulos verticilados em *Chara*. Crescem em um ângulo mais aberto do que o dos râmulos verticilados e podem ser curtos (bem menores do que o primeiro segmento dos râmulos verticilados) ou longos (quando recobrem o segmento basal dos râmulos verticilados).

Estria – (S.f.; Lat. *stria, ae* = sulco, traço, risco) – cada uma das saliências helicoidais da parede do oósporo das Characeae.

Fleópodo – (Adj.; Gr. *phloiós* = casca + *pous, podós* = pé) – o segmento basal dos râmulos verticilados quando corticado.

Fossa – (S.f.; Lat. *fossa, ae* = cova) – excavação, fosso, rego, sulco, vala, trincheira; o espaço entre duas estrias do oósporo das Characeae.

Gametângio – (S.m.; Gr. *gametes* = cônjuge + *angeion* = vaso) – estrutura em que são produzidos os gametas ou cujo conteúdo pode funcionar como um gameta.

Gimnófilo – (Adj.; Gr. *gymnos* = nu + *phylon* = folha) – de folha nua; refere-se nas Charophyceae ao râmulo destituído de córtex.

Gimnópodo – (Adj.; Gr. *gymnos* = nu + *pous, podós* = pé) – de pés nus; diz-se dos râmulos cujos segmentos são corticados, exceto o basal.

Glóbulo – (S.m.; Lat. *globulus, i* = dimin. de globo) – estrutura nas Characeae que contém os anterídios.

Hábito – (S.m.; Lat. *habitus, us* = modo de ser, aparência) – aspecto, aparência geral de uma planta.

Haplostéfano – (Adj.; Gr. *haplóos* = simples + *stéphanos* = coroa) – diz-se quando os estipulodios estão dispostos em um único anel situado na base de cada verticilo.

Incrustado – (Adj.; Lat. *incrusto, avi, atum* = incrustar + suf. *ado*) – diz-se da parede dos internós e râmulos que apresenta matéria excretada sob a forma de cristais (carbonato de cálcio) que depositam na superfície do talo.

Internó – (S.m.; Lat. *inter* = entre + *nodus, i* = inchaço, nodosidade) – espaço entre dois nós; os internós do cauloide e suas ramificações são formados por uma única célula que pode ser nua ou corticada e curta ou longa, podendo, neste caso, atingir pouco mais de 50 cm de comprimento. Variação: **internódio**.

Isóstico – (Adj.; Gr. *isós* = igual + *stikhòs* = linha + suf. *ico*) – condição do córtex do cauloide em que os diâmetros das células corticais primárias, secundárias e terciárias são semelhantes.

Mamilado – (Adj.; Lat. *mamila, ae* = pequena teta + suf. *ado*) – refere-se à forma do ápice de certas brácteas que lembram um mamilo.

Monoico – (Adj.; Gr. *mónos* = único + *oikos* = casa + suf. *ico*) – homotálico, uma só planta; a planta que produz simultaneamente gametângios masculinos e femininos.

Monomorfo – (Adj.; Gr. *mónos* = único + *morphè* = forma) – que apresenta apenas um tipo de estrutura; diz-se da condição em que os râmulos verticilados férteis e estéreis de uma Characeae são semelhantes.

Múcron – (S.m.; Lat. *mucro, onis* = espada, pontiagudo) – terminação abrupta e pontiaguda de um órgão. Variação: **múcro**.

Mucronado – (Adj.; Lat. *mucro, onis* = pontiagudo = + suf. *ado*) – que termina em estrutura pontiaguda.

Nós – (S.m.; *nodus, i* = inchaço, nodosidade) – são os discos curtos, pluricelulares em que existe uma célula central rodeada por células pericentrais; dos nós partem os verticilos de râmulos e brácteas. Variação: **nódio**.

Núcula – (S.f.; Lat. *nucula, ae* = dimin. de noz) – estrutura nas Characeae que contém a oosfera.

Octoscutado – (Adj.; Lat. *octo* = oito + *scutum, i* = escudo + suf. *ado*) – diz-se do glóbulo formado por oito placas de forma triangular, que se unem englobando os filamentos anteridiais. Variação: **octoscudado**.

Oogônio – (S.m.; *oión* = ovo + *gonos* = geração + suf. *io*) – órgão sexual feminino unicelular que produz apenas uma oosfera (gameta feminino).

Oosfera – (S.f.; *oión* = ovo + *sphaira* = esfera) – o gameta feminino das Characeae.

Oósporo – (S.m.; *oión* = ovo + *sporá* = semente) – esporo de resistência produzido da fecundação da oosfera (gameta feminino) pelo anterozoide (gameta masculino), que vai germinar produzindo um protonema. Variação: **oospório**.

Parede do oósporo – (S.m.; Lat. *paries, etis* = parede) – envoltório resultante do espessamento da membrana do zigoto e geralmente decorado e colorido.

Pedúnculo – (S.m.; Lat. *pedunculus, i* = pequeno pé) – haste, pé, estipe; a célula que sustenta o glóbulo ou a núcula das Characeae.

Raio – (S.m.; Lat. *radius, i* = distância de um ponto central à periferia) – nas *Nitella*, cada segmento resultante de uma bifurcação; podem ser primários (os segmentos resultantes de uma só furcação), secundários (os segmentos resultantes de duas furcações sucessivas), terciários (três furcações sucessivas), quaternários (quatro furcações sucessivas) ou quinários (cinco furcações sucessivas).

Ramo – (S.m.; Lat. *ramis, i* = ramo, galho) – porção de crescimento ilimitado que nasce da axila de um ramo verticilado e repete o plano de organização do cauloide.

Râmulo – (S.m.; Lat. *ramulus*, *i* = dimin. de ramo) – as projeções verticiladas de crescimento limitado que partem cada um de uma célula dos nós do cauloide e seus ramos e sustentam núculas e glóbulos.

Rizoide – (S.m.; Gr. *rhiza* = raiz + *eidos* = com aspecto de, semelhante a) – filamento semelhante a raiz quanto à forma e função; é uma estrutura análoga, mas não homóloga da raiz de plantas superiodes.

Sejunto – (Adj.; Lat. *sejunctus*, *a*, *um* = separado) – diz-se das plantas monoicas em que as núculas e os glóbulos ocorrem em nós diferentes.

Tetrascutado – (Adj.; Lat. *tetra* = quatro + *scutum*, *i* = escudo + suf. *ado*) – diz-se do glóbulo formado por quatro placas de forma losangular, que se unem envolvendo os filamentos anteridiais. Variação: **tetrascudado**.

Tilacantado – (Adj.; Gr. *thylax*, *khos* = bolsa + *ákantha* = espinho + suf. *ado*) – o tipo de córtex em que os filamentos corticais primários e portadores das células espiniformes possuem maior diâmetro do que os filamentos secundários.

Triplóstico – (Adj.; Gr. *triplóos* = triplo + *stikhòs* = linha + suf. *ico*) – córtex em que ocorrem três fileiras de células corticais para cada râmulo ou bráctea.

Verticilo – (S.m.; Lat. *verticillus*, *i* = remate do fuso) – conjunto de râmulos de crescimento limitado que partem de um mesmo nó). Variação: **verticílio**.

7. ÍNDICE TAXONÔMICO REMISSIVO

Nitella hyalina (DeCandolle) C. Agardh var. *maxima* (A. Braun *ex* Migula) R.D. Wood, 80
Nitella intermedia Nordstedt, 81
Nitella inversa Imahori, 82
Nitella japonica T.F. Allen, 83
Nitella leptostachys A. Braun emend. R.D. Wood var. *leptostachys*, 84
Nitella lhotzkyi (A. Braun) A. Braun, 85
Nitella macounii (T.F. Allen) T.F. Allen, 85
Nitella microcarpa A. Braun, 88
Nitella mucronata (A. Braun) Miquel, 90
Nitella ogivalis J. Groves & Stephens, 91
Nitella oligospira A. Braun, 92
Nitella opaca (Bruzelius) C. Agardh, 93
Nitella orientalis T.F. Allen, 94
Nitella praelonga A. Braun, 95
Nitella pygmaea A. Braun, 96
Nitella rosa-mariae Picelli-Vicentim, 97
Nitella sieberi (A. Braun) R.D. Wood, 98
Nitella subglomerata A. Braun, 100
Nitella sublucens T.F. Allen, 103
Nitella tenuissima (Desvaux) Kützing, 104
Nitella tolypelloides Picelli-Vicentim, 105
Nitella transilis T.F. Allen, 106